Walter J. Spielberger

BEUTE-KFZ UND PANZER DER WEHRMACHT

RAD- UND HALBKETTENFAHRZEUGE

Maßstabskizzen: Hilary L. Doyle

Motor buch Verlag
spezial

Umschlaggestaltung: Frank Zähringer unter Verwendung einer Abbildung aus dem Bundesarchiv, Bild 101I-769-0236-23 / Borchert, Erich (Eric) / CC-BY-SA

Bildnachweis:
Doyle, Esse, Hasenzahl, Icken, Icks, Jung, Kessler, Kliment, Reuter, Ritgen, Scultetus, Spielberger, Wasmuth, Wiener, Wüst

ISBN: 978-3-613-3811-0

Spezialausgabe: 1. Auflage 2015

Sie finden uns im Internet unter www.motorbuch-verlag.de

Reproduktionen: Gold Rose Publishing Ltd., 70190 Stuttgart
Druck und Bindung: Druck- und Medienzentrum, 70839 Gerlingen
Printed in: Germany

Inhalt

Citroën P19B Kégresse von 1931. (Foto: Thesupermat, © CC-BY-SA-3.0)

Anhängerkupplung am Citroën P19B Kégresse.
(Foto: Thesupermat, © CC-BY-SA-3.0)

Werkzeugausrüstung des französischen Halbkettenfahrzeuges.
(Foto: Thesupermat, © CC-BY-SA-3.0)

Vorwort

Die Buchreihe »Militärfahrzeuge« hat bis heute in einer bisher noch nicht vorgestellten Gesamtheit die Entwicklung deutscher, gepanzerter Fahrzeuge aufgezeichnet. Viele neue Erkenntnisse sollen in spätere Neuauflagen einfließen.
Als vorläufiger Abschluß erscheint nun der Band 12 »Beute-Kraftfahrzeuge und Panzer der Deutschen Wehrmacht«. Durch die sehr begrenzte Leistungsfähigkeit der deutschen Industrie auf diesem Gebiet, die sich verschärfende Rohstofflage und die numerische Überlegenheit der feindlichen Streitkräfte im Laufe des Zweiten Weltkrieges wurde es immer zwingender, die beim Gegner erbeuteten Fahrzeuge weiterzuverwenden oder durch Änderung dem deutschen Standard anzupassen.
Auch wurde die Industrie der eroberten Staaten ohne Rücksicht in den Fertigungsprozeß eingeschaltet, was vor allem durch die Übernahme von Österreich, der Tschechoslowakei, Frankreich und Italien eine beachtliche Erhöhung der Produktion und damit der Stückzahlen brachte. Österreich und die Tschechoslowakei wurden in gesonderten Veröffentlichungen abgehandelt, der Rest der Länder, die industriell wichtig, von der deutschen Wehrmacht besetzt wurden, ist in diesem Band zusammengefaßt.
Es ergaben sich bei den Recherchen für dieses Buch erhebliche Schwierigkeiten bei der Suche nach Dokumenten, da verschiedene Länder selbst nach 40 Jahren noch nicht zugeben wollen, daß ihre Industrie im beachtlichen Maß an der Motorisierung der Deutschen Wehrmacht beteiligt war.
So enthält dieser Band notgedrungen Lücken, die sich beim besten Willen nicht schließen ließen und so kann auch dieses Buch keinen Anspruch auf Vollständigkeit erheben.
Die Meilensteine der Beteiligung wurden jedoch festgehalten, die erwähnten Tatsachen durch Dokumentation erhärtet. Vielleicht gelingt doch noch die Öffnung gewisser Archive, die mit Sicherheit interessante Einzelheiten bergen.
Tatsache ist, daß auch die manchmal verschrienen »Notlösungen« in den Händen geübter Truppen, die teilweise zum Bau ihrer eigenen Fahrzeuge herangezogen wurden, überragende Wirkung zeigten und die Truppe nachdrücklich verstärkten.
Es kann nicht Aufgabe dieses Buches sein, die Panzerentwicklung jedes Landes in allen Einzelheiten aufzuzeichnen. Dies ist in zahlreichen Veröffentlichungen des In- und Auslandes bereits geschehen. So liegt der Schwerpunkt der Fahrzeugbeschreibungen auf den von der Deutschen Wehrmacht übernommenen und eingesetzten Fahrzeugen.
Um die Möglichkeit auszunützen, die sich mit der Veröffentlichung dieses Buches bietet, hat der Autor auf bisher noch nicht veröffentlichte Unterlagen zurückgegriffen, die noch vorhandene Informationslücken schließen. So bietet sich bei Betrachtung der französischen Munitionsschlepper ein Vergleich mit der deutschen Entwicklung an, die bisher nur unzureichend abgehandelt werden konnte.
Möge wiederum der Hinweis gelten, daß hiermit ausschließlich eine technisch-historische Entwicklung festgehalten wurde, die in wenigen Jahrzehnten nicht mehr rekonstruiert werden kann.
Die tatkräftige Mithilfe von Hilary L. Doyle, dessen hervorragende Zeichnungen den Band erst abrunden, die vielen Auskünfte auf Anfragen durch die Herren Tom Jentz und Bart H. Vanderveen sowie wichtige Dokumentation von Herrn Dr. Werner Regenberg werden hier dankbar erwähnt.
Das Kapitel FRANKREICH hätte nie seine Tiefe erfahren ohne die Bereitschaft meines Freundes Colonel Michel Aubry, der mir selbst sein Privatarchiv zur Verfügung stellte.
Ich bin für Kritik und ergänzende Hinweise meiner Leser sehr dankbar.

Walter J. Spielberger

Republik Polen

Der polnische Staat – nach dem Ersten Weltkrieg neu entstanden – strebte rasch den Aufbau eigener Streitkräfte an.
Traditionelle Überlegungen ließen jedoch den Gedanken einer weitgehenden Motorisierung der Streitkräfte nur zögernd aufkommen, fehlte doch die nötige Infrastruktur, d. h. die industriellen Voraussetzungen sowie ein leistungsfähiges Straßennetz. Das Pferd als Kampf- und Zugmittel hatte nach wie vor Priorität.
Eigenentwicklungen militärischer Kraftfahrzeuge waren in den Zwanziger Jahren selten, man versuchte mit dem Fortschritt des Auslandes durch den Erwerb von Lizenzen für den Nachbau von Kraftfahrzeugen einigermaßen Schritt zu halten.

Der polnische Staat schuf für seinen Bedarf eine eigene Fertigungsstätte, die »Panstwowy Zaklad Inzynierii (PZInz)« in Warschau, die den Bedarf der Streitkräfte und anderer Behörden an Kraftfahrzeugen zu decken hatte. Es entstanden einige interessante Entwürfe geländegängiger Fahrzeuge, die jedoch in der Masse über den Prototypen-Status nicht hinauskamen.

PERSONEN- UND LASTKRAFTWAGEN

Die Armee erhielt eine Anzahl Fiat-Lizenzbauten, die bei PZInz gebaut wurden. Die Fahrzeuge erhielten die damals üblichen »Kübelsitz«-Aufbauten, die als Kommandeur-,

Standard-Kübelsitzwagen der polnischen Armee war der »Polski-Fiat, Typ 508/III W »Lazik«. Hier Ausführung mit MG wz. 28 (Browning). Reserveräder in den vorderen Kotflügeln.

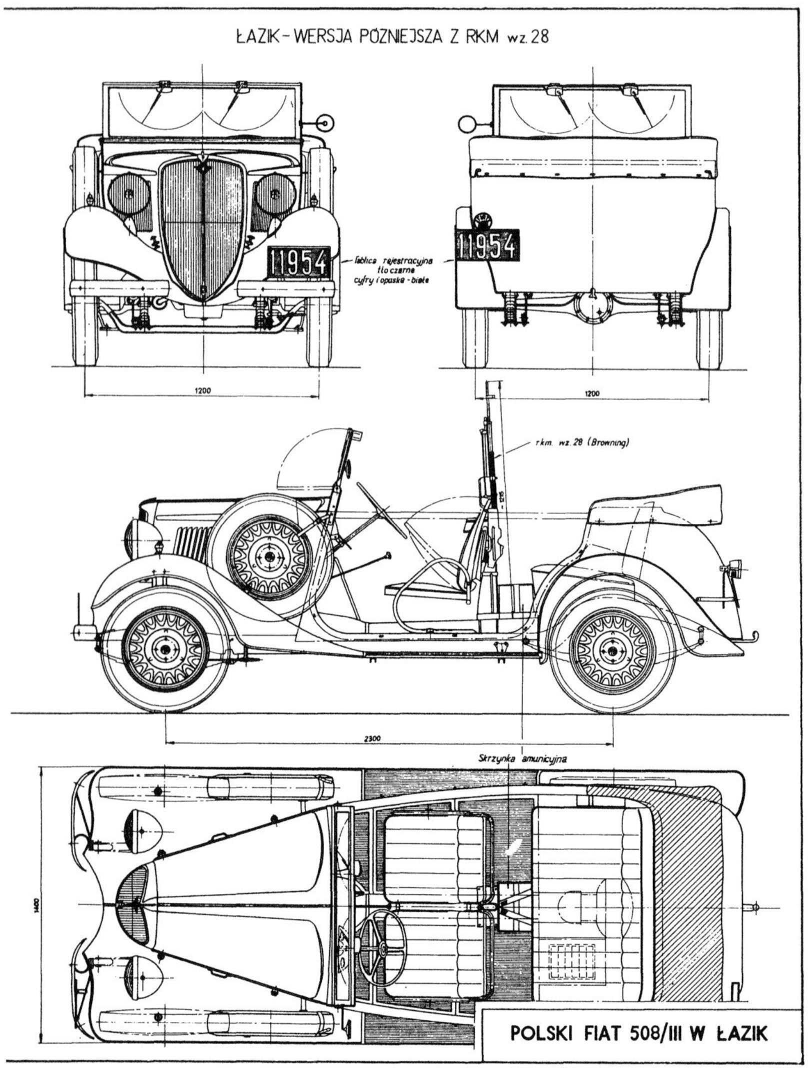

Ausführung des Kübelsitzwagens 508/III mit zusätzlicher hinterer Querfeder. Zwei Reserveräder am Heck des Fahrzeuges.

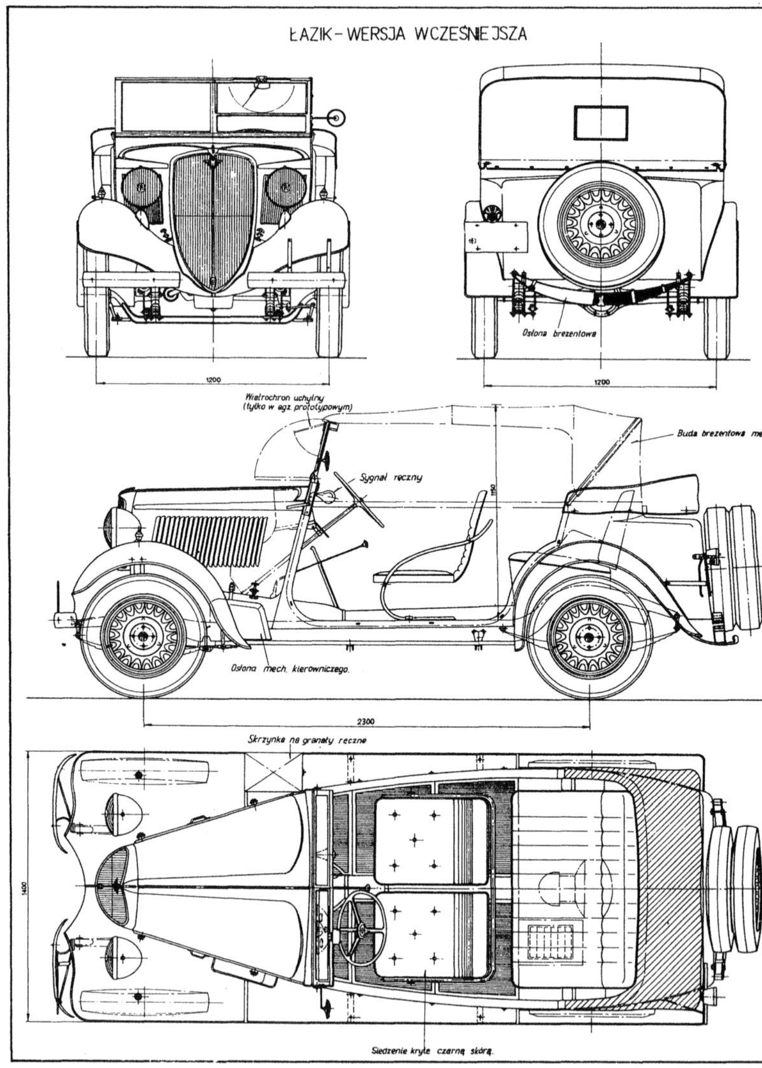

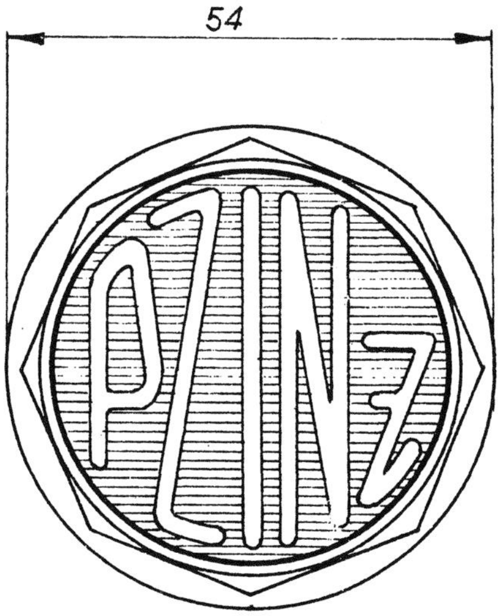

Firmenzeichen der Panstwowe Zaklady Inzynierji (PZInz).

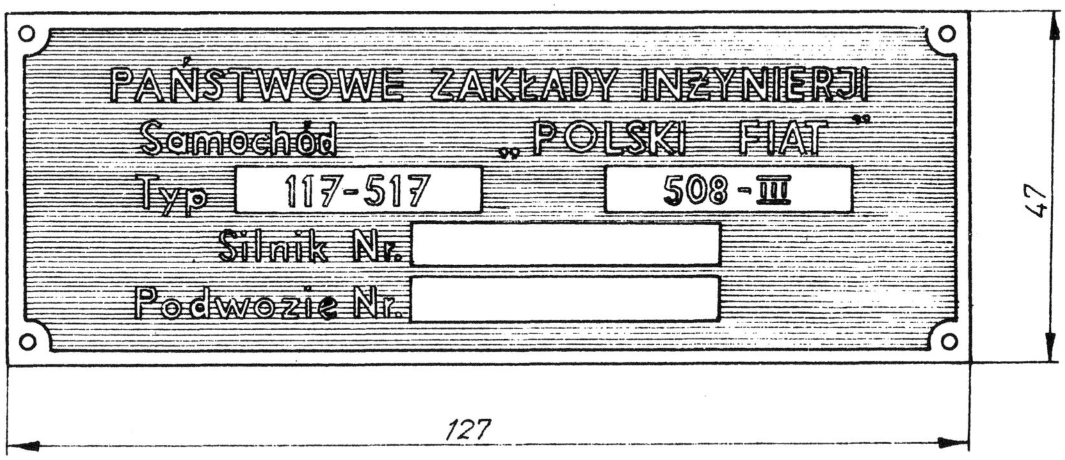

Typenschild des Polski-Fiat 508/III.

Funk- oder Waffenträger-Fahrzeuge den Einheiten zugeführt wurden.

Vorwiegend eingesetzt wurde der Typ Polski-Fiat 508/III W mit dem Vierzylinder PZInz 108 Motor. Bohrung/Hub 65×75 mm, Hubraum 995 cm³, Leistung 22 bis 24 PS.

Das Fahrgestell wurde auch als Krankenkraftwagen (508/III) und leichter Lastkraftwagen (508/III W) eingesetzt.

Die etwas schwerere Ausführung Polski-Fiat 508/518 I war vorwiegend mit dem 1944 cm³ 45 PS Motor ausgestattet. Das Fahrzeug diente hauptsächlich als Zugmittel für die 3,7-cm-Pak und andere leichte Anhängelasten. Es gab auch eine allradgetriebene Ausführung und einen leichten Lastkraftwagen.

Standard-Lastkraftwagen der polnischen Armee in der 2,5 bis 3 t Nutzlast-Klasse war der Fiat-Nachbau, Typ Polski-Fiat 621 L, bei der PZInz ab 1931 in Serie lief. In der verstärkten Ausführung kam er auch als Transporter für leichte Panzerfahrzeuge zum Einsatz.

GEPANZERTE FAHRZEUGE

Die Entwicklung der polnischen Panzertruppe orientierte sich fast ausschließlich am Vorbild der Französischen Armee. Die ersten polnischen Panzer-Einheiten waren noch in Frankreich aufgestellt und ausgebildet worden.

Standard-Lastkraftwagen 2,5–3 t der polnischen Armee, Typ Polski-Fiat 621 L. Hier mit aufgelastetem Kleinpanzer TK.

Das französische Konzept, Kampfpanzer ausschließlich zur Unterstützung der Infantrie zu verwenden, wurde mit Hilfe französischer Ausbilder ohne Abstrich übernommen. Das erste polnische Panzerregiment traf aus Frankreich kommend, mit dem leichten Renault F. T. Kampfwagen ausgerüstet, im Juni 1919 in Polen ein.

Die vom Deutschen Reich in die Heimat zurückgebrachten A 7 V-Kampfpanzer, die kurz bei den Unruhen im Reich eingesetzt waren, wurden unverzüglich, soweit sie noch einsatzbereit waren, an Polen ausgeliefert und dort im polnisch-russischen Krieg 1919/1920 eingesetzt. Während des Kampfes um Warschau waren fünf A 7 V-Kampfwagen auf polnischer Seite im Einsatz, mit guten Ergebnissen. Dazu gesellten sich noch einige von den Russen erbeutete Mark V*Tanks. Sie blieben zusammen mit den A 7 V bis 1921 im Truppengebrauch.

Die Hauptlast des Kampfes auf polnischer Seite trug jedoch ein Bataillon mit FT 17 Kampfpanzern, die mit an den Erfolgen beteiligt waren.

Die FT 17-Fahrzeuge wurden im Laufe der folgenden Jahre manchen Veränderungen, vor allem am Laufwerk, unterworfen.

Von den ursprünglich vorhandenen 150 Stück Renault FT 17 Panzern wurden größere Stückzahlen in den Jahren 1938/1939 an die republikanische Armee in Spanien abgegeben, so daß bei Kriegsbeginn am 1. September 1939 nur noch 67 Stück zur Verfügung standen. Sie wurden sporadisch eingesetzt und aufgebraucht, so bei den Kämpfen um Brest-Litowsk.

Aus den Polnisch-Russischen Kampfhandlungen waren 1920 einige gepanzerte Fahrzeuge in den Händen der Polen geblieben, darunter neben französischen Peugeot Straßenpanzerwagen mehrere Austin-Putilov Halbketten-Fahrzeuge, welche die Polen auf Grund des vorhandenen schlechten Straßennetzes als besonders geeignet für den Einsatz bei Aufklärungs-Einheiten hielten.

Eine nach Frankreich entsandte Delegation interessierte sich besonders für Halbketten-Fahrzeuge der französischen Industrie und kaufte schließlich einige hundert dieser Fahrzeuge, vorwiegend den Typ Citroën-Kegresse B 10. Einige dieser Fahrgestelle wurden als Führungsfahrzeuge mit offenem Aufbau verwendet, während etwa 90 Stück als gepanzerte Aufklärungsfahrzeuge verwendet werden sollten. Die 8-mm-dicke Panzerung wurde von den Baildon Eisenwerken in Katowitz beigestellt, die Fahrzeuge selbst in der heereseigenen Automobilwerkstatt in

Modell des deutschen Kampfpanzers A 7 V.

Von Polen verwendete französische Kampfpanzer vom Typ Renault FT 17, zerstört bei den Kämpfen um Brest-Litowsk (16. 9. 1939).

Citroen-Kegresse Halbkettenfahrzeug im Einsatz bei der polnischen Armee.

Warschau montiert. Sie wurden ab 1928 an die unabhängigen Panzerwagen-Abteilungen ausgegeben. Ihre offizielle Bezeichnung lautete Panzerwagen, Modell 1928 (SAMOCHOD PANCERNY wz. 28). Die 2,2 t schweren Fahrzeuge hatten entweder eine 37-mm-Kanone oder nur ein MG im Drehturm und eine Drei-Mann-Besatzung.
Es stellte sich rasch heraus, daß die gravierende Schwachstelle dieser Fahrzeuge, nämlich der große Verschleiß der Gummilaufketten, nicht abgestellt werden konnte.
1933 entschied man sich, die Halbketten-Konfiguration aufzugeben und das Gleisketten-Laufwerk durch Räder zu ersetzen.

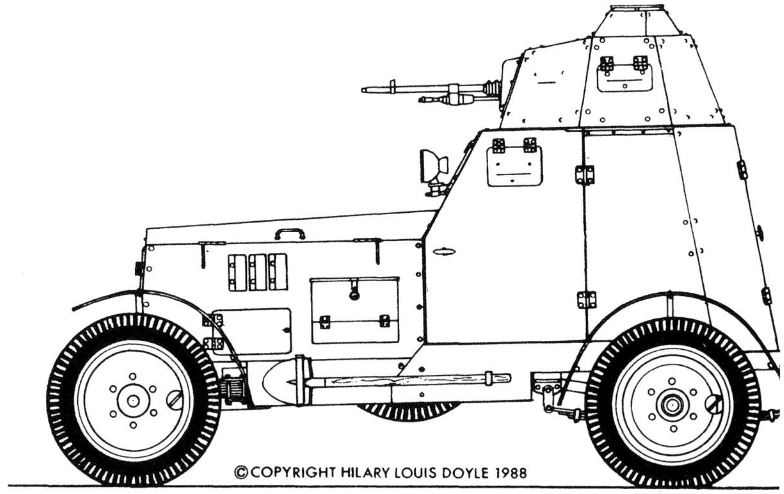

Panzerspähwagen wz. 34 (p).

GEPANZERTE RADFAHRZEUGE

Schon in den Zwanziger Jahren hatte die heereseigene Werkstatt einen Behelfspanzerkraftwagen auf Ford »A« Fahrgestell vorgestellt. Das Fahrzeug war mit einem MG im Drehturm ausgestattet.
1929 folgten 14 Stück Panzerkraftwagen auf dem Fahrgestell des Polski-Fiat 621 L-Lastwagenfahrgestells, die als Panzerkraftwagen wz. 29 »Ursus« eingestellt wurden. Das 4,8 t schwere Fahrzeug hatte eine Panzerung bis zu 10 mm, eine Besatzung von vier Mann und eine Geschwindigkeit von 35 km/h. Im Drehturm war eine 37-mm-Kanone und zwei 7,92-mm-MG untergebracht, während ein drittes MG im Fahrzeugheck gelagert war.
Das erste, von Halbkettenantrieb auf Räderantrieb umgestellte Fahrzeug des Typs wz. 28 stand im März 1933 für Versuche zur Verfügung. Die guten Ergebnisse führten zum Umbau von weiteren 15 Stück wz. 28 mit der Bezeichnung Panzerkraftwagen wz. 34.
Insgesamt gab es drei Ausführungen des Typs wz. 34, abhängig von der Art der verwendeten Komponenten. Die Grundausführung wz. 34 verwendete die unveränderten Antriebsaggregate (Motor Citroen B-T4/20 PS) des Typs wz. 28 unter Benutzung der Hinterachse des Polski-Fiat 614.
Die Ausführung wz. 34-1 benutzte dieselbe Hinterachse, verwendete jedoch den neuen Fiat-Motor 108 (23 PS) des Lastkraftwagens 614.
Die Abschlußausführung wz. 34-2 benützte die verbesserte Polski-Fiat 108-III (25 PS) Maschine mit einer modifizierten Hinterachsen-Anordnung.
Äußerlich waren die Ausführungen kaum voneinander zu unterscheiden. Wie schon beim wz. 28 gab es zwei Ausführungen in Bezug auf Bewaffnung. Der Besatzung von zwei Mann standen im Drehturm entweder ein 7,92-mm-Hotchkiss Modell 25 MG oder eine 3,7 cm-Puteaux SA. 18 Kanone zur Verfügung. Etwa ein Drittel der Fahrzeuge führte die Kannonenbewaffnung.
Der Umbau der Panzerkraftwagen wz. 28 zur wz. 34 Konfiguration war 1937 abgeschlossen. Das Gefechtsgewicht lag knapp über zwei Tonnen. Die Fahrzeuge hatten einen nur geringen Kampfwert.

Panzerspähwagen wz. 34-1 (Bewaffnung, normal ein Hotchkiss Maschinengewehr, nicht eingebaut).

Königreich der Niederlande

Holland war im Ersten Weltkrieg neutral, eine Tatsache, die sich durch den Einmarsch der Deutschen Wehrmacht im Mai 1940 nicht wiederholte. In den Zwischenkriegsjahren war in den Niederlanden eine Kraftfahrzeugindustrie entstanden, aufbauend fast ausschließlich auf ein Montagewerk der Ford-Werke in der Nähe von Amsterdam. Die einheimische Firma DAF (Van Doorne Aanhangwagenfabriek NV) in Eindhoven begann 1935 mit der Fertigung militärischer Fahrzeuge. Ford und DAF stellten auch während der Besatzungszeit Fahrzeuge für die Deutschen Streitkräfte her. Das bei der holländischen Armee noch vorhandene Kraftfahrzeug-Material wurde von der Deutschen Wehrmacht übernommen und weitgehend weiter verwendet.

Während Ford vorwiegend handelsübliche Lastkraftwagen lieferte, fertigte DAF unter Verwendung von Serienkomponenten auch Spezialfahrzeuge einschließlich Radpanzerfahrzeuge.

Ford und Chevrolet-Fahrzeuge waren zahlreich bei den Niederländischen Streitkräften vorhanden, die leichten LKW-Baureihen wurden zum Teil mit Mannschaftstransport-Aufbauten oder als Geschütz-Zugmittel verwendet. DAF schuf durch das sogenannte TRADO-Umbausystem die Möglichkeit, normale Vierradfahrzeuge in geländegängige Sechsradfahrzeuge umzubauen oder durch den zusätzlichen Antrieb der Vorderachse Vierrad-Geländefahrzeuge zu schaffen.

Fahrzeuge dieser Art wurden auch in anderen Ländern angeboten oder tatsächlich verkauft. Ein Teil der holländischen Fahrzeugausrüstung kam aus den belgischen Montagewerken von Ford und General Motors.

Während des Zweiten Weltkrieges beteiligte sich die Firma DAF u.a. an der Entwicklung der »Maultier«-Baureihe, die kurzfristig größere Stückzahlen schuf. Darauf soll noch in Einzelheiten eingegangen werden.

Die holländischen Streitkräfte hatten den Durchbruch der Heeresmotorisierung im Ersten Weltkrieg eingehend verfolgt und daraus für sie wichtige Schlüsse gezogen. Das Land verfügte Ende der Dreißiger Jahre über ein gut ausgebautes Straßennetz, obwohl die vielen Wasserwege und die geringe Kapazität der meisten Brücken den Spielraum für den Einsatz größerer motorisierter Verbände stark einschränkte. Für den Einsatz gepanzerter Verbände schienen Radfahrzeuge besser geeignet als Kettenfahrzeuge.

Der in den Niederlanden entwickelte TRADO-Umbausatz ermöglichte die Umstellung von handelsüblichen Vierradfahrzeugen zu geländegängigen Dreiachsern. Auf Wunsch stand noch ein zusätzlicher Vorderradantrieb zur Verfügung.

1937 Ford Lastkraftwagen, Typ 79, umgebaut mit TRADO als Artilleriezugmaschine.

1939 Chevrolet Lastkraftwagen, Typ VD, umgerüstet mit dem TRADO-Bausatz. Diese erbeuteten Fahrzeuge liefen noch jahrelang bei der Deutschen Wehrmacht.

Nachrichten-Kraftwagen auf 1939 Chevrolet-Fahrgestell mit DAF-Aufbau. Ursprünglich leichtes Zugmittel für die Niederländische Armee.

1939 Chevrolet Personenkraftwagen mit DAF-Aufbau. Ausrüstung als Fernsprechwagen für die Deutsche Wehrmacht.

1939 Ford (USA) 1 t Lastkraftwagen, Typ 91Y. Ein handelsübliches Fahrzeug mit Spezialaufbau der Firma DAF. 40 Stück als Befehlswagen für die Schnelle Brigade West.

Nach Beendigung des Ersten Weltkrieges wurde als erstes gepanzertes Fahrzeug ein deutscher Ehrhardt Straßenpanzerwagen angeschafft, nachdem durch die holländische Firma Siderius ein neuer Panzeraufbau aufgesetzt worden war. Das Fahrzeug war mit einer 60-mm-Kanone bestückt. Damit war der Grundstock für die holländische Panzertruppe gelegt.

Ein kurzer Einblick in die Entwicklung ungepanzerter Heeresfahrzeuge bestätigt die Leistungsfähigkeit der niederländischen Industrie.

Wie bereits erwähnt, konnte der von Kapitän van der Trappen und Herrn van Doorne (die jeweils ersten Buchstaben beider Namen ergeben das Wort Trado) entwikkelte Umbausatz, 1934 bis 1935 entwickelt, zur Umrüstung handelsüblicher Fahrgestelle angeboten werden. Im

1940 Ford (USA) 1 t Lastkraftwagen, Typ 01Y. Zusammenbau in den Niederlanden. Von der Deutschen Wehrmacht vielseitig eingesetzt.

Ein 1937 Diamond T (USA), Typ 80 handelsüblicher Lastkraftwagen im Dienst der Deutschen Wehrmacht.

Umbausatz, der anstelle der normalen Hinterachse zum Einbau kam, waren zwei Balanciergetriebe mit geschlossenem Getriebekasten, Zahnrädergetriebe in Öl laufend anbaufertig, eingeschlossen. Derart umgebaute Sechsradfahrzeuge kamen auf Chevrolet-Fahrgestell vor allem als Zugmittel für Artillerie zur Verwendung. Über die vier Räder konnten im extremen Gelände Gleisketten zur Verbesserung der Zugkraft gelegt werden.
Ford in Amsterdam lieferte eine größere Anzahl von 1 t-Fahrgestellen im Auftrag der niederländischen Streitkräfte an die Firma DAF, welche diese mit Vorderradantrieb und Mannschaftsaufbauten versah. 1939 wurden die Typen 91Y und 1940 01Y (1938 war es der Typ 81Y bzw. 1939/40 er Chevrolet-Typen) eingeführt, die 40er Chevrolet hatten vorne am Fahrzeug kleine, luftbereifte Abstützräder zum Nehmen gewisser Hindernisse. Ein Teil dieser Fahrzeuge lief noch jahrelang bei der Deutschen Wehrmacht, auch als Zugmittel für leichte Artillerie.

Auch zivile Fahrzeuge wurden von der Wehrmacht übernommen. Hier ein Ford 1936 Lastkraftwagen, Modell 51.

Ein 1,5 t Ford BB Lastkraftwagen mit Kesselwagenaufbau. Baujahr 1932/33.

Die Firma DAF stellte 1939 den Prototyp eines amphibischen Erkundungsfahrzeuges vor, dessen Serienfertigung nicht mehr aufgenommen wurde.

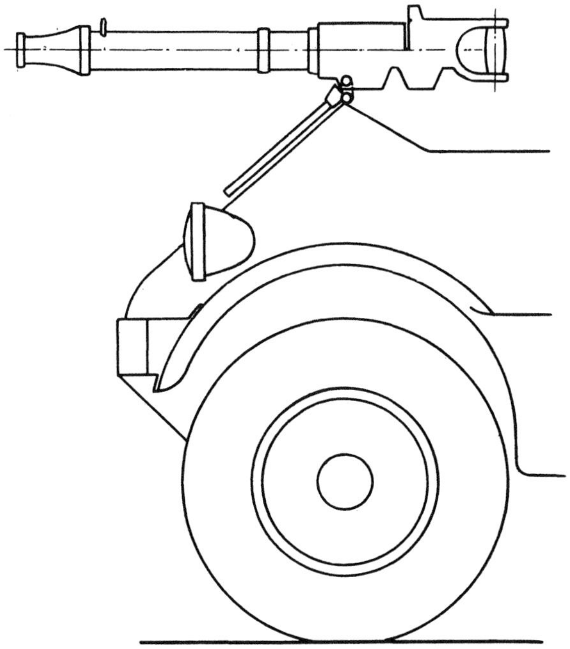

Der Einbau eines Maschinengewehres an der Stirnwand des DAF-Fahrzeuges.

1939 stellte die Firma DAF den Prototyp eines geländegängigen Amphibien-Fahrzeuges vor, welches allerdings auf Grund der folgenden Kriegsereignisse nicht mehr in Serie ging. Das Fahrzeug war symmetrisch ausgelegt, hatte Vierradantrieb und Vierradlenkung mit Vor- und Rückwärtsfahrer. Die Besatzung von vier Mann saß Rükken an Rücken und hatte zwei MG mit Lafettierung zur Verfügung. Vorder- und Rückwand konnten auf Wunsch leicht gepanzert werden. Eine Schiffschraube diente der Fortbewegung im Wasser, die Lenkung erfolgte durch das Einschlagen der Räder.

Da Holland keine eigene Personenwagen-Fertigung besaß, wurden die Antriebskomponenten von der Firma Citroën beigestellt. Der Motor, ein Vierzylinder-Reihenmotor mit 1,9 l Inhalt und 48 PS Leistung, war quer zur Fahrtrichtung ungefähr in Fahrzeugmitte untergebracht. Der gesamte Frontantriebsatz von Citroën wurde übernommen und durch eine unabhängige Aufhängung der Räder an Drehstäben ergänzt. Insgesamt waren drei Ausgleichgetriebe vorhanden. Bei einem Radstand von 2500 mm und Gesamtabmessungen von 3500×1700×1600 mm (ohne Verdeck 1500 mm) war das Fahrzeug sehr kompakt und auf Grund der Vierradlenkung sehr beweglich. Es war als Aufklärungsfahrzeug vorgesehen.

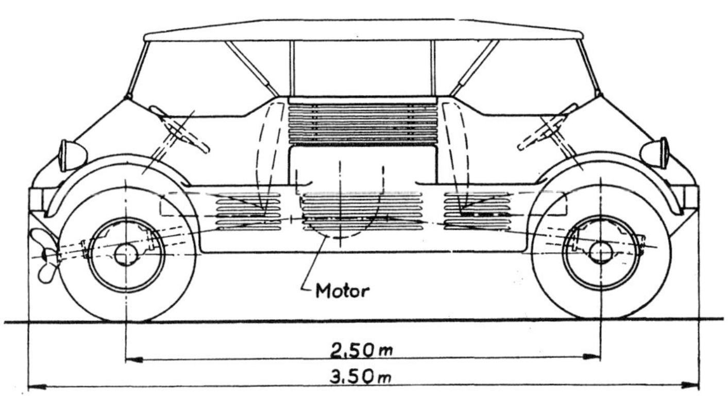

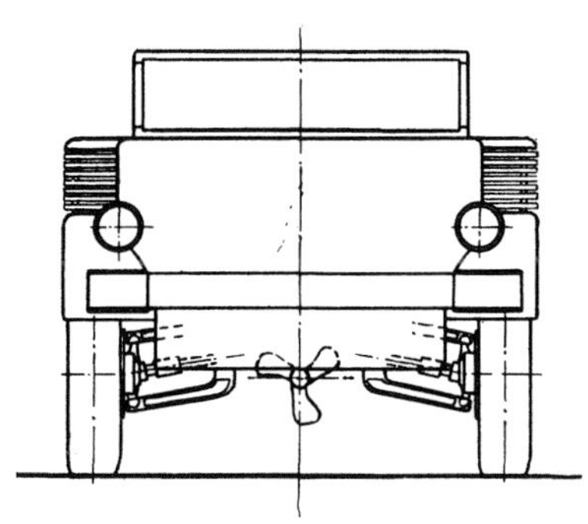

Die Skizze zeigt das Aussehen des Fahrzeuges von der Seite und von hinten.

NIEDERLÄNDISCHE BETEILIGUNG AN DER »MAULTIER«-ENTWICKLUNG UND FERTIGUNG

Die schlechten Straßenverhältnisse in Rußland hatten die Deutsche Wehrmacht gezwungen, ihre Kampfunterstützungs- und Versorgungsfahrzeuge weitgehend diesen Bedingungen anzupassen. Durch den Ersatz der normalen Hinterachse durch ein Kettenlaufwerk hoffte man eine preis- und materialgünstige Lösung gefunden zu haben. Ursprünglich ein Vorschlag der Waffen-SS, versuchte wie üblich jede Waffengattung ihre eigenen Vorstellungen zu verwirklichen, was zu einer umfassenden, wenn auch nicht immer koordinierten Entwicklung führte.

Am 21. November 1942 traf der Ausschuß zur Begutachtung der Fahrzeuge »Maultier« folgende Entscheidung:

»Die im Auftrag des Reichsministers für Bewaffnung und Munition durchgeführte Prüfung der LKW-Gleisketten-Fahrzeuge, Typ ›Maultier‹ der Bauarten SS, Opel und Ford-Van Doorne hat ergeben:

Keiner der drei Typen entspricht allen militärischen Forderungen. Als entscheidend hat sich die Bemessung der Laufrollen herausgestellt. Die Lebensdauer der Laufrollenbandagen der SS-Bauart ist am höchsten; dagegen eignet sich die SS-Bauart für die Truppe und spätere große Stückzahl entscheidend weniger als die Bauart Opel. Die Konstruktion Ford-Van Doorne wird als ungeeignet angesehen (verwendete das Trado-System).

Es wird daher die SS-Konstruktion als Zwischenlösung, die Opel-Bauart mit vergrößerten Laufrädern als endgültige Lösung vorgeschlagen.«

Die Ford-Van Doorne Lösung wurde übrigens von der Luftwaffe, Abt. LC 8, in den Wettbewerb eingebracht.

Bis Dezember 1942 waren folgende Vorschläge untersucht und begutachtet worden:

Ford (r) mit Hilfslaufwerk

Russische Beutefahrzeuge mit auf die Hinterachse aufgestecktem Laufwerk. Französische Unic Gummibandkette.

Borgward A-Typ (mit Vierradantrieb) mit 3 t Zugkraftwagen-Laufwerk und Notlaufkette*)

Das Zugmaschinen-Kettenlaufwerk mit Drehstabfederung war mit einem Hilfsrahmen fest am Fahrzeugrahmen angeschraubt, Bodenfreiheit durch das Ausgleichsgehäuse der Vorderachse eingeschränkt.

*) Der Gleisketten-Typ Zgw 50/2800/140 sollte anstelle der bisher verwendeten Gummipolster für Zgkw nach und nach mit Stahlkappen versehenen Gleisketten ausgerüstet werden. Die Höchstgeschwindigkeit damit war auf 30 km/h festgelegt. Die Ketten hatten sich im Truppenversuch nicht bewährt und wurden zurückgezogen.

Untersuchungen im Rahmen der MAULTIER-Entwicklung, hier ein Lastkraftwagen GAZ AAA (r) mit Hilfskettenlaufwerk.

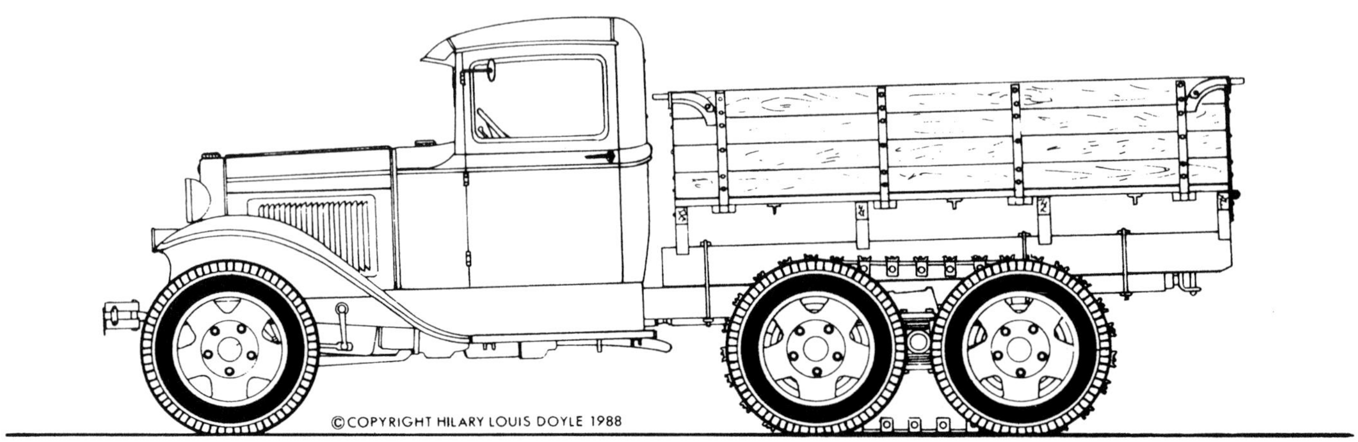

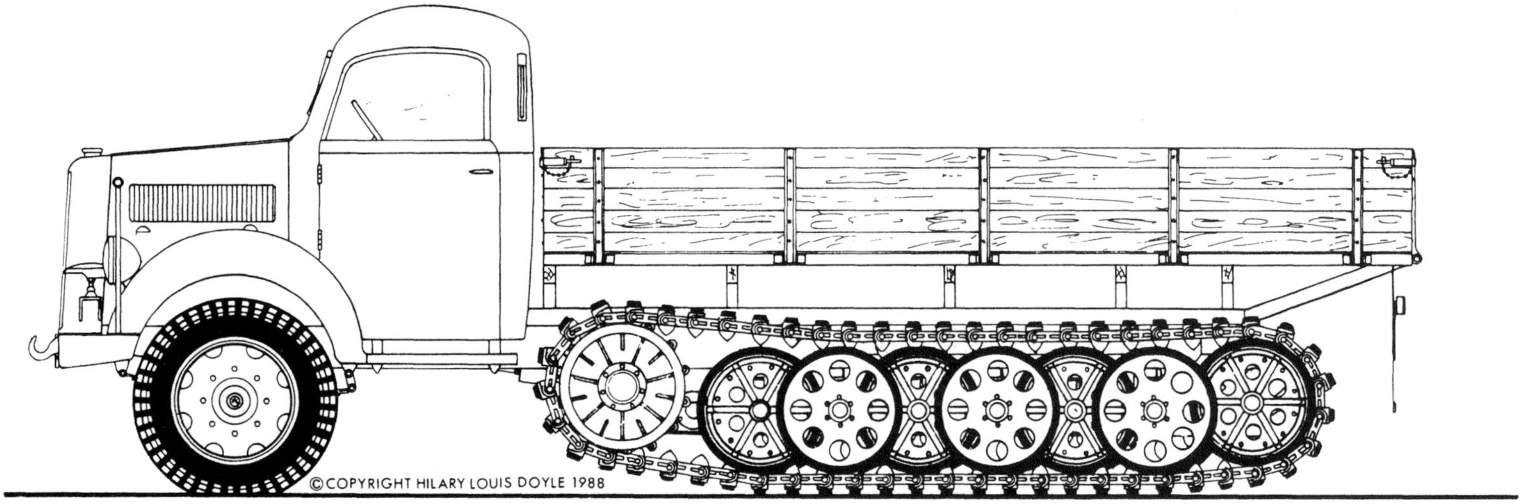

Borgward S 3000 mit Laufwerk des Zugkraftwagen 3 t. (Prototyp)

Borgward S-Typ (mit Hinterradantrieb) mit normalem 3 t Zugmaschinen-Laufwerk

Anbau des Laufwerks wie beim A-Typ. Die großen Zugkräfte beim A-Typ rechtfertigten den Mehraufwand des Vorderradantriebs nicht. Da die LKW-Fertigung bei Borgward auszulaufen hatte, wurden diese Projekte nicht mehr weiter verfolgt.

Unic-Kettenlaufwerk auf 3 t Opel und Ford, S-Typ

Bei den beiden Fahrzeugen war die Hinterachsfeder an normaler Stelle verblieben. Die Hinterachse war zum Antrieb des Kettenrades vorverlegt. Serienbau war nicht vorgesehen.

SS-Konstruktion 3 t Opel mit Vickers-Armstrong-Kettenlaufwerk

In zwei Ausführungen vorgestellt. Beide Fahrzeuge unterschieden sich nur durch die Ausführung des Rahmens. Die Kettenauflage war bei diesen Fahrzeugen besonders lang. Die Fahrzeuge waren entgegen den vorgenannten mit Lenkbremsen verschiedener Art ausgerüstet.

LC 8 (Luftwaffe)-Konstruktion mit van Doorne-Vorderradantrieb und englischer Beutekette

Das Laufwerk bestand aus einem Rahmen, der um die Hinterachse frei schwingen konnte. Der Antrieb erfolgte über vier Kegelräder durch das vorne liegende Kettenantriebsrad. Die Kette selbst war besonders feingliedrig. Durch den Antrieb der Vorderachse (Bauart van Doorne) wurde ihre Bodenfreiheit ganz besonders eingeschränkt, ohne daß der Vorderradantrieb besondere Vorteile zeigte. Das Fahrzeug war eine Vorentwicklung.

Gleisketten-Lastkraftwagen 2 t, Ford S-Typ mit französischem UNIC-Laufwerk (Prototyp).

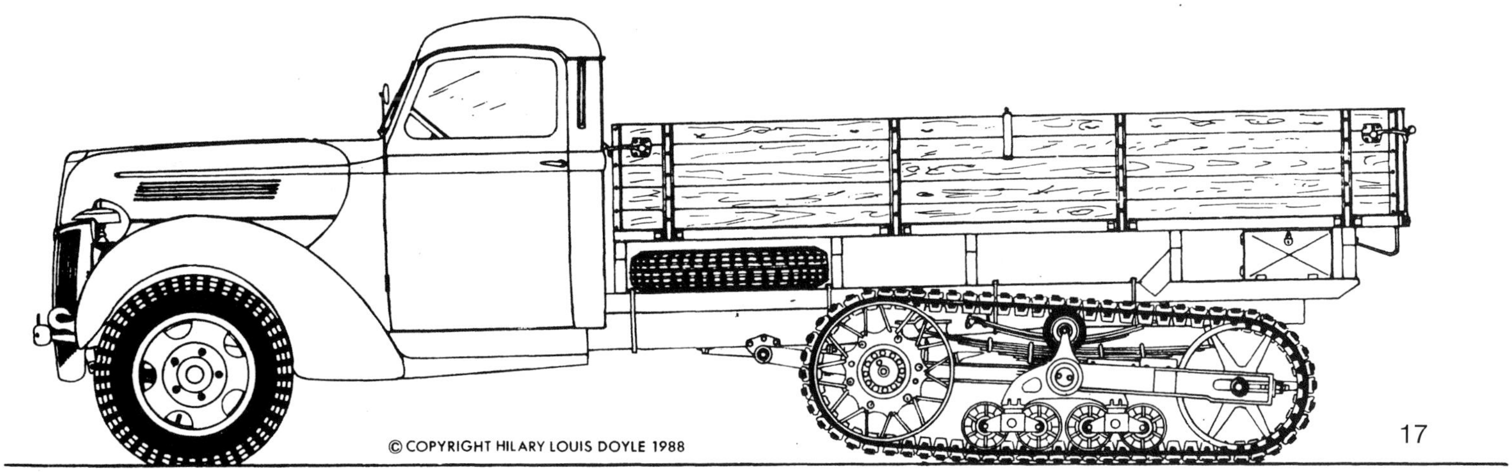

LC 8 (Luftwaffe)-Konstruktion, Opel S-Typ mit Trado-Laufwerk

Das Kettenlaufwerk war an einem Rohrholm angebaut, der um die Hinterachse frei drehbar aufgesetzt war. Die Anpassung der Ketten an das Gelände war besonders günstig. Schwierigkeiten ergaben sich, daß die Federn der Laufrollen sich stark durchsetzten. Ritzel und Tellerrad zeigten sich den Belastungen nicht gewachsen.

Die Aufnahmen zeigen eine der DAF-Lösungen für die Laufwerkgestaltung der MAULTIER-Baureihe. Die TRADO-Aufhängung am Opel-Fahrgestell ist gut zu erkennen. Luftwaffen-Ausführung LC 8.

LC 8 (Luftwaffe)-Konstruktion, Ford S-Typ

Mit den bisher gewonnenen Erfahrungen wurde von der Luftwaffe, Abt. LC 8, in Verbindung mit der Firma van Doorne eine neue Ansteckraupe zum Aufsetzen auf die Hinterachse, ohne Veränderung des Fahrzeuges, geschaffen. Der Antrieb der Kette erfolgte in der Mitte unter Verzicht auf die bisher verwendeten Ritzel und Tellerräder.

Gleisketten-Lastkraftwagen 2 t, Ford S-Typ, Lösung van Doorne (Prototyp).

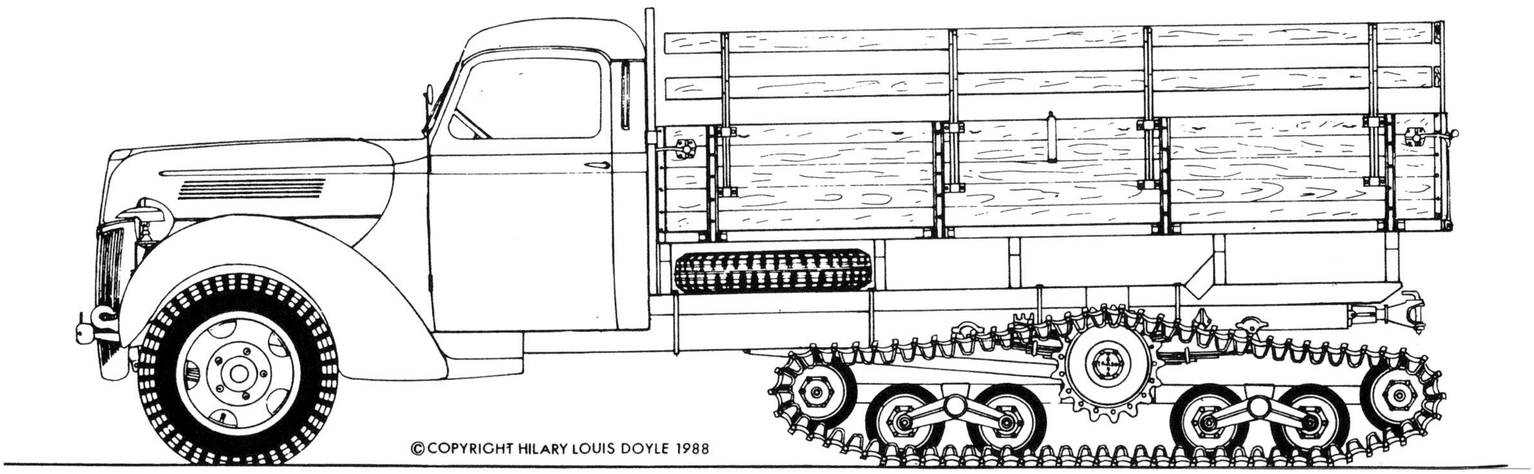

Die Luftwaffen-Lösung mit Antrieb anstelle der Hinterachse. Basisfahrzeug Ford S-Typ. Hier als Zugmittel für die 10,5-cm-leFH 18.

Opel-Konstruktion, S-Typ mit Gleisketten des Panzerkampfwagen I

Das Laufwerk war in einem U-Profilrahmen gelagert und stützte sich hinten auf die normalen Hinterradfedern und vorne auf zwei Halbelliptikfedern ab. Die Hinterachse war vorverlegt und wurde durch eine kurze Gelenkwelle angetrieben. Das Fahrzeug hatte auf dem Gelände der Verskraft Berka 500 km ohne Anstände zurückgelegt.

Allein dieser Auszug aus Original-Prüfungsberichten der Versuchsanstalt Kummersdorf beweist den Aufwand, den dieses Notprogramm erforderte. Eine Aktennotiz vom 9. Dezember 1942 zeigte eine Gegenüberstellung der Vor- und Nachteile der drei in Frage kommenden »Maultier«-Typen.

- Die **Luftwaffen-Konstruktion** bot als sog. »Aufsteckraupe« die denkbar einfachste Anbaumöglichkeit, die Kette hatte aber einen sehr geringen Umschlingungswinkel am Triebrad (Betriebssicherheit). Der Vorderachsdruck lag höher als bei anderen Konstruktionen. Geringe Steifigkeit des Hilfsrahmens.
- **SS-Konstruktion.** Der am Rahmen angeschraubte Hilfsrahmen brachte eine teilweise Versteifung des Fahrzeugrahmens mit all seinen Nachteilen. Außerdem wurde der Rahmen durch die Bohrungen für die Versteifungsschrauben geschwächt. Die Anbaumöglichkeit war schwieriger, da der Anbau als Ganzes nicht möglich war. Der Arbeitsaufwand war bei dieser Ausführung am größten.
- **Opel-Konstruktion.** Bei großem Laufrad-Durchmesser erschien diese Konstruktion als die beste.
- **Laufrad-Belastung und Laufrad-Durchmesser**

Panzerkampfwagen II	600 kg	550 mm ∅
SS-Konstruktion	700 kg	508 mm ∅
Opel-Konstruktion neu	700 kg	480 mm ∅
Opel-Konstruktion alt	700 kg	450 mm ∅
Luftwaffen-Konstruktion	700 kg	∅ noch geringer

Zusammenfassend zeigte sich, daß die Beanspruchung des gesamten Fahrzeuges (Motor, Antrieb, Rahmen, Vorderachse) durch die Zwitter-Bauart erheblich über der des normalen Lastkraftwagens lag. Dementsprechend war die Lebensdauer des Fahrzeuges reduziert. Dies traf bei allen Ausführungen in gleicher Weise zu.

Die Niederländische Ford-Automobil-Fabrik in Amsterdam stellte 1942 97, 1943 2703 und bis zum 31. August 1944 1617 »Maultier«-Fahrzeuge für die Deutsche Wehrmacht her. Da sich die Kriegsereignisse zu diesem Zeitpunkt immer mehr nach Westeuropa verlagerten und ein ausgebautes Straßennetz wieder zur Verfügung stand, waren die für russische Verhältnisse konzipierten »Maultier«-Fahrzeuge nur noch bedingt gefragt. Die Fertigung wurde 1944 eingestellt.

Gleisketten-Lastkraftwagen 2 t, offen MAULTIER (Sd. Kfz. 3) Opel 2 t 3,6/36 S/SS M – Lösung der Waffen-SS (Serienfahrzeug).

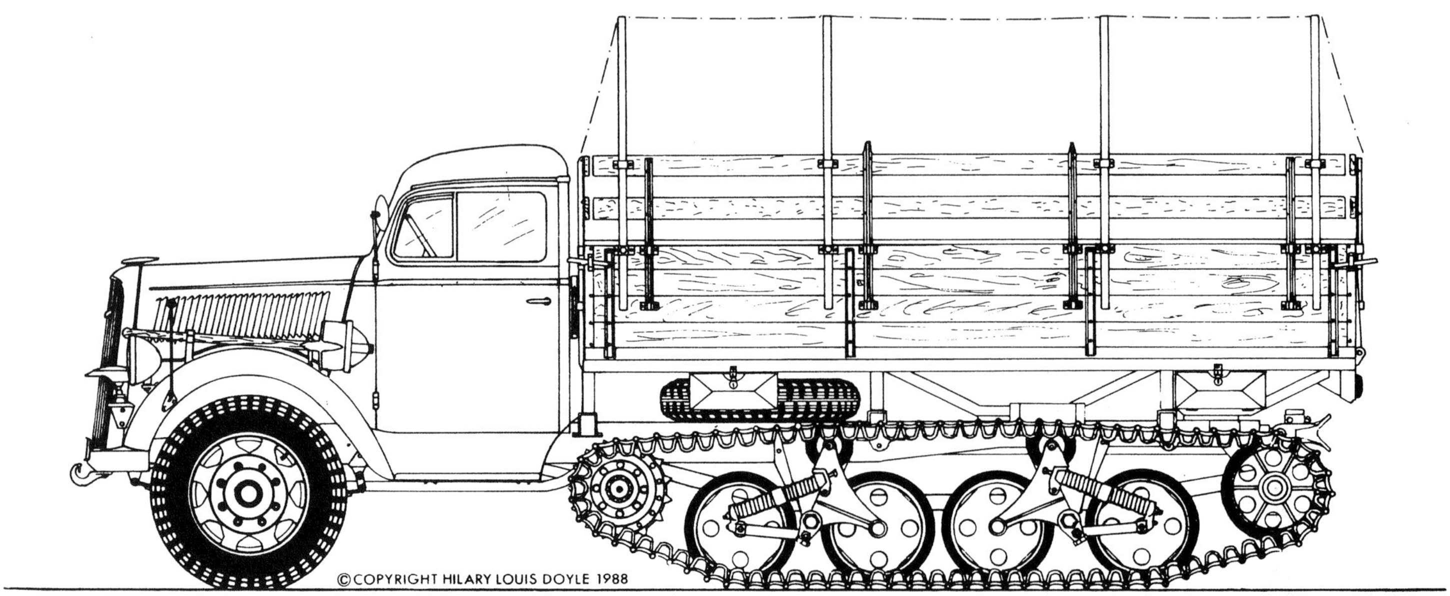

Hier das Opel-Laufwerk fertig zum Unterbau am Opel 3 t S-Typ.

Das komplette Opel-Fahrzeug, welches jedoch nicht mehr in Serienfertigung ging.

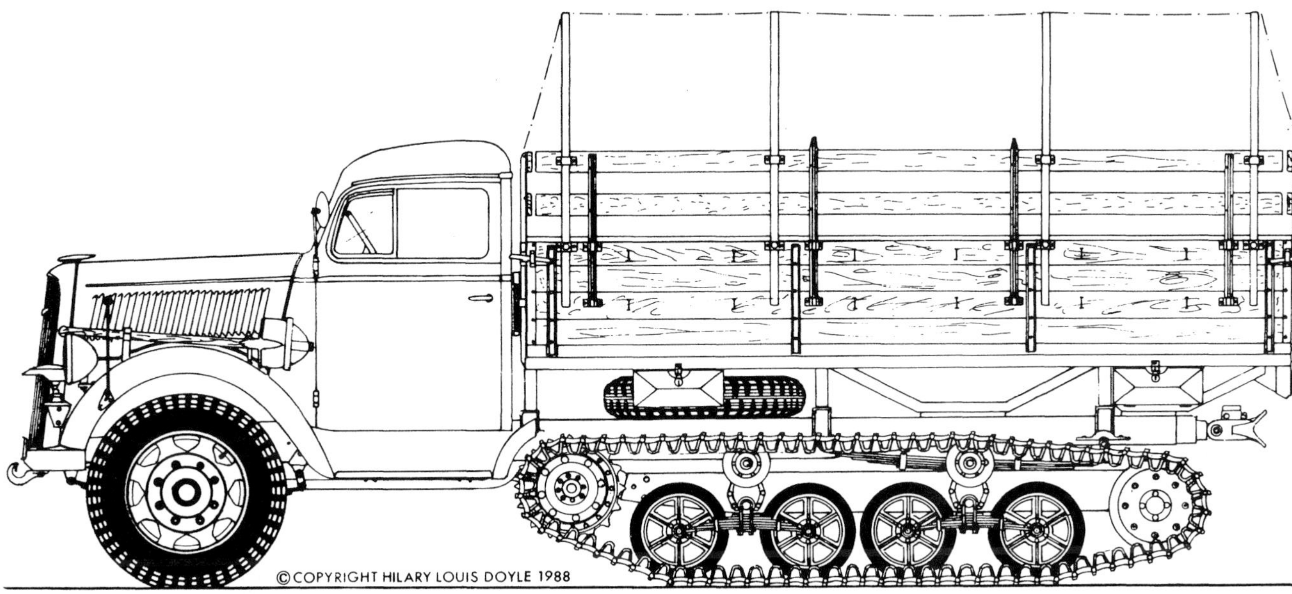

Gleisketten-Lastkraftwagen 2 t, Opel-Rüsselsheim Lösung (Prototyp).

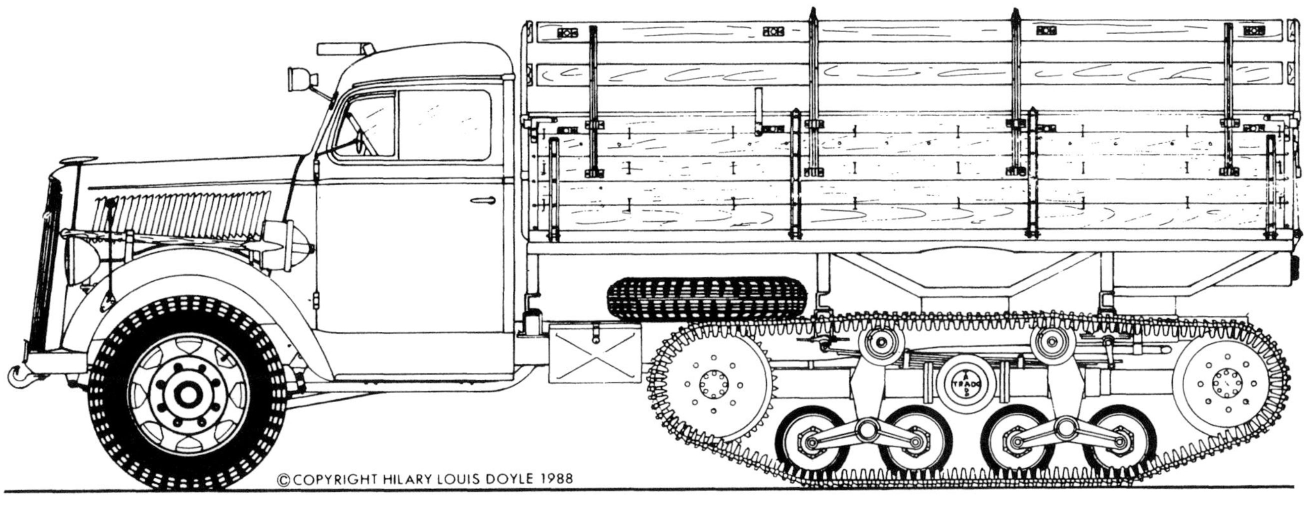

Gleisketten-Lastkraftwagen 2 t, LC 8 (Luftwaffe). Opel-S-Typ mit TRADO-Laufwerk (Prototyp).

Die Serienausführung des MAULTIER war eine Entwicklung der Waffen-SS. Die offizielle Bezeichnung lautete Gleisketten-Lastkraftwagen 2 t, offen »Maultier« (Sd.Kfz.3) Hier Ford MT V 3000 S/SS M.

Laufwerk-Entwicklungen im Rahmen der MAULTIER-Baureihe.

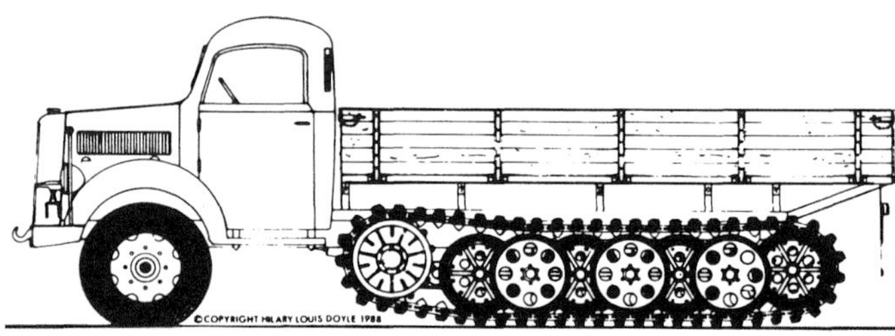

Borgward 3 t S-Typ mit Laufwerk Zgkw 3 t.

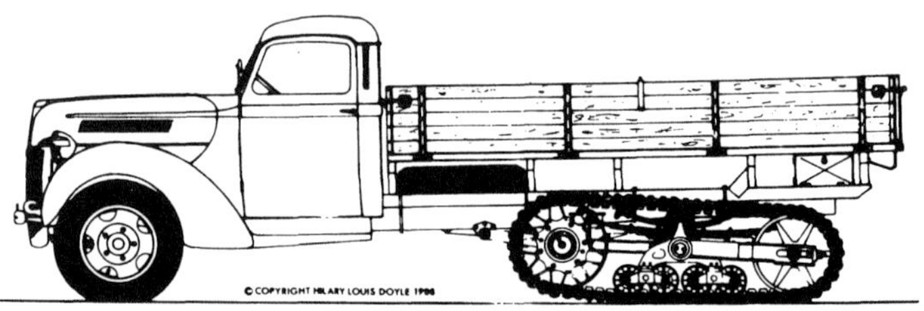

Ford 3 t S-Typ mit französischem UNIC-Laufwerk.

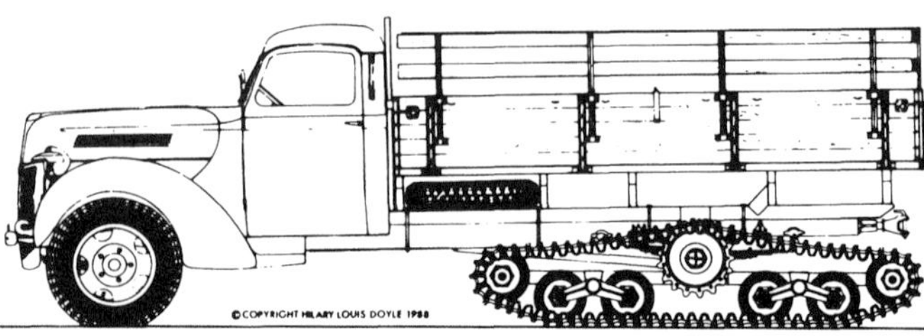

Ford 3 t S-Typ mit LC 8 (van Doorne)-Laufwerk.

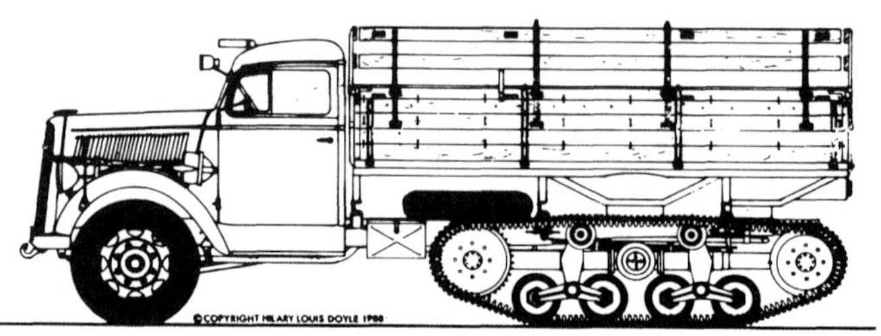

Opel 3 T S-Typ mit TRADO-Aufhängung und britischer Gleiskette.

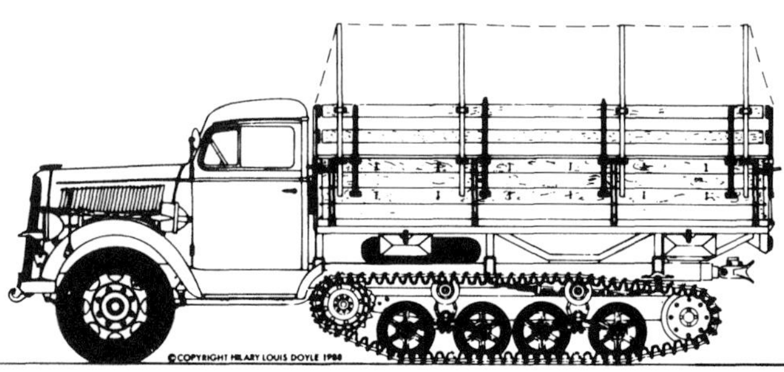

Opel 3 t S-Typ mit OPEL-Laufwerk.

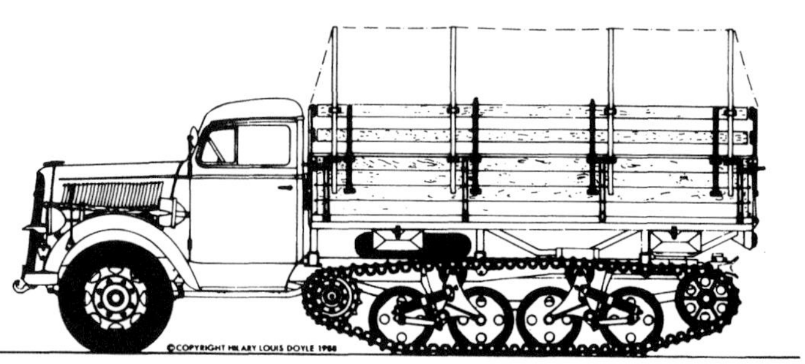

Opel 3 t S-Typ mit Laufwerk (Entwicklung Waffen-SS)-Serienausführung.

Königreich Belgien

Schon zu Beginn des Ersten Weltkrieges verwendete die belgische Armee Minerva, MORS, S.A.V.A. und Peugeot Personenkraftwagen – durch Panzerbleche geschützt und mit Maschinengewehren bewaffnet – zur gewaltsamen Aufklärung gegen die deutschen Truppen.
In den Dreißiger Jahren wurde auf Grund der Weltwirtschaftskrise die Zahl der belgischen Fahrzeughersteller drastisch reduziert und viele bekannte Namen verschwanden für immer. Der großzügige Ausbau der motorisierten Streitkräfte in den Jahren 1936/1937 stützte sich vorwiegend auf die noch bestehenden einheimischen Hersteller Brossel, FN (Fabrique National d' Armes de Guerre), Miesse und Minerva. Ausländische, vor allem französische, Hersteller kamen hinzu. Es waren aber vorwiegend amerikanische Firmen, die durch den Bau von Montagewerken in Belgien der Heeresmotorisierung neue Impulse gaben. Chevrolet, Dodge, Ford (hier in Zusammenarbeit mit Marmon-Herrington für allradgetriebene Fahrzeuge) und GMC stellten zum Teil beträchtliche Stückzahlen an brauchbaren Militärfahrzeugen für die belgischen Streitkräfte her. Schwere Seitenwagen-Motorräder wurden von den Firmen FN, Gillet und Sarolea geliefert.

Zum Teil mußten die Bedürfnisse der belgischen Kolonien bei der technischen Auslegung der Fahrzeuge berücksichtigt werden.
Ein außergewöhnliches Militärfahrzeug war das von der Firma Fabrique National d'Armes de Guerre in Herstal ab 1939 hergestellte Mehrzweck-Dreirad FN Tricar. Es verwendete Bauteile des schweren Seitenwagen-Kraftrads M 12 mit 1000 cm^3 Hubraum und 22 PS Leistung. Kraftübertragung auf die Hinterachse. Die Typenbezeichnung lautete M 12 SM T 3. Vier- und Fünfsitzer-Ausführungen für den Mannschaftstransport, Viersitzer mit Munitionsbehältern, Infanterie-Ausführung, Polizeimodell, Flugabwehr-Ausführung, Instandsetzungs-Kraftwagen, Munitionsschlepper und leichte Lastkraftwagen-Ausführung standen auf dem Produktionsprogramm.
Die französische Firma Latil errichtete ebenfalls ein Montagewerk in Belgien und baute dort vor allem Zugfahrzeuge mit Allradantrieb für die belgische Armee.
Nach den Ereignissen im Mai 1940 gelangten viele der belgischen Heeresfahrzeuge in den Besitz der Deutschen Wehrmacht. Die belgische Kraftfahrzeugindustrie wurde

1938 GMC 2,5 t Lastkraftwagen, Typ T 16 B. Fahrgestell montiert von GM Continental. Standard 2,5 t Lastkraftwagen der Belgischen Armee.

Schwere FN Typ M 12 (12a SM) Motorräder mit angetriebenem Seitenwagen. 992 cm^3 Boxermotor.

Mehrzweck-Dreirad, Typ M 12 SM T 3 der Firma FN. Hier Ausführung als Fliegerabwehrfahrzeug mit zwei MG. Bekannt als Tricar.

weitgehend in die Produktion für die deutschen Streitkräfte einbezogen.

PERSONENKRAFTWAGEN, LASTKRAFTWAGEN UND RADSCHLEPPER

Am Beispiel der 12. Batterie Feldartillerie-Regiment 227 kann die Verwendung des erbeuteten Materials eindringlich dokumentiert werden. Die Batterie rückte pferdebespannt im Mai 1940 in Holland ein und wurde beim Durchmarsch durch Ammersfort durch Beutefahrzeuge motorisiert. Neben zahlreichen holländischen und belgischen Beutefahrzeugen erhielten die 15-cm-sFH der Batterie – durch Weglassen der Protze und Umstellung der Eisen- auf Vollgummibereifung – Radschlepper der Firma Brossel als Zugmittel. Mehrere Baureihen des Typs TAL (Tracteur Artillerie Lourd) waren von der Firma Gebr. Brossel in Brüssel ab 1938 für die belgische Armee geliefert worden. Die Fahrzeuge hatten einen 6-Zylinder-Vergasermotor, Vierradantrieb und Vierradlenkung und eine in Fahrzeugmitte eingebaute Seilwinde.
Die Firma FN baute in den Jahren 1938 bis 1940 einen ähnlichen Radschlepper für schwere Artillerie, Typ FN 63 C/4 RM. Der 6-Zylinder-Vergasermotor mit 3940 cm^3 Hubraum leistete 65 PS.

Schwerer Radschlepper, Typ TAL der Firma Gebr. Brossel als Zugmittel für schwere Lasten.

Französisches Citroen Halbkettenfahrzeug, Typ P 19, als Kommandeurfahrzeug bei der Belgischen Armee (Aufnahme 16. 7. 1936).

GEPANZERTE HALBKETTENFAHRZEUGE

Nach französischem Vorbild fanden schon in den Zwanziger Jahren Versuche mit Kegresse-Halbkettenfahrzeugen statt. Die Firma Citroën vergab hierzu die nötigen Lizenzen für einen Nachbau in Belgien.
Als Kommandeurfahrzeug kam 1936 der Typ Citroën P 19 in geringen Stückzahlen zu den belgischen Streitkräften.
Der Citroën Typ P 14 mit Kegresse-Laufwerk wurde 1931 bis 1934 als Zugmittel für die 120-mm-Kanonen und 155-mm-Haubitzen in den Truppenversuch genommen. Aufbauhersteller: Fa. Jonckheere in Beveren.
Schließlich erwarb die Firma Minerva eine Lizenz über den Nachbau des Artillerieschleppers Minerva-FN-Kegresse, der als Zugmittel für die 120-mm-Kanone FRC, Modell 1931 verwendet wurde.
Nach Übernahme durch die Deutsche Wehrmacht erhielten diese Fahrzeuge die Bezeichnung Zugkraftwagen P 302 (b), wobei (b) für belgisch stand.

Als Zugmittel für schwere Artillerie verwendete Belgien auch Citroen-Kegresse Halbkettenfahrzeuge vom Typ P 14. Aufbauhersteller Jonckheere in Beveren.

Aus dem belgischen Montagewerk der Ford Motor Company in Antwerpen kam während des Zweiten Weltkrieges eine größere Anzahl handelsüblicher Lastkraftwagen 3 t. Im Bild die ab 1943 gelieferte vereinfachte Kriegsausführung.

PRODUKTION FÜR DIE DEUTSCHE WEHRMACHT

Die geringe Kapazität der belgischen Kraftfahrzeug-Industrie ließ sie in der Besatzungszeit 1940–1944 vor allem als Zulieferindustrie in Erscheinung treten.
Die Montagewerke von Ford und General Motors in Antwerpen stellten jedoch handelsübliche Lastkraftwagen in größeren Stückzahlen für die deutschen Streitkräfte her. So begann die Ford Motor Comp. mit der Fertigung des 3 t Lastkraftwagens im September 1940. Die tatsächlichen Fertigungszahlen (Unterlagen aus den »Strategic Bombing Survey«):

1940	527	Lastkraftwagen Typ G 917 T und G 997 T
1941	2389	Lastkraftwagen Typ G 917 T und G 917 TS T III
1942	2351	Lastkraftwagen des gleichen Typs
1943	3339	Lastkraftwagen (vereinfachte Kriegsausführung)
1944	2419	Lastkraftwagen (wie oben)

Insgesamt wurden Aufträge für 14246 Lastkraftwagen erteilt. Aus dem letzten Auftrag über 3750 Einheiten wurden 641 Stück bis zum 4. September 1944 ausgeliefert. Alle anderen Aufträge wurden komplett abgewickelt. Die schwer durch Luftangriffe beschädigten Fertigungsstellen wurden von den Alliierten übernommen. Beachtenswert für die Leistungsfähigkeit der alliierten Kraftfahrzeugindustrie ist die Tatsache, daß vom 30. November 1944 (trotz andauernder V 1- und V 2-Raketenangriffe) bis zum 29. Mai 1945 insgesamt 35500 Lastkraftwagen (vorwiegend GMC 2,5 t und Dodge ¾ t) zusammengebaut und an die Alliierten Streitkräfte geliefert wurden.

Republik Frankreich

Die französische Automobilindustrie zeigte sich in den Zwanziger und Dreißiger Jahren als das Spiegelbild ihrer Gesellschaft. Zahlreiche, sehr individuelle Hersteller präsentierten nur verhältnismäßig kleine Serien von Fahrzeugen mit zum Teil sehr eigenwilliger Prägung. Dies führte notgedrungen zu einer Typenvielfalt, deren Probleme vor allem bei militärischen Planern Anlaß zu Bedenken auslösen mußten.

Die wenigen Hersteller, die größere Serien bewältigen konnten, waren nicht in der Lage, die sprunghaft gestiegenen Anforderungen der Armee abzudecken.

In den Krisenjahren der Dreißiger Jahre ergaben sich als Ausweg Bestellungen größerer Stückzahlen von handelsüblichen Lastkraftwagen in den Vereinigten Staaten, deren Großteil jedoch auf Grund der militärischen Lage nicht mehr nach Frankreich gelangte und nach Großbritannien abgezweigt werden mußte.

Trotz dieser Einschränkungen waren die Leistungen der französischen Industrie, vor allem auf dem Gebiet geländegängiger Kraftfahrzeuge, beachtenswert. Die allradgetriebenen Produkte der Firmen Renault und später unter anderen von Laffly und Latil setzten ihre eigenen Wertmaßstäbe. Dazu kam noch die von Kegresse-Hinstin konzipierte Halbkettenfahrzeug-Technik, die vor allem von André Citroen pulbikumswirksam in das Bewußtsein der breiten Öffentlichkeit gebracht wurde. Die Firmen SOMUA und Unic hatten daran entscheidenden Anteil.

Sie waren allemal begehrte Beutestücke für die deutsche Wehrmacht.

Während des Feldzuges im Westen 1940 – vor allem bei Dünkirchen und in Frankreich – fielen den deutschen Truppen ungeheuere Mengen an Kriegsgerät in die Hände, mit denen vordringlich die Ausrüstungslücken bei den Truppen der zweiten bis zur 15. Welle geschlossen werden konnten. Für alle Fragen der Motorisierung in den besetzten Westgebieten wurde von der »Amtsgruppe Kraftfahrwesen« die »Zentrale Kraftfahrzeugversorgungsstelle West« mit Sitz in Paris gegründet. Sie wurde auch unter der Bezeichnung »Zentra Kraft West« bekannt. Diese Arbeitsgruppe übernahm unter anderem die Leitung der Kraftfahrzeugproduktion in den besetzten Gebieten. Über die Ausnützung der Kapazität der vorgefundenen Fertigungsstellen gab es zunächst heftige Auseinandersetzungen, wußte man doch noch nicht, ob die Fertigung in diesen Gebieten weiterlaufen sollte, oder ob Personal und Maschinen wegen besserer Überwachung nach Deutschland überführt werden sollten.

Schließlich gelang es, die betreffenden Anlagen militärisch zu besetzen. Fast in jeder Fabrik schafften es fachkundige Offiziere, die Produktion wieder anlaufen zu lassen. Die Versorgung mit Rohmaterial und Betriebsmitteln für die Fertigung sowie Verpflegung und Kleidung für die Belegschaft wurde einigermaßen sichergestellt.

Hersteller in Deutschland wurden aufgefordert, Patenschaften für ausländische Werke zu übernehmen mit dem Ergebnis, daß sehr rasch die Produktion wieder auf vollen Touren lief. In einigen Fällen konnte sie sogar über die Friedensleistung hinaus gesteigert werden. Dadurch war es möglich, daß bis zum Beginn des Feldzuges gegen die Sowjetunion 1941 allein 88 deutsche Infanterie-Divisionen, 3 Infanterie-Divisionen (mot) und eine Panzer-Division zur Gänze mit französischen Kraftfahrzeugen ausgerüstet werden konnten.

Reparaturmöglichkeiten und Ersatzteileversorgung für Kraftfahrzeuge waren für den Westfeldzug neu geordnet worden. So gelang es zum Beispiel in Brüssel, bereits 48 Stunden nach der Besetzung, die ersten zivilen Instandsetzungsbetriebe unter deutscher Leitung arbeitsbereit zu machen und gut und laufend mit Ersatzteilen zu versorgen. Diese Betriebe kümmerten sich auch um erbeutete Fahrzeuge.

Später, während des Rußland-Feldzuges, lagerten im Osten nur im Zentral-Ersatzteile-Lager Pleskau Ersatzteile für Kraftfahrzeuge französischer Produktion, mit denen einige Verbände der Heeresgruppe Nord ausgestattet waren. Mit dem Einsatz der Luftwaffen-Felddivisionen, die fast ausschließlich französische Kraftfahrzeuge fuhren und die laufend über die ganze Ostfront verschoben wurden, mußten notgedrungen auch die restlichen ZEL Borrisow, Berditschew und Dnjepropetrowsk Ersatzteile für französische Fahrzeuge bevorraten.

Nach dem Verlust Frankreichs fiel der Nachschub für französische und britische Kraftfahrzeuge aus den ZEL Paris II und St. Nazaire aus. Eine kurzfristige Verlegung

der Fertigung von Ersatzteilen und Aggregaten ins Reichsgebiet erwies sich als undurchführbar.
Die wichtigsten Hersteller von erbeuteten Kraftfahrzeugen im Dienst der deutschen Wehrmacht sowie deren Aktivitäten während der deutschen Besatzung werden nun mit einem Teil ihrer Produkte vorgestellt. Aus verständlichen Gründen kann diese Aufstellung keinen Anspruch auf Vollständigkeit erheben.

Automobiles M. BERLIET SA., Vénissieux (Rhone)

Die Firma ist einer der ältesten Hersteller von Kraftfahrzeugen in Frankreich. Schon vor dem Ersten Weltkrieg wurden Personen- und Lastkraftwagen gebaut. Die Fertigung von Personenkraftwagen wurde mit Ausnahme von Spezialfahrzeugen in den 20er Jahren eingestellt. Berliet war schon immer Hersteller von militärisch genutzten Kraftfahrzeugen.

Berliet Lastkraftwagen 5 t, Typ GDC werden auf deutschen Heeresanstrich umgespritzt.

PERSONENKRAFTWAGEN

Für die französischen Streitkräfte wurden laufend Prototypen oder kleine Baureihen geländegängiger Personenkraftwagen gefertigt (Aufstellung erhebt keinen Anspruch auf Vollständigkeit):
- Typ VUR 1928, Versuchsfahrzeug mit Vierradantrieb
- Typ VUR B2 1929–1930, Kleinserie von 53 Stück vierradgetriebener Kommandofahrzeuge
- Typ VUD B4 1932, Prototypen mit Vierradantrieb
- Typ VPDS 1938, ein Prototyp in 6×4 Auslegung für die französische Luftwaffe

LASTKRAFTWAGEN

Es wurden fast ausschließlich handelsübliche Fahrzeuge erzeugt, die wahlweise mit Vergaser- bzw. Dieselmotoren ausgeliefert wurden. Auf Wunsch konnten auch Lastkraftwagen mit Holzgasgeneratoren geliefert werden. In den einzelnen Nutzlastklassen standen im Angebot die Typen:
- 5 t VDC 22 F
- 6 t GDR 28 F
- 6 t GDRA (Holzgas) 1939
  GDRK 7-L 1939 (Kesselkraftwagen 5000 l)
- 5 t GDC mit 4-Zylinder-Dieselmotor 5700 ccm (Lizenz Ricardo)
- 5 t VDC 6 D (Motor wie oben)
- 7 t GDR 7 D mit 4-Zylinder-Dieselmotor 7200 ccm (Lizenz Ricardo)
- 10 t GDM 10 W mit 6-Zylinder-Dieselmotor 10 850 ccm (Lizenz Ricardo)
- 12 t TDR 7 W als Sattelschlepper

Bis 1939 wurden an die französischen Streitkräfte etwa 30 Stück Panzertransporter mit 12 t Nutzlast geliefert, die in ihrer Masse der Deutschen Wehrmacht in die Hände fielen.

FERTIGUNG FÜR DIE DEUTSCHE WEHRMACHT

Im Lastkraftwagen-Kriegsprogramm, Kraftfahrzeuge Frankreich (Auszug) werden u. a. erwähnt:

Lkw 4,5 t Berliet	1943	Soll 1180 / Ist 862
	1944	Soll 1830 / Ist 400

Die Fahrzeuge wurden zum Teil mit Wirbelluftfilter, Bauart Neumann, und Winterausrüstung geliefert. Sie waren in Rußland nur bedingt einsatzfähig.

GEPANZERTE RADFAHRZEUGE (PROTOTYPEN)

- Typ VUDB, 50 Stück für die französische Armee 1929/1930, Fahrzeuge hatten Vierradantrieb
- Typ UM, Prototyp 1934 mit Vierradantrieb
- Typ UDB, Prototyp 1934/1935 mit Sechsradantrieb

Camions BERNARD, Arcueil (Seine)

Ein kleiner Nutzfahrzeughersteller, der sich vor allem auf den Bau schwerer Lastkraftwagen spezialisierte. Die mit Dieselmotoren, Lizenz Gardner ausgerüsteten Fahrzeuge, rundeten das Verkaufsprogramm ab.

LASTKRAFTWAGEN

Die Firma stellte während des Zweiten Weltkrieges eine beschränkte Anzahl von Lastkraftwagen mit 8 t Nutzlast her. Ein Teil dieser Fahrzeuge wurde mit Großwasserzisternen der Firma Coder versehen.
Bei Nachschub-Einheiten erhielten sich auch einige Schwerlastkraftwagen, Typ D H 6, die ab 1935 in geringen Stückzahlen eingesetzt waren, bis Kriegsende. Das Fahrzeug, in 6×4 Konfiguration, hatte einen 150 PS Gardner Dieselmotor eingebaut. Es war typisch in seinem Aussehen für die schweren Lastkraftwagen der damaligen französischen Armee. Der lange Radstand erlaubte eine überlange Pritsche, die weit über die Hinterachse hinausragte. Spezialfahrzeuge waren nicht bekannt.

Société Anonyme André CITROËN, Paris

Die Firma Citroën, einer der größten Kraftfahrzeughersteller Frankreichs, bestach durch die eigenwillige Technik seiner Produkte, vor allem seiner Personenkraftwagen. Die handelsüblichen Lastkraftwagen waren nur bis zu einer Nutzlastklasse bis 3,5 t im Angebot. Bahnbrechend war das Engagement dieser Firma auf dem Gebiet der Halbkettenfahrzeug-Technik, die mit den Namen Kégresse, Hinstin und Citroën eng verbunden ist. Citroën arbeitete in begrenztem Rahmen während der Zeit der deutschen Besetzung. Während 1939 etwa 18 000 Beschäftigte ihre Arbeit fanden, ging diese Zahl 1944 auf etwa 7000 zurück.

PERSONENKRAFTWAGEN

Typisch für die technische Auslegung der Citroën Personenkraftwagen Ende der 30er Jahre waren Frontantrieb, langer Radstand und große Spurbreite. Dadurch wurde eine überdurchschnittlich gute Straßenlage erreicht. Spezialfahrzeuge in dieser Kategorie wurden nicht gebaut. Vorwiegend von der Deutschen Wehrmacht verwandt wurden die Typen:
- Pkw Citroën Typ Dx und 11 Serie BL
- Pkw Citroën Motorreihe Dy und Dz
- Pkw Citroën Motorreihe FS, Typ 7 – Typ 7 Serie C und Typ 11 Serie B

Diese Fahrzeuge wurden nach Möglichkeit mit Wirbelluftfiltern, Bauart Neumann, ausgerüstet. Fahrgestell Nr. für die Baureihe 11 BL liefen ab 360 000.
Nach Aussage der Deutschen Wehrmacht waren, wie vorgesehen, diese Fahrzeuge nur für Nachschubdienste kriegsbrauchbar (Erfahrungen in Rußland).

KRANKENKRAFTWAGEN

- Typ 11 TU (950 001–951 150) der Baujahre 1938 bis 1940. Ein mittlerer Krankenkraftwagen in Frontlenkerausführung mit 2350 mm Radstand.
- Typ 11 UB (166 000–178 150), auch als Lieferwagen handelsüblich erhältlich. Typ 11 U mit 2700 mm, Typ 11 UB mit 3000 mm Radstand. Die Schnelle Brigade West erhielt 48 dieser Krankenwagen.

Citroen Krankenkraftwagen, Typ 11 UB.
Die Schnelle Brigade West erhielt 48 dieser Fahrzeuge.

LASTKRAFTWAGEN

Der deutsche Generalbevollmächtigte für das Kraftfahrwesen hatte 1942 für die Firma Citroën einen monatlichen Ausstoß von 1200 kompletten Lastkraftwagen gefordert. Tatsächlich gebaut wurden die Typen:

- 23 (interne Bezeichnung PUD 7), 1941 bis 1944 (Fahrgestell Nr. 300 001–303 700), Nutzlastklasse 1,5 bis 2 t. Der Typ 23 war serienmäßig auch mit einem Dieselmotor mit 1766 cm^3 Inhalt und 40 PS Leistung erhältlich.
- 32 U, (Baujahr 1934–1939), Vorläufer des Typs 23 mit 2–2,5 t Nutzlast und 4090 mm Radstand (Fahrgestell Nr. 20 000–26 000). Teilweise von der Deutschen Wehrmacht übernommen.
- 45 (intere Bezeichnung P 38), 1941 bis 1944 (Fahrgestell Nr. 782 200–797 500), Nutzlastklasse 3 bis 3,5 t. Das Fahrzeug wurde auch mit Holzgasgenerator geliefert, einige erhielten Winterausrüstung. Das Produktionssoll für 1943 betrug 5100, geliefert wurden 3027 Einheiten. Die Zahlen für 1944: Soll 5150, Ist 1536 Stück. Die Firma Roche stellte auf diesem Fahrgestell Küchen- und Vorratswagen her.

Die Masse der Radfahrzeuge der Schnellen Brigade West bestand aus Lastkraftwagen Typ 45 der Firma Citroën. U.a. wurden geliefert: Werkstatt-Lkw (28 Stück), Kraftstoff-Lkw (64 Stück), Sanitäts-Lkw (12 Stück), Küchenwagen (32 Stück), Befehlswagen (40 Stück), Funkwagen (24 Stück), Fernsprechwagen (24 Stück) und Tross-Lkw 3 t (120 Stück).

- Auf Grund der Erfahrungen der Truppe in Rußland wurden die Citroën-Typen 23 und 45 als nur für Nachschubdienste kriegsbrauchbar erklärt.

Der Citroen Lastkraftwagen 3,5 t, Typ 45 war zahlreich bei der Deutschen Wehrmacht vertreten. Hier die Ausführung als Kraftstoff-Lastkraftwagen, von dem 64 Stück bei der Schnellen Brigade West vorhanden waren. Das T an der Pritsche zeigt an, daß der Lastkraftwagen Treibstoff befördert.

Der Citroen Lastkraftwagen Typ 45 diente auch als Sanitäts-Lastkraftwagen. Bei der Schnellen Brigade West waren davon 12 Stück vorhanden.

Das »Innenleben« eines Kraftstoff-Versorgungsfahrzeuges. Die 20 l Wehrmacht-Einheitskanister wogen leer 4 kg, gefüllt 20 kg. Sie waren eine Entwicklung der Firma Ambi-Budd in Berlin.

Vom Küchenwagen mit geschlossenem Aufbau wurden 32 Stück der Schnellen Brigade West zugeteilt. Die Aufbauten wurden in Frankreich hergestellt.

Der Werkstatt-Lastkraftwagen auf Citroen-Fahrgestell Typ 45, mit 28 Stück bei der Schnellen Brigade West vertreten, hatte ausstellbare seitliche Fenster.

Die Inneneinrichtung der Werkstatt-Lastkraftwagen war den Wünschen der Truppe angepaßt.

Ein Citroen Typ 45 mit verkürztem Radstand und hydraulischer Arbeits-Plattform für Arbeiten an der A 4 (Aggregat 4) Fernrakete (allgemein als V 2 bekannt).

HALBKETTENFAHRZEUGE

Die Entwicklung des leichten Halbkettenfahrzeuges geht auf das Gedankengut des Adolphe Kégresse aus den Jahren 1910/1911 zurück, als er sich als technischer Direktor des Fuhrparks des Russischen Zaren Nikolaus II. mit der Geländegängigkeit von Kraftfahrzeugen, vor allem im Winter, auseinanderzusetzen hatte.
Nach der Revolution in Rußland nach Frankreich zurückgekehrt, suchte Kégresse einen Geldgeber zur Verwirklichung seiner Ideen über die Auslegung eines Halbkettenfahrzeuges und fand ihn in dem Industriellen M. Hinstin, der es ermöglichte, Kégresse's Gedanken in die Wirklichkeit umzusetzen.
Das Gleiskettensystem, welches die normale Hinterachse ersetzte, hatte zwei endlose Gummibänder, welche später mit Metalleinlagen verstärkt wurden. Das Laufwerk bestand aus Lauf- und Stützrollen, einem Antriebsrad und einer Umlenkrolle. Das günstige Verhältnis Kettenauflagelänge/Kettenbreite ergab eine beträchtliche Verbesserung der Geländegängigkeit.
Der Unternehmer André Citroën stellte ab 1921 das Ganze auf eine solide technische und finanzielle Basis. Seine »Autochenille« fand Nachahmer in vielen Ländern.
Die Halbkettenfahrzeuge von Citroën wurden von der Firma »Citroën Département Autochenille«, 159, Rue Armand Silvestre, Courbevoie, gefertigt und kamen in größeren Stückzahlen als Zugmittel für die 7,5-cm-Artillerie sowie als Transportfahrzeug für die Motorisierten Dragoner (voiture de dragons porté) zur Verwendung. Sie wurden zahlreich von der Deutschen Wehrmacht übernommen:

- Zugkraftwagen Ci 301 (f) als Zugmittel für die 7,5-cm-leFK 97
- Zugkraftwagen Ci 306 (f), P. 14 P als Zugmittel für schwere Feld-Artillerie
- Transportkraftwagen Ci 380 (f) für motorisierte Dragoner.

In diesem Zustand zeigten sich sehr oft die Fahrzeuge nach Beendigung der Kampfhandlungen.

Im umfangreichen Produktionsprogramm für Halbkettenfahrzeuge bot Citroën folgende Typen, auch handelsüblich, an:
Angaben in ( ) für Bohrung/Hub in mm.
P. 15 NB, 6-Zylinder (72×100) – P. 15 N, 6-Zylinder (80×100) – P. 26 B, 6-Zylinder (75×100) – P. 28, 6-Zylinder (80×100) – P. 104, 6-Zylinder (80×100) – P. 17 E, 4-Zylinder (75×100) – P. 19 B, 6-Zylinder (72×100) – P. 14 B, 6-Zylinder (75×100) und P. 107 als Zugmittel für die 4,7-cm-Pak.
Als Citroën Mitte der 30er Jahre die Produktion geeigneter Fahrgestelle für Halbkettenfahrzeuge einstellte, wurde der Typ P. 107 als einziger von Unic übernommen und weitergebaut.
Für die Schnelle Brigade West wurden P. 19-Fahrzeuge als Mannschafts-Transportwagen und Nachrichtenfahrzeuge hergerichtet.

Der Citroen-Typ P 19 bildete die Grundlage für das Transportfahrzeug der motorisierten Dragoner. Die deutsche Kenn-Nummer lautete Transport-Kraftwagen Ci 380 (f).

Vorder- und Rückansicht eines für die Deutsche Wehrmacht wieder hergerichteten Mannschafts-Transportfahrzeuges (ungepanzert), Typ Citroen P 19.

Nachrichten-Kraftwagen auf P 19-Basis für die Schnelle Brigade West. ▸

Citroen P 17 Halbkettenfahrzeug mit Laufrollen des Typs P 7bis.

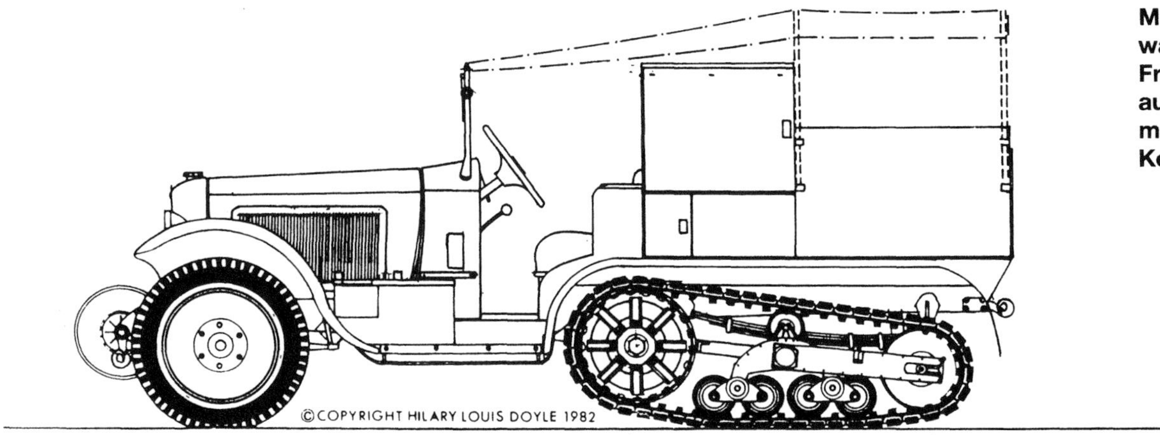

Mannschafttransport-wagen Citroen P 19. Französische Original-ausführung für die motorisierten Dragoner. Kennummer Ci 380.

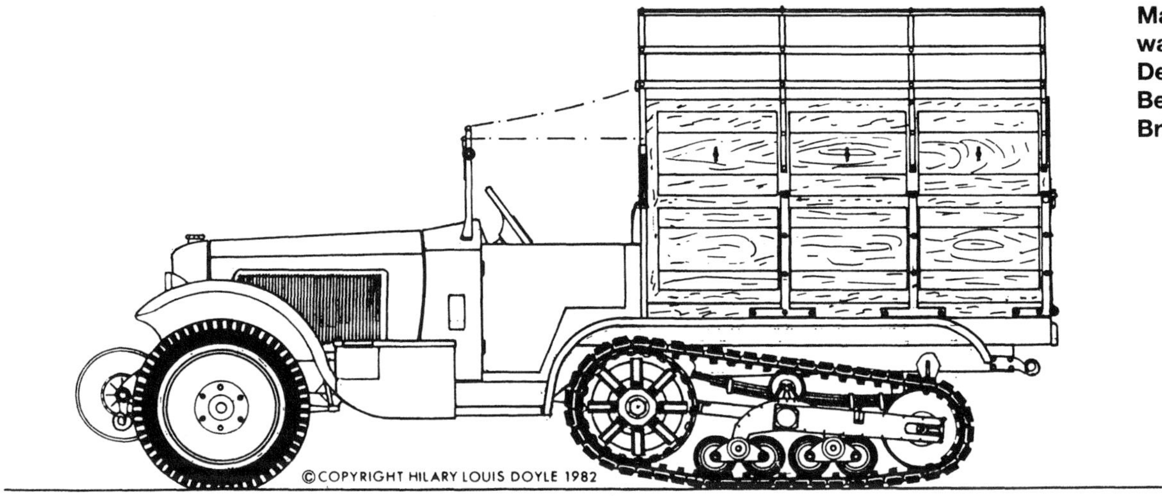

Mannschaftstransport-wagen Citroen P 19. Deutscher Umbau. Bei der Schnellen Brigade West eingesetzt.

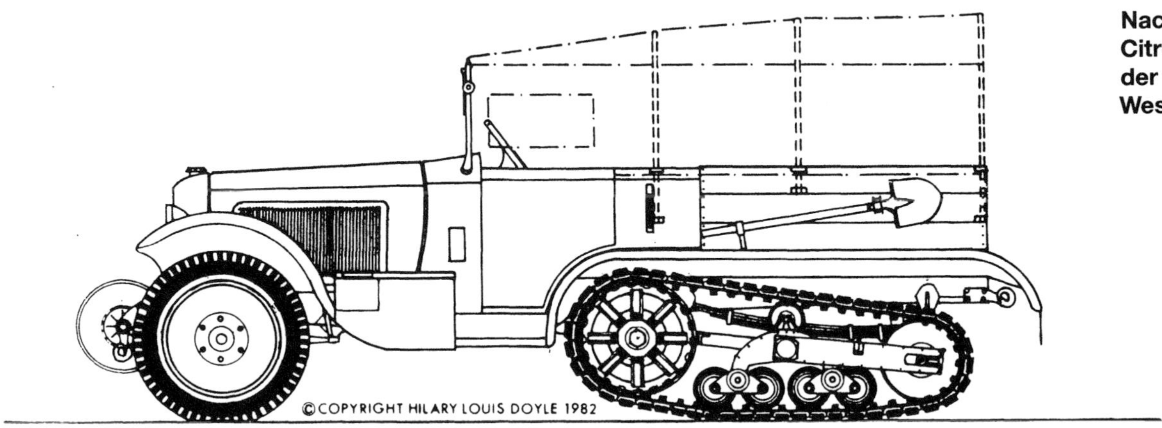

Nachrichtenkraftwagen Citroen P 19, ebenfalls bei der Schnellen Brigade West.

Société des Automobiles DELAHAYE, Paris

Diese Firma, die vor allem durch ihre Personenkraftwagen der oberen Preisklasse bekannt wurde, stellte ein abgerundetes Produktionsprogramm vor. Mittlere und schwere Lastkraftwagen ergänzten das Angebot. Delahaye absorbierte Ende der Dreißiger Jahre die Firma DELAGE, ebenfalls bekannt für ihre hochwertigen Produkte der Kraftfahrzeugindustrie. Personenkraftwagen wurden von beiden Firmen während des Zweiten Weltkrieges nicht gebaut.

SCHWERE KRANKENKRAFTWAGEN

Die Typen 140 (Fahrgestell Nr. ab 48000) und 140 A (ab 830000) waren auf dem handelsüblichen 1,5 t bis 2,2 t Fahrgestell aufgebaut, in welches ein 4-Zylinder-Vergasermotor mit 42 PS Leistung vom Typ 14 UA eingebaut war. Der Radstand betrug 3800 mm.

LASTKRAFTWAGEN

Lkw Typen 140 (4-Zylinder) und 140/103 (6-Zylinder) der Nutzlastklassen 1,5 t, 2,2 t und 2,7 t.
Lkw Typ 103 (6-Zylinder) der Nutzlastklasse 3 bis 4 t.
Lkw Typ 111 (6-Zylinder) der Nutzlastklasse 5 bis 7 t, beides Vierradfahrzeuge mit angetriebener Hinterachse.
Lkw Typ 119 (6-Zylinder) der Nutzlastklasse 9 bis 15 t. Konfiguration 4×2 und 6×4 – Radstände von 4700 bis 5500 mm. Alle Lastkraftwagen konnten mit Flaschengas- bzw. Holzgasantrieb geliefert werden.

HALBKETTENFAHRZEUGE

Delahaye stellte 1935 einen Prototyp eines Halbkettenfahrzeuges her. Fahrgestell Delayhaye, Kettenlaufwerk Kégresse Typ P 16 T. Das Projekt wurde nicht weiterverfolgt.

DEUTSCHES ZUGKRAFTWAGEN-PROGRAMM

Delahaye und Delage wurden 1942 aufgefordert, 1000 Stück Zugkraftwagen 3 t zu bauen. Ein monatlicher Ausstoß von 100 Einheiten wurde erwartet. Zu einer Serienfertigung ist es nicht mehr gekommen. Für den Büssing-NAG Lkw 4500 kam es zur Lieferung von Ersatzteilen.

Leichter Zugkraftwagen 3 t (Sd. Kfz. 11), Typ Hkl6. Im Bild Ausführung 11/3.

Elsäßische Motoren-Werke AG., (ELMAG), Mülhausen/Elsaß

Der Kraftwagenbau der Friedrich Krupp AG., Essen, wurde 1941/1942 nach Mülhausen ausgelagert. Dort wurden allerdings keine Lastkraftwagen mehr gefertigt, man verlegte sich auf den Nachbau des Zugkraftwagens 12 t (Sd. Kfz. 8).
Das von Daimler-Benz entwickelte und gefertigte Sonderfahrzeug führte die interne DB-Bezeichnung DB 10.
Die Fertigung in Mülhausen lief im April 1942 an, die Rückverlagerung in das Reichsgebiet erfolgte im Oktober 1944, bevor das Werk von den Alliierten besetzt wurde.
Obwohl die Fertigung im Raum Nürnberg wieder aufgenommen werden sollte, kam es auf Grund der Ereignisse nicht mehr zu einer nennenswerten Produktion. Anstelle des Maybach HL 85 Motors sollte der größere HL 108 eingebaut werden, eine Änderung, die nicht mehr anlief.
In Mülhausen wurden bis Dezember 1942 275, 1943 292 und 1944 576 Einheiten gefertigt. (Fahrgestell Nr. 240201–241001).*)

*) 1943 waren von Elmag auch 51 Stück des mittleren Zugkraftwagen 8 t (KMm 11) gefertigt worden.

Schwerer Zugkraftwagen 12 t (Sd. Kfz. 8), Typ DB 10.

Neben kompletten Fahrzeugen wurde eine umfangreiche Fertigung von Ersatzteilen für den Zugkraftwagen 12 t aufgezogen.

Als Beispiel gelten:

- November 1943 Ersatzteile Wert RM 400 000.–, entsprechend 16 Zgkw
- Dezember 1943 Ersatzteile Wert RM 285 000.–, entsprechend 10 Zgkw
- Januar 1944 Ersatzteile Wert RM 545 000.–, entsprechend 20 Zgkw

Schon im November 1943 kam es zu Produktionsausfällen durch Bombenangriffe der Alliierten. Im Mai 1944 fiel vorübergehend die Motorenlieferung an beide Hersteller aus, da durch Feindeinwirkung die Bestände an Maybach HL 85 Motoren in Friedrichshafen vernichtet wurden.

Am 13. August 1944 traf Hauptdienstleiter Saur die Entscheidung, die Fertigung der Zugmaschine 12 t bei Daimler-Benz einzustellen.

Am 3. August 1944 gab es durch Fliegerangriffe auf das Werk in Mülhausen einen beträchtlichen Ausfall an Arbeitsstunden. Auch machte sich der Ausfall französischer Unterlieferanten bemerkbar.

Ab Oktober 1944 kam es zur totalen Einstellung der Fertigung durch die Vorbereitung der Verlagerung von Mülhausen in den Raum Nürnberg.

SA FORD Francaise, Poissy (Seine-et-Oise) und Asnières (Seine)

Die französischen Ford-Werke in Asnières wurden schon vor Ausbruch des Zweiten Weltkrieges der Firma Laffly überlassen, die dort ihre bekannten Geländefahrzeuge herstellte.

Laffly stellte in diesem Werk für die Deutsche Armee auch Vollketten-Schneepflüge, Grabenbagger und Planierraupen her. Während des Krieges erhielt das Werk den Auftrag, 1000 Ford-Lastkraftwagen in Halbketten (Maultier)-Fahrzeuge umzubauen, eine Arbeit, die tatsächlich durchgeführt wurde.

Das Hauptwerk in Poissy stellte u. a. den üblichen Ford 3 t Lastkraftwagen mit V8-Motor her und lieferte Komponenten und Ersatzteile an die Ford-Montagewerke in Belgien und den Niederlanden.

Die Typenbezeichnung der 3 t (in Frankreich 3,5 t) Lastkraftwagen lautete G 398-TS 3, sie waren mit dem 3,9 l V8-Vergasermotor ausgerüstet. Dieser Motor wurde, obwohl in Tausenden von Fahrzeugen eingebaut, von allen Waffengattungen restlos abgelehnt.

Der 5 t Frontlenker (Nachkriegsbezeichnung F 798 WM), der zu diesem Zeitpunkt in Europa nur in Frankreich produziert wurde, war mit dem gleichen Triebwerk ausgerüstet.

Usines MATFORD, Asnières (Seine)

Matford entstand aus der Fusion der Firmen MATHIS und FORD. Die Mathis-Werke waren in Straßburg (Elsaß) beheimatet. Es wurden 5–6 t Frontlenker der Type F 917 WS 1938 bis 1940 noch in Poissy gebaut, die der Deutschen Wehrmacht zur Verfügung gestellt werden mußten. Matford stellte zwei Motorentypen in V8-Auslegung mit 2,2 bzw. 3,6 l Inhalt her.
Schon 1944 gab es keine Geschäftsverbindung zwischen den französischen Fordwerken (Ford S. A. F.) und Matford mehr. Die Bezeichnung Matford wurde seitdem nicht mehr mit den Aktivitäten der Ford S. A. F. in Verbindung gebracht.
Matford-Fahrzeuge hatten bei der Deutschen Wehrmacht einen schlechten Ruf. Laut Aussage der Truppe gab es an diesem Fahrzeug kein Teil, was bei der Beanspruchung der Truppe und der Nachschubdienste hielt.

SA des Ans. Ets. HOTCHKISS et Cie., St. Denis (Seine)

Hotchkiss wurde bekannt als Hersteller von Personenkraftwagen der gehobenen Klasse, aber auch von anspruchsvollen Geländefahrzeugen. Die Firma übernahm als Lizenznehmer der Firma Laffly die Serienfertigung deren Fahrzeuge. Die Lizenzvereinbarungen liefen von 1936 bis 1940, als Laffly von Hotchkiss übernommen wurde. Während des Zweiten Weltkrieges baute Hotchkiss eine kleine Anzahl der Geländewagen für die Deutsche Wehrmacht. Die Produktion für die französische Armee wurde noch 1944 wieder aufgenommen. An der Fertigung war auch die Firma Licorne beteiligt.

PERSONENKRAFTWAGEN

Eine geringe Anzahl von Personenkraftwagen der Firma Hotchkiss liefen bei höheren Stäben der deutschen Armee.
Pkw, Typ 680 (1936–1939) 6-Zylinder-Vergasermotor mit 3 l Inhalt, Radstand 3250 mm.
Pkw, Typ 686 (1938–1939) 6-Zylinder-Vergasermotor mit 3850 ccm Inhalt, Radstand 3900 mm.
Pkw, Typ 686 PNA (1939–1941) Fahrgestell Nr. 81 151–82 318.

RADZUGMASCHINEN/GELÄNDELEICHTLAST-KRAFTWAGEN

Typ R 15 R (4×4), mit 4-Zylinder-Vergasermotor 52 PS, Radstand 2140 mm.
Typ S 20 TL (4×4), Fertigung bis 12. 6. 1940 (Fahrgestell Nr. 1001–1326, 1352–1379) Fertigung vom August bis September 1940 (Fahrgestell Nr. 1380–1404).
Typ W 15 T (6×6), Fertigung bis 12. 6. 1940 (Fahrgestell Nr. 700 001–700 148) Fertigung 1940–1941 (Fahrgestell Nr. 700 149–700 249).

Sociéte ISOBLOC (SACA) Annonay, Ardeche

KRAFTOMNIBUSSE

Großkrankenkraftwagen auf Omnibusbasis für 30 Patienten. Antriebsaggregat Ford V-8 Vergasermotor im Heck des Fahrzeuges eingebaut.

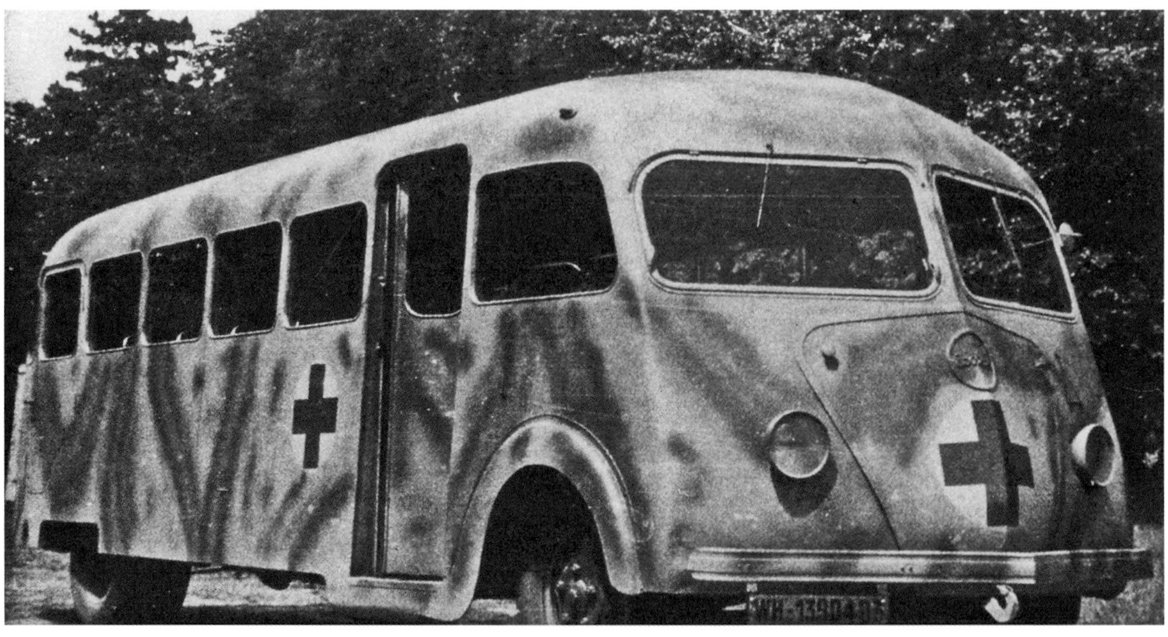

Isobloc Großkrankenkraftwagen vom Typ W 843 M, von dem 1944 6 Stück als Operations- und Zahnstationswagen der Schnellen Brigade West zugeteilt waren.

Typ W 843 M Autocar Sanitaire (Fahrgestell Nr. 1720–2799). 1944 6 Stück bei der Schnellen Brigade West als Operations-/Zahnstationswagen.

Etablissements LAFFLY, Asnières (Seine)

Gegründet 1858. Als Hersteller von Nutzkraftwagen der Klassen 1,5 t bis 16 t bekannt. Sattelschlepper und Spezialaufbauten (vor allem für Feuerwehr) standen auf dem Bauprogramm. Vor allem aber wurde Laffly durch seine Geländefahrzeuge bekannt, deren aufwendige Fahrgestellbauweise eine ungewöhnliche Geländefähigkeit ermöglichte. Diese Geländefahrzeuge, in 4×4 und 6×6 Konfiguration gebaut, wurden als Prototypen mit Peugeot-Motoren, in der Serie mit Hotchkiss-Motoren ausgerüstet.

Hotchkiss fertigte zwischen 1936 bis 1940 eine größere Anzahl der Laffly-Fahrzeuge, bis endlich Laffly von Hotchkiss übernommen wurde.

PERSONENKRAFTWAGEN

Es wurden nur Spezial-Personenkraftwagen geliefert:
S 15 R mittlerer Personenkraftwagen (Fahrgestell Nr. 143 000–144 299).
V 15 T mittlerer Personenkraftwagen und Radschlepper (vorwiegend für die 2,5-cm-Pak).
V 15 R mittlerer Personenkraftwagen mit gewöhnlichen Steckachsen (Fahrgestell Nr. 186 000–186 999).

Laffly V 15 T mit den Original-Besitzern (oben) und deutscher Besatzung (unten). Hier als Zugmittel für die 5-cm-Pak 38.

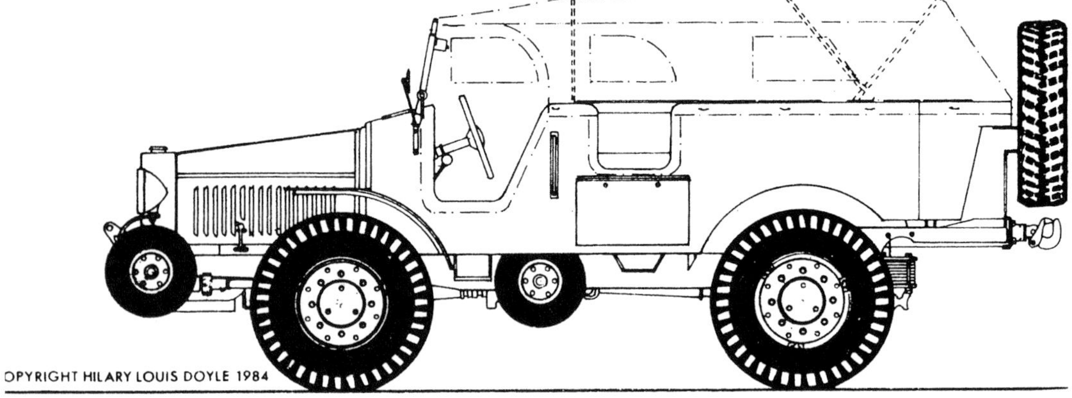

▲ **Leichter Radschleper mit Radnaben-Zahngetriebe, Laffly V 15.**

Major Becker (sitzend) auf einem als Kommandeurwagen umgebauten Laffly Typ V 15 R.

Gegenüberstellung der technischen Auslegung der Fahrgestelle der Laffly Typen V 15 T und V 15 R.

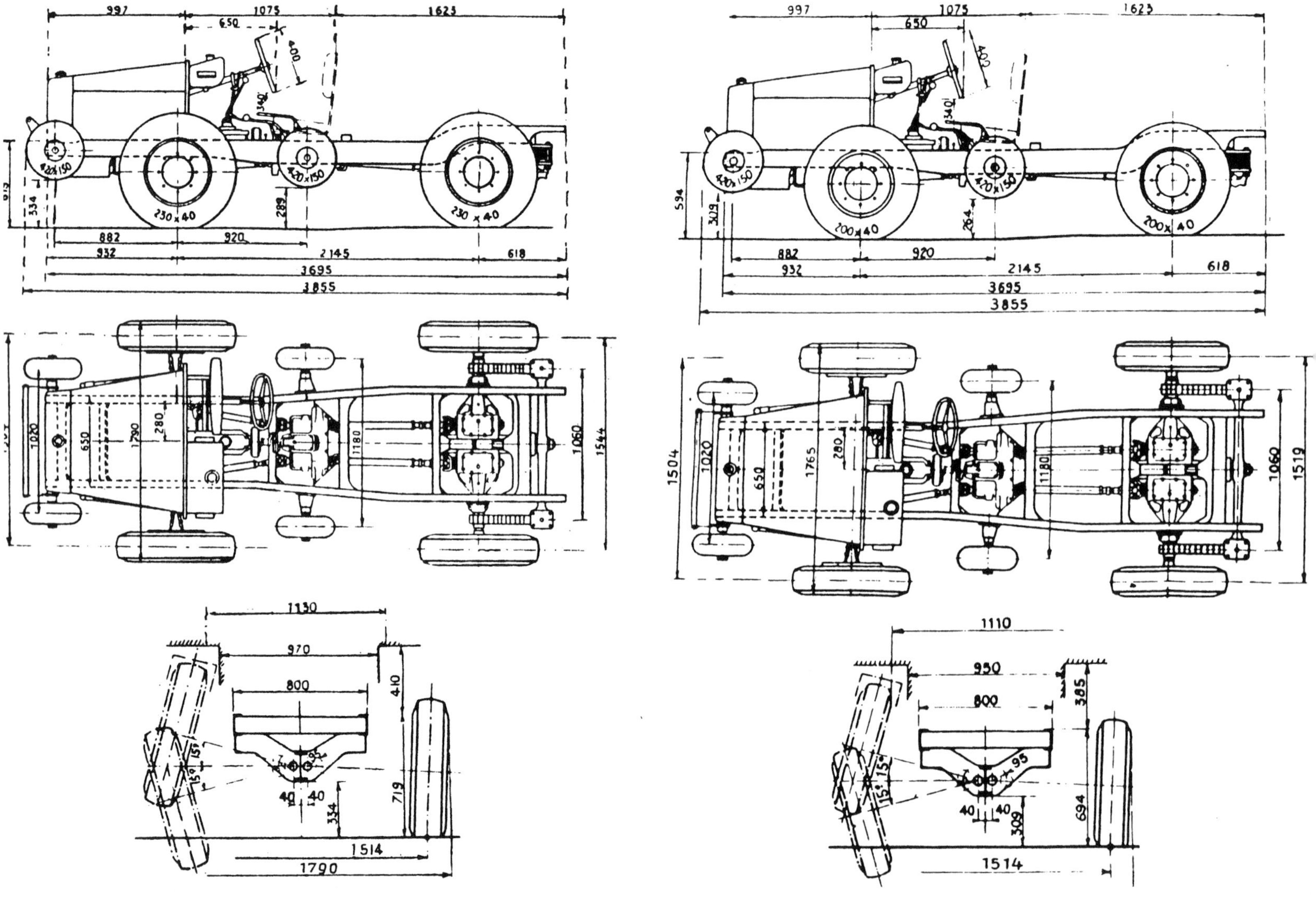

KRANKENKRAFTWAGEN

BS/BSA handelsübliches Fahrgestell mit 3350 mm Radstand (Fahrgestell Nr. 71 000–71 999). Hotchkiss-Motor »486« S 15 C, geländegängige Ausführung (142 000–142 999).

LASTKRAFTWAGEN

Baureihe AL in handelsüblicher Ausführung bis 6,5 t Nutzlast.
S 35 TL Kesselkraftwagen (kurz)
S 45 TL Kesselkraftwagen (lang), beide mit Allradantrieb (6×6).

RADSCHLEPPER

Alle mit Laffly 4- bzw. 6-Radantrieb.
V 15 T Radschlepper mit Radnaben-Zahngetriebe
S 15 TOE gepanzerte Ausführung (141 000–141 999).
W 15 T Radschlepper mit drei Achsen (180 000–180 999).
W 15 T gepanzerte Selbstfahrlafette für die 4,7-cm-Pak, die bei dieser Anordnung nur nach rückwärts feuern konnte.
S 15 T Radschlepper, auch als Abschleppfahrzeug (145 000–146 999).
S 20 TL (1937 bis 1938) Mannschaftstransportwagen, auch Funk- bzw. Kesselwagen (150 000–152 999).
S 25 T (1940) Zugmittel für das 10,5-cm-Geschütz (155 000–155 999).
S 25 TL (wie Typ S 25 T)
S 35 TL/C 2 Spezialfahrgestell mit Motorpumpe für Feuerlöschzwecke.
S 35 T Radschlepper mit drei Achsen und hinterem Abstützsporn (182 000–182 999).
S 45 T Radschlepper mit Pritschenaufbau (1937 bis 1939) Dreiachser (165 000–165 999).

Der Laffly Typ S 15 R wurde noch in geringen Stückzahlen für die Deutsche Wehrmacht weitergebaut. Hier das Fahrzeug im Einsatz gegen Partisanen, gefolgt von einem Steyr 1500 A/01.

Für die Schnelle Brigade West wurden 24 Stück Laffly W 15 T als Fernsprech-Kraftwagen umgebaut.

Dieses Foto zeigt den Einbau von Funkgeräten und Kabelrollen im Laffly W 15 T.

Leichter Radschlepper mit 3 Achsen, Laffly W 15 T.

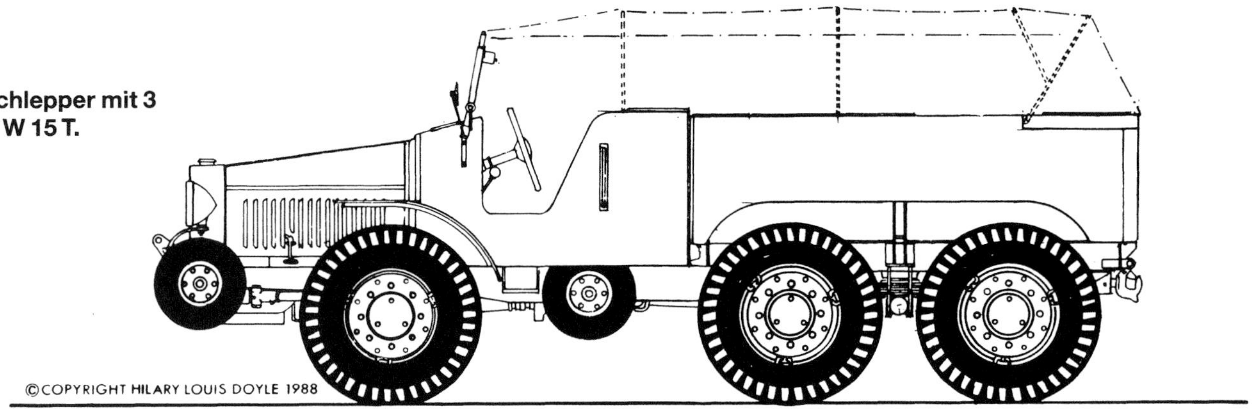

Der schwere Laffly Radschlepper, Typ S 35 T hatte drei angetriebene Achsen und (teilweise) einen hinteren Abstützsporn. Das Antriebsschema ist klar zu erkennen.

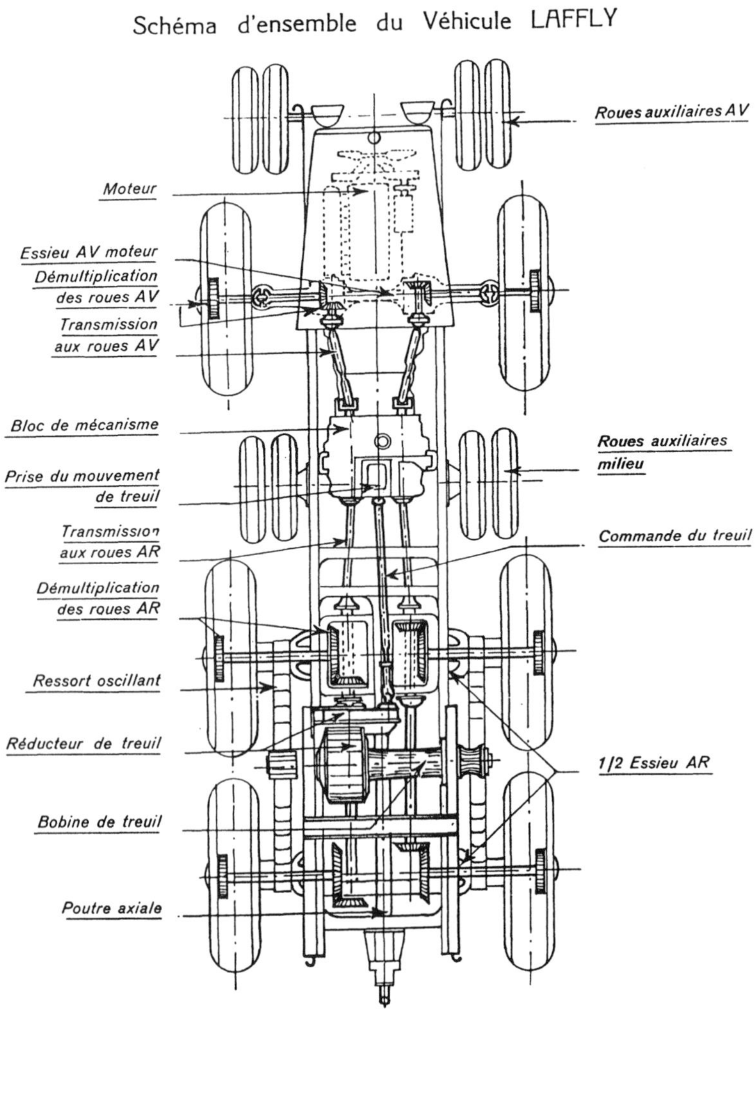

Der Laffly S 35 T als Zugmittel für Geschütze 155-mm, mit und ohne Protze.

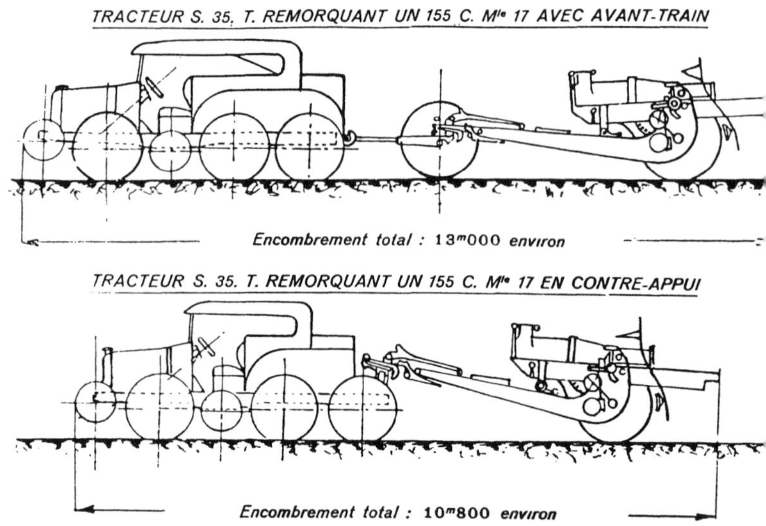

Produktion für die französischen Streitkräfte

Typ	1939	1940
V 15 T	80	20
S 15 R	381	169
S 15 T	161	28
S 20 TL	109	–
S 25 T	3	105
S 35 T	58	149
W 15 T	1	–
S 45 T	–	15

Insgesamt, mit Prototypen, wurden 1344 Stück gebaut.

Leichter Radschlepper, Laffly W 15 T. Gepanzerte Ausführung für die Deutsche Wehrmacht (Schnelle Brigade West).

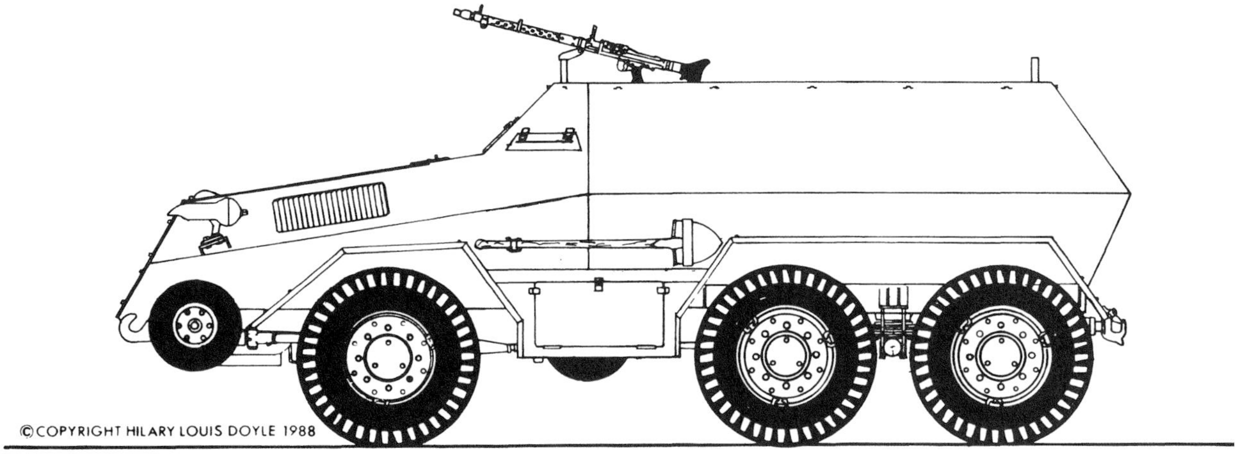

VERWENDUNG BEI DER DEUTSCHEN WEHRMACHT

Laffly-Geländefahrzeuge wurden bei vielen deutschen Einheiten weiter verwendet. Als Führungsfahrzeug, als Zugmittel und bei der Schnellen Brigade West auch als Fernsprechkraftwagen mit deutscher Ausrüstung (24 Stück).
Erwähnenswert bleibt noch eine gepanzerte Ausführung (mit deutschem Panzeraufbau) bei der Brigade West.

Einige W 15 T wurden zum Einsatz bei der Schnellen Brigade West mit gepanzerten Aufbauten versehen. Oben mit abgedeckter zweiter Achse, unten mit Original-Fahrgestell.

FERTIGUNG FÜR DIE DEUTSCHE WEHRMACHT

1942 wurden von deutschen Behörden 60 Schneefräsen auf dem Fahrgestell des französischen Kampfpanzers R 40 bestellt. Weiterhin wurden Schneeräumgeräte (22 auf Radfahrgestellen, 33 auf Vollkettenfahrgestellen) gefertigt. 119 Stück R 40-Fahrgestelle wurden für Zwecke der Luftwaffe zur Verfügung gestellt. Weiterhin waren für die Luftwaffe 200 deutsche Panzerfahrgestelle bereitgestellt.

Automobiles Industriels LATIL, Suresnes (Seine)

Die Firma Latil war ausschließlich ein Nutzfahrzeug-Hersteller, welche vorwiegend durch ihre schweren Heereszugmaschinen bekannt wurde, die Allradantrieb und -Lenkung aufwiesen. Die deutsche Wehrmacht übernahm eine beträchtliche Anzahl von Latil-Fahrzeugen und versuchte sogar die Wiederaufnahme der Produktion der schweren Radschlepper.

KLEINLASTKRAFTWAGEN

1,2 t, Typ M 1 B

LASTKRAFTWAGEN

Es wurden Lastkraftwagen und Omnibusse aller Gewichtsklassen mit Vergaser- und Dieselmotoren (Lizenz Gardner), aber auch mit Holzgasgeneratoren gefertigt. Sattelschlepper standen ebenfalls im Bauprogramm: 1,5 t, Typ M 2 B 1, 2 t (Allrad), Typ M 2 TL 6, 3,5 t, Typ FB 6 mit offenen und geschlossenen Aufbauten.

RADZUGMASCHINEN

M 7 T 1 als Zugmittel für die 2,5- und 4,7-cm-Pak. Ebenfalls als Verbindungsfahrzeug verwendet (Fahrgestell Nr. 236 000–236 174 und 236 485–237 072). Fahrzeuge wurden mit offenen und geschlossenen Aufbauten geliefert.

LEICHTER RADSCHLEPPER

Baureihe TL mit 4-Radantrieb und 4-Radlenkung. Zugmittel für leichte Artillerie.

Ein Latil, Typ M7 T 1 Radschlepper und Verbindungsfahrzeug (oben rechts) auf einer Sammelstelle für Kraftfahrzeuge in Frankreich.

SCHWERER RADSCHLEPPER

Baureihe TAR als Zugmittel für die kurzen und langen 155-mm-Geschütze. Sie waren schon im Ersten Weltkrieg (Typ TPEC) mit etwa 2000 Stück bei der französischen Armee im Einsatz. Das Grundprinzip, kurzer Radstand, 4-Radantrieb, 4-Radlenkung, wurde in weiter verbesserten Baureihen bis Kriegsbeginn 1939 weitergeführt. Die beiden letzten Modellreihen TARH 1937 (Fahrgestell Nr. 14 900–14 999) und FTARH (auch F.T.A.R.H.) 1939 bis 1940 (14 600–14 899 und 15 000–15 662) wurden als Abschleppfahrzeuge und schwere Artillerie-Schlepper auch von der Deutschen Wehrmacht eingesetzt.

ENTWICKLUNGEN FÜR DIE DEUTSCHE WEHRMACHT

Radschlepper Ost

Im April 1942 kam Hitler auf seine ursprüngliche Forderung zurück, für den Osten in erster Linie einen hochbokkigen primitiven Radschlepper in Anlehnung an die Zugmaschinen des Ersten Weltkrieges zu entwickeln.
Neben der Firma Porsche, die eine eigenständige Entwicklung betrieb (Porschetyp 175), wurde die Firma Latil vom Heereswaffenamt angewiesen, die Wiederaufnahme der Fertigung ihres vorher für die französischen Streitkräfte hergestellten Radschleppers FTARH vorzubereiten. Das Fahrzeug sollte an Stelle der ursprünglichen Luftbereifung Stahlräder mit 1500 mm Durchmesser erhalten. Der Bau des Latil-Schleppers wurde vordringlich gefordert und ein Ausstoß von eintausend Einheiten bis zum 1. Januar 1943 verlangt. Ab diesem Zeitpunkt sollte eine Monatsfertigung von je 1000 Stück erreicht werden.
Auf Grund von Vergleichsfahrten mit Maultier-Fahrzeugen befahl Hitler am 11. April 1943 die Einstellung der Porsche- sowie der Latil-Radschlepper-Produktion. Latil hatte bis zu diesem Zeitpunkt nur Prototypen gefertigt.

Schwerer Radschlepper (f), zugleich Lastkraftwagen Latil, Typ FTARH (auch F.T.A.R.H.).

Latil Ausführung des RADSCHLEPPER OST, von dem nur Prototypen gebaut wurden.

Unten: Vergleichsfahrt der RADSCHLEPPER OST, Ausführung Latil (links) und Porsche (Porschetyp 175).

Société des Moteurs et Automobiles LORRAINE, Argenteuil (Seine et Oire)

Die Firma Lorraine wurde in den Dreißiger Jahren bekannt als Lizenznehmer der tschechoslowakischen Firma TATRA. Die damals berühmten Entwicklungen von Dr. Ing. h.c. Hans Ledwinka bewiesen auch in schwerem Gelände ihre außergewöhnliche Mobilität. Lorraine, im Besitz der Firma Société Nationale de Construction de Moteurs à Argenteuil, baute allerdings Motoren eigener Fertigung ein. Die französischen Streitkräfte beschafften eine begrenzte Anzahl dieser Fahrzeuge, die sich voll bewährten.

LASTKRAFTWAGEN

Typ 72 in 6×4 Konfiguration, der nur in geringen Stückzahlen beschafft wurde. 1,5 t Nutzlast, als Kommandeurwagen vorgesehen.
Typ 28 in 6×4 Auslegung als Einsatzfahrzeug der motorisierten Dragoner. Der 4-Zylinder Vergasermotor leistete 55 PS. Drei Serien verließen innerhalb von 12 Monaten die Montagehallen: die erste mit 40 Einheiten (bis Fahrgestell Nr. 70 278), die zweite mit 172 Stück (ab 70 279) und die letzte mit 120 Fahrzeugen (ab 70 606), insgesamt also 332 Stück. Ihre Aufbauten waren den vorgesehenen Einsatzzwecken angepaßt.
Typ 24/58 als Lastkraftwagen mit 8,5 t Nutzlast, bei den Streitkräften als Kesselkraftwagen (9000 l Inhalt), wiederum in geringen Stückzahlen.

Die Firma Lorraine baute Tatra-Fahrzeuge in Lizenz. Die Bilder zeigen das Fahrgestell des Typs Lorraine 72 in Seiten- und Draufsicht.

AUFTRÄGE DER DEUTSCHEN WEHRMACHT

1942 erhielt die Firma Dietrich-Lorraine in Lunéville einen Auftrag des Heereswaffenamtes über die Lieferung von 500 Einheiten des schweren Zugkraftwagens 18 t.

S.A.A.E. PANHARD & LEVASSOR, 19. Av. D'Ivry, Paris

Diese Firma war einer der ältesten Hersteller von Kraftfahrzeugen in der Welt. Weit bekannt waren ihre gepanzerten Radfahrzeuge. Die Fertigungskapazität des Werkes war begrenzt.

PERSONENKRAFTWAGEN

Von 1939 bis 1940 wurden zwei Personenwagen-Typen gefertigt, die beide 2970 mm Radstand hatten. Fahrgestell Nr. in ( ). Typ 81 mit 4 bzw. 6 seitlichen Fenstern (222 276–223 100). Typ 82 mit 4 seitlichen Fenstern (231 040–231 150).

LASTKRAFTWAGEN

Die Fertigung von Lastkraftwagen überwog. Insgesamt wurden etwa 1400 Lastkraftwagen handelsüblicher Ausführung an die Deutsche Wehrmacht geliefert.
Lkw 3,5 t, Typ K 101 Frontlenker mit 3720 mm Radstand. Vergasermotor (116 001–117 149, 117 150–117 640).
Lkw 4,5 t, Typ K 117 (114 501–114 526, 114 531–114 533, 114 538).
Lkw 5 t, Typ K 125 Frontlenker mit 4600 mm Radstand, Vergasermotor (192 011–192 499, 192 513–192 999, 194 001–194 128, 196 001–198 285).
Lkw 5 t, Typ 155/172 (1942–1943) Frontlenker mit 3800 mm Radstand. 4-Zylinder-Vergasermotor. (550 001–551 030).
Diese Fahrzeuge wurden auch mit geschlossenen Werkstattaufbauten geliefert.

HINWEIS AUF GEPANZERTE FAHRZEUGE*)

238 Panzerspähwagen eigener Fertigung wurden auf Veranlassung der Deutschen Wehrmacht im Werk generalüberholt.

FERTIGUNG FÜR DAS DEUTSCHE ZUGKRAFTWAGEN-PROGRAMM

Die Firma Borgward stellte den Industriebevollmächtigten für Panhard-Levassor. Am 17. März 1942 wurde beschlossen, den Zugkraftwagen 8 t mit 100 Stück pro Monat bei Panhard nachzubauen. Ein Auftrag über 1000 Einheiten Zgkw 8 t lag vor. Dafür wurde ein Musterfahrzeug von Borgward dem Werk zur Verfügung gestellt. Es kam jedoch nur noch zur Teilefertigung für diese Fahrzeuge, 1000 Satz Gleisketten wurden an Borgward geliefert.

*) Siehe Kapitel »Radpanzerspähwagen«

Mittlerer Zugkraftwagen 8 t (Sd. Kfz. 7), Typ HL 11.

SA des Automobiles PEUGEOT, Paris und andere Werke

Das Hauptwerk in Sochaux beschäftigte im September 1939 etwa 15 000 Mitarbeiter bei einem jährlichen Ausstoß von etwa 84 000 Fahrzeugen. Davon waren 90% Personenkraftwagen, der Rest Kleinlastwagen mit 1,2 t Nutzlast.

PERSONENKRAFTWAGEN (VERBINDUNGSFAHRZEUGE)

Hauptsächlich die Typen 202 und 402 in zahlreichen Varianten.
Von der Typenreihe 202 wurden 63 908 Stück hergestellt, dazu bis Juni 1942 3112 Leichtlastkraftwagen, Typ 202 U mit 2550 mm Radstand. (Fahrgestell Nr. 430 000–450 000 und 825 000–870 000).
Die Typenreihe 402 konnte folgende Fertigungszahlen aufweisen. Bis Kriegsbeginn 1939: 402 30 790, 402 B

Peugeot Personenkraftwagen, Typ 202.

6334, 402 E 3025, 402 L.E. 384 Stück (Fahrgestell Nr. 593 500–610 000 u. a.). Bis 1943: 402 9340, 402 B.L.E. 225, 402 B.L. 4287, 402 B.E. 2280 Stück.
Die an der Ostfront eingesetzten Personenkraftwagen der Firma Peugeot wurden grundsätzlich mit Wirbelluftfiltern ausgerüstet. In der Beurteilung durch die Deutsche Wehrmacht heißt es »für Gelände ungeeignet, sonst keine Beanstandungen«.

LASTKRAFTWAGEN

Im Programm des Generalbevollmächtigten für das Kraftfahrwesen (Schell-Programm) G.B.K. war die Firma Peugeot für folgende Stückzahlen eingeschaltet (auszugsweise):
1943 Lastkraftwagen 2 t 4200 Einheiten
1944 (keine offiziellen Unterlagen)
Die tatsächlichen Fertigungszahlen für die Typen Lkw 1,2 t und 2 t:
1939/1940 Lkw 1,2 t 21 688 Stück
1940/1941 Lkw 1,2 t–1,4 t 10 163 Stück
1941/1942 Lkw 1,4 t–2 t 10 000 Stück
1942–1943 Lkw 2 t 4662 Stück
1943/1944 Lkw 2 t 900 Stück, davon 530 in den ersten vier Monaten des Jahres 1944. Insgesamt 47 413 Fahrzeuge. Von dieser Gesamtzahl gingen 90% an die Deutsche Wehrmacht, davon nicht mehr als 300 Stück mit Holzgasgeneratoren.
Lkw 1,4 t, Typ DK. 5 – etwa 12 500 Stück (Fahrgestell Nr. 900 000–912 500).
Lkw 2 t, Typ DMA – etwa 15 309 Stück, die ersten 500 hatten ein COTAL-Schaltgetriebe. Produktion von März 1941 bis September 1944 (Fahrgestell Nr. ab 926 001).
Die Deutsche Wehrmacht erklärte beide Fahrzeuge als kriegsbrauchbar.

Auch ein Beitrag zur »Motorisierung« der Deutschen Wehrmacht. Zugfahrzeug ist ein Peugeot Lastkraftwagen 1,4 t, Typ DK. 5 (BA).

Der Peugeot Lastkraftwagen 2 t, Typ DMA, der in beträchtlichen Stückzahlen an die deutschen Streitkräfte geliefert wurde. Vor- und Rückansicht des handelsüblichen Fahrzeuges.

Den russischen Straßenverhältnissen waren diese Fahrzeuge kaum gewachsen (BA).

KRAFTFAHRZEUGFERTIGUNGS-PLANUNG FÜR DIE DEUTSCHE WEHRMACHT

Im Juni 1943 wurde Peugeot unter die »Patenschaft« des Volkswagenwerkes gestellt. Ziel war, zuerst Teile für die VW-Typen 82 und 166 zu fertigen, um dann zu einem späteren Zeitpunkt die Gesamtfertigung dieser Modelle aufzunehmen. Das Werk Sochaux wurde für diesen Zweck vorgesehen.
Für die deutsche *Zugkraftwagen-Fertigung* stellte Peugeot Kettenglieder und -bolzen sowie weitere Teile her. Die Nadellager für die Kettenglieder wurden von Nadella, Paris beigestellt.
Am 17. März 1942 wurde festgelegt, daß die Firma Peugeot den Zugkraftwagen 1 t mit einem monatlichen Ausstoß von 150 Einheiten nachbauen sollte. Zu einer Serienfertigung ist es nicht mehr gekommen.

SA des Usines RENAULT, Billancourt (Seine)

Das Fertigungsprogramm 1940 bis 1944, einschließlich der wesentlichen Typen, die 1940 von der Deutschen Wehrmacht erbeutet und wieder verwendet wurden. In () die Fahrgestellnummern.

PERSONENKRAFTWAGEN (VERBINDUNGSFAHRZEUGE):

AEB 2, ADC 2, BDS 2 (920 208–980 735), BDS 3 (980 000–980 900), BDH 1, BFK 1 und 2, BFH, BFP 1 (980 532–1 003 596)

KRANKENKRAFTWAGEN

AGC 1 (798 812–862 870), AGC 2 (865 412–1 101 235), AGC 3 (920 208–1 027 421), AFB 1 (798 812–980 735), AFB 2 (938 600–993 500).

LEICHTE LASTKRAFTWAGEN

AGC 1, AGC 2, AGC 3, ADK 1 (737 856–980 735).

LASTKRAFTWAGEN

AHN (ab 1 008 324), ADH 1(737 856–1 008 323) – 24 Funkwagen für die Schnelle Brigade West, AHR 1 (1 018 500–1 036 500). AGR 2 (870 400–1 008 900) u. v. a.

Aus dem Kriegsprogramm Kraftfahrzeuge Frankreich, Produktionsplanung und tatsächliche Produktion der Kraftfahrzeugfabriken, ergeben sich für Renault die folgenden (lückenhaften) Fertigungszahlen:

Typ	1943	1944
	Ist / Soll	Ist / Soll
AGC 3	704 / 1000	– / –
AHN	1730 / 7000	2138 / 9860

Die letzten 47 Stück 3,5 t Lastkraftwagen vom Typ AHN wurden im Juni 1944 an die Deutsche Wehrmacht geliefert. Bei den meisten übernommenen Kraftfahrzeugen französischer Fertigung wurden für den Einsatz im Osten Wirbelluftfilter, Bauart Neumann, eingebaut.

Der Lastkraftwagen ADH 1 von Renault, der schon bei der französischen Armee als Funkwagen verwendet wurde, lief auch bei der Schnellen Brigade West mit 24 Stück.

Ein Renault Lastkraftwagen 2 t, Typ ADK 1 bei der Spritversorgung. Aus dem Faß wird in Einheitsbehälter umgefüllt.

Lastkraftwagen 2 t der Firma Renault, Typ ADK vor der Übernahme durch deutsche Streitkräfte.

Lastkraftwagen 2 t, Typ ADK bei einer deutschen Instandsetzungs-Einheit. Ein Zugkraftwagen 8 t, Typ KM m 10 wird repariert.

Renault Lastkraftwagen 3,5 t, Typ ADR 1.

Die 3 t Ausführung der Firma Renault vom Typ AHN, von der mehrere Tausend an die Deutsche Wehrmacht geliefert wurden.

Aus der Kriegsproduktion der Firma Renault der Typ AHS 1 mit 2 t Nutzlast, irgendwo in Rußland.

FERTIGUNG FÜR DAS DEUTSCHE ZUGKRAFTWAGEN-PROGRAMM

Teile für Zgkw 3 t und 8 t.
Ein Erfahrungsbericht der Ostfront aus der Zeit vom 8. 5. 1942 bis 30. 5. 1942 sagt folgendes über die Kriegsbrauchbarkeit der Renault Kraftfahrzeuge aus: Lkw AM 1 (nicht kriegsbrauchbar), Lkw 2,5 t AHN (nicht kriegsbrauchbar), Lkw 3 t AGR 2 (kriegsbrauchbar), Lkw 4,5 t (kriegsbrauchbar), Lkw 6 t (kriegsbrauchbar).

Automobiles Industriels SAURER, Suresnes (Seine)

Diese Firma lieferte schon im Ersten Weltkrieg Lastkraftwagen an die französische Armee. Entweder aus dem Stammwerk Arbon in der Schweiz oder aus dem französischen Zweigwerk in Suresnes. Es wurden ausschließlich Lastkraftwagen produziert. Die Filiale- und Fabrikgründung in Suresnes erfolgte 1909, diese Firma wurde 1954 aufgelöst.

LASTKRAFTWAGEN

Im deutschen Kriegsprogramm Kraftfahrzeuge – Frankreich erscheint Saurer als Hersteller eines 4,5 t-Fahrzeuges bis Kriegsende:
– Lkw 4,5 t 1943 Soll 1770 / Ist 1374
1944 Soll 1095 / Ist 384
Es handelte sich um die Typen 3 CT 1 mit 6-Zylinder-Vergasermotor, 7970 ccm Inhalt (ab Fahrgestell Nr. 54 000) und 3 CT 1 D mit 6-Zylinder-Dieselmotor.
Die Fahrzeuge wurden auch mit geschlossenen Aufbauten geliefert. Die Truppe selbst betrachtete sie als kriegsbrauchbar.

SIMCA Industries, Paris

Die Firma, die schon vor dem Zweiten Weltkrieg existierte, verfügte über ausgedehnte Fertigungsstätten. Sie übernahm 1943 den Vorsitz über das Konsortium der französischen Automobilhersteller, stellte aber erst nach dem Krieg Kraftfahrzeuge in größeren Stückzahlen her.

Das von NSU entwickelte Kettenkrad, kleines Kettenkraftrad (Sd. Kfz. 2) sollte von Simca nachgebaut werden. Das Bild zeigt die Vorderansicht des Fahrzeuges mit Anhänger.

ENTWICKLUNG UND FERIGUNG FÜR DIE DEUTSCHE WEHRMACHT

Simca wurde 1942 aufgefordert, den Nachbau des bei NSU entwickelten Kettenkrad zu übernehmen. Ein Musterexemplar wurde nach Frankreich geliefert. Prüfstandläufe mit dem Original Opel-Motor hatten ergeben, daß 40% der Nennleistung von der Kühlanlage allein verbraucht wurden. Simca schlug den Einbau des 1,1 l Simca 4-Zylindermotors vor und baute einen Prototyp, die Serienfertigung lief nicht mehr an.
Der Gesamtauftrag für das Kettenkrad belief sich auf 2500 Stück.
Daneben wurden für die Deutsche Wehrmacht komplette Gleiskettensätze für das Kettenkrad und die Zugkraftwagen 1 t, 3 t und 8 t geliefert. Die Gummipolster für diese Gleisketten wurden von den französischen Firmen Hutchinson, Dunlop und Paulstra beigestellt.

Talbot, Suresnes

Diese Firma, die von Simca übernommen wurde, nachdem sie selbst vorher die Traditionsfirma Darracq absorbiert hatte, stellte während der deutschen Besetzung zwischen Juni 1941 bis August 1944 Gleiskettensätze für deutsche Zugkraftwagen und Kurbelwellen für den Büssing-NAG Typ S 4500 Lastkraftwagen her.
Darracq baute 1942 komplette Wilson Schalt/Lenkgetriebe für den Panzerkampfwagen 38 (t).

Société d'Outillage Mécanique et d'Usinage d'Artillerie (Somua), Saint Quen (Seine)

1914 als Tochtergesellschaft des Rüstungskonzerns Schneider gegründet. Es wurden Nutzfahrzeuge für die Wirtschaft sowie Spezialfahrzeuge für die Streitkräfte geliefert.

LASTKRAFTWAGEN

Handelsübliche Lastkraftwagen in den Nutzlastklassen 3,5 bis 10 t, auch mit Spezialaufbauten, Kommunal- und Feuerwehrfahrzeuge.
Somua verwendete in den Dreißiger Jahren zwei Basis-Vergasermotoren. 4- und 6-Zylindermotoren mit 100 mm Bohrung und 150 mm Hub sowie einen 6-Zylinder mit 115 mm Bohrung und 150 mm Hub. Wahlweise konnten die Fahrzeuge auch mit Dieselmotoren ausgerüstet werden.
Die Vergasermotoren trieben auch die Masse der Halbkettenfahrzeuge an.

HALBKETTENFAHRZEUGE

Schon Ende der Zwanziger Jahre lieferte SOMUA Halbkettenfahrzeuge nach dem System Kégresse-Hinstin an die Armee, aber auch an private Kunden. Zwei Basis-Modelle mit einer Anzahl von technischen Abwandlungen wurden angeboten, die Modelle MCG und MCL.
Die Unterlagen für die nun folgende kurze Entwicklungsgeschichte der SOMUA-Halbkettenfahrzeuge stammen aus der Feder von Hilary L. Doyle:

MCG 4

Entwicklung Ende der Zwanziger Jahre, Laufwerk mit Kégresse, Typ P 16 T Gleisketten. Der 4-Zylinder-Vergasermotor hatte 82 mm Bohrung und 142 mm Hub und leistete 55 PS.
1932 wurde vorgeschlagen, den Typ MCG 4 als Zugmittel für die kurze 155-mm-Haubitze zu verwenden. Dafür wurde eine Spezial-Sattelzugmaschine geschaffen. Sie war 4165 mm lang und 1888 mm breit. Das Fahrerhaus war seitlich und vorne offen.

Somua MCG 4, eines der ersten Somua Halbkettenfahrzeuge. Hier in Sattelschlepper-Ausführung als Zugmittel für schwere Geschütze.

Seitenansicht des Fahrgestells Somua MCG.

Das Kettenlaufwerk des Somua Typs MCL.

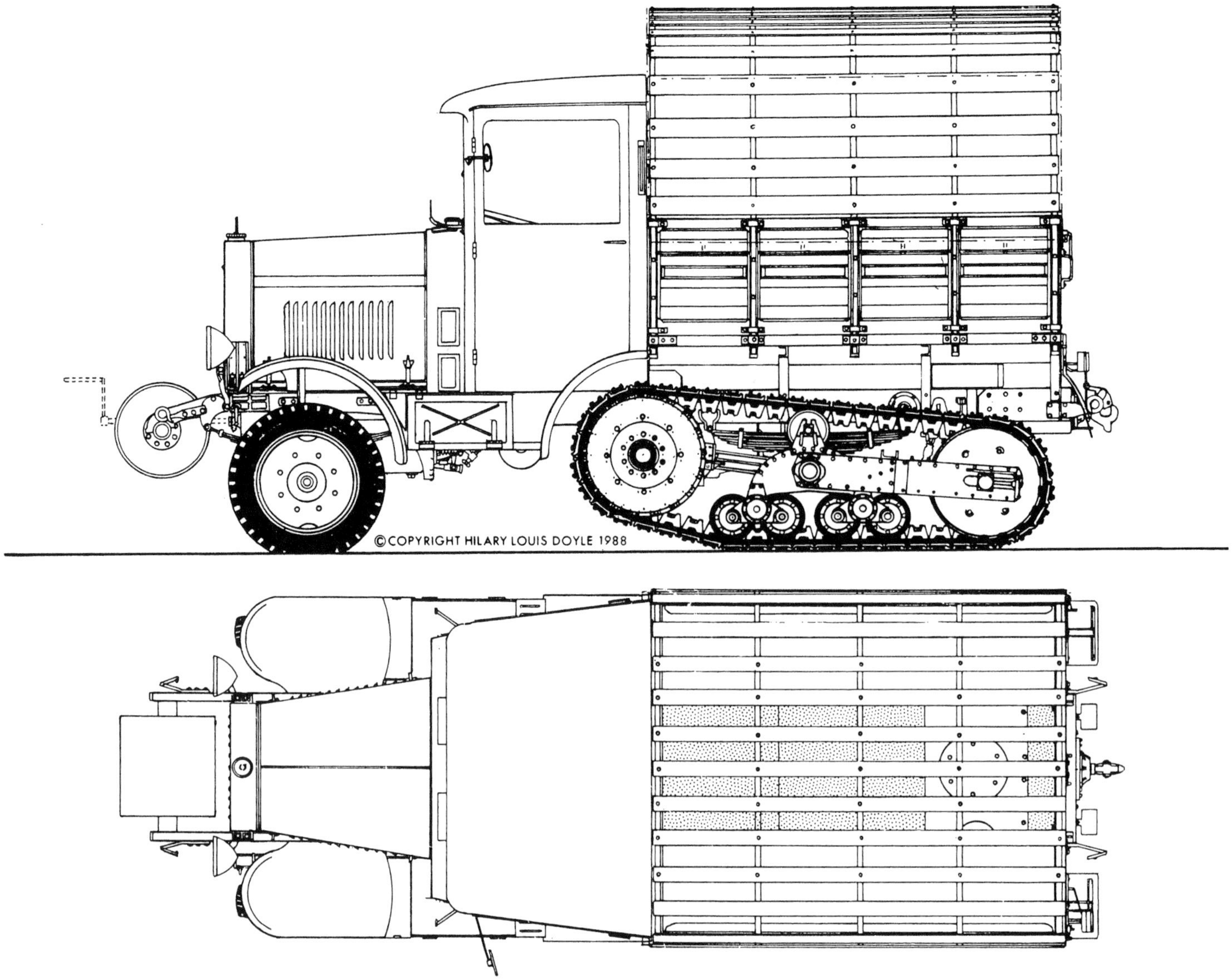

Zugkraftwagen Somua MCG. Kennummer S 307 (f), Basisausführung (4-Seiten-Ansicht).

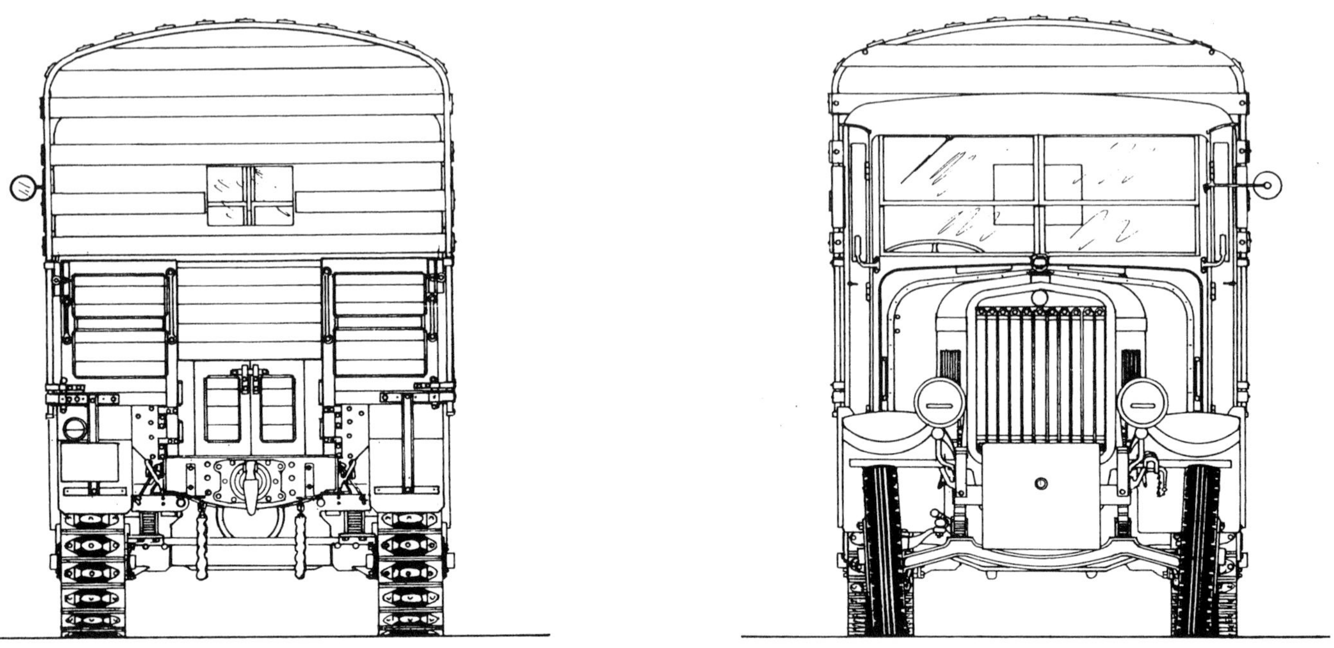

MCG 5

Im Oktober 1933 stellte SOMUA den Nachfolgetyp MCG 5 vor. Die Motorleistung wurde durch ein neues Triebwerk erhöht, sie betrug nunmehr 60 PS. Die Höchstgeschwindigkeit auf der Straße betrug 40 km/h, der Fahrbereich 170 km.
Die Gleisketten waren 300 mm breit, man erwartete eine Durchschnittslebensdauer von 8000 km. Die Abstützrolle am vorderen Ende des Fahrgestells, zur Erhöhung der Grabenüberschreitfähigkeit angebracht, erhöhte die Gesamtlänge auf 5300 mm. Der MCG wog 6250 kg.
1934 entwickelte SOMUA eine Sattelschlepper-Version des MCG 5, sie sollte als Zugmittel für die kurze 155-mm-Haubitze GPF dienen. Die Typenbezeichnung für diese Ausführung lautete MCG 11. Frühe Ausführungen hatten vorne und seitlich ein offenes Fahrerhaus, bei späteren Versionen war das Fahrerhaus geschlossen. Serienproduktion begann 1935, es wurden insgesamt 2543 dieser Fahrzeuge gebaut (Fahrgestell Nr. 892–3034), (Typ MCG 11 3201–3600).
Für die französischen Streitkräfte wurde eine Vielzahl von Spezialaufbauten für diese Fahrgestelle geschaffen, die sinngemäß nach 1940 von den deutschen Truppen weiterverwendet wurden.

MCL 5

Ebenfalls im Oktober 1933 präsentierte SOMUA die schwerere und stärkere Ausführung ihrer Halbkettenfahrzeuge, den Typ MCL 5. Sie war vorwiegend als Zugmittel für das lange 155-mm-Geschütz GPF vorgesehen. Der 4-Zylinder Vergasermotor, Typ 23, leistete 85 PS.
Das Kettenlaufwerk war gegenüber dem Typ MCG 5 wesentlich verstärkt. Als Artillerie-Zugmittel wurde wiederum eine Sattelschlepper-Version ausgewählt. 1935 traf jedoch die französische Armee die Entscheidung, die 155-mm-Geschütze von Radschleppern der Firma Laffly, Typ S 35, ziehen zu lassen. Trotzdem wurden insgesamt etwa 796 Schlepper vom Typ MCL gebaut. Sie wurden vor allem als Bergefahrzeuge für schwere Lasten eingesetzt. Diese Fahrzeuge wiesen eine verstärkte Seilwinde sowie einen absenkbaren Sporn am Rahmenende auf. Während seiner Produktion wurde der Typ MCL laufend weiterentwickelt.
Die Kégresse Gleiskette war auf 350 mm verbreitert worden. Eine weitere Ausführung wurde mit Stahllaufketten kleinerer Teilung mit Gummipolstern ausgerüstet. Dadurch ergaben sich notgedrungen Änderungen am Laufwerk. Neue Triebräder und Umlenkrollen sowie zwei Stützrollen waren typisch für diese Verbesserungen.
Eine dritte Ausführung zeigte einen verlängerten Radstand auf 3090 mm. Die Kettenbreite betrug nunmehr 360 mm.
Bei der vierten Ausführung wurde die Aufhängung des Laufwerks weiter verstärkt.
Die Abschlußausführung erhielt nochmals verbreiterte Gleisketten. Sie waren nunmehr 390 mm breit. Das neue Antriebsrad erhielt 20 Zähne, Öffnungen für die Erdabfuhr wurden vorgesehen. Die Laufrollen stützten sich an einer verlängerten Aufhängung ab.

MSCL 5

Ein noch weiter verstärkter Zugkraftwagen wurde mit dem 6-Zylinder FE Motor ausgerüstet. Er leistete 105 PS. Der Buchstabe S in der Typenzeichnung weist auf den 6-Zylindermotor hin. Bemerkenswert bei diesem Motor ist die Tatsache, daß der Ottomotor ohne weiteres in einen 85 PS Dieselmotor umgewandelt werden konnte.
Für den Typ MCL wurden folgende Fahrgestell Nr.-Bänder bereitgestellt: (1732–2099, 2450–2628 und 7002–7250).

Der Somua Typ MSCL 5 mit 6-Zylinder FE Motor.

MSCL 12

Ein Vorschlag der Firma SOMUA aus dem Jahr 1938 skizziert eine weitere Verstärkung als Zugmittel für die lange 155-mm-Kanone. Wieder wurde eine Sattelschlepper-Version vorgeschlagen, diesmal mit 130 PS Leistung. Der Radstand war nochmals auf 3150 mm vergrößert.

VERWENDUNG VON SOMUA-HALBKETTENFAHRZEUGEN FÜR DIE DEUTSCHE WEHRMACHT

Für die beiden Basistypen MCG und MCL wurden D-Vorschriften herausgegeben, neben den üblichen Kenn-Nummern:
- Zugkraftwagen S 303 (f), Typ MCL
- Zugkraftwagen S 307 (f), Typ MCG

Beide Typen wurden bei Panzerjäger-Einheiten und Artillerie als Zugmittel für schwere Geschütze (darunter die 7,5-cm-Pak 40) eingesetzt.
Bei der Ausrüstung für die »Schnelle Brigade West« durch das Baukommando Becker spielten beide SOMUA-Typen eine wichtige Rolle. Ein Großteil dieser Fahrzeuge wurde gepanzert, wobei erwähnt werden muß, daß die Materialknappheit jener Jahre eine ausreichende Panzerung unmöglich machte, da die Qualität der Panzerbleche sowie deren Verarbeitung zu wünschen übrig ließ. Fast alle von Becker umgebauten Fahrzeuge hatten das MCG-Fahrgestell als Basis:
- Panzerjäger mit 7,5-cm-Pak 40 (72 Stück)
- Munitions-Zgkw, gepanzert (48 Stück)
- Pionier-Panzerwagen mit seitlich angebrachten Grabenüberquerungsträgern
- Leichter Reihenwerfer mit 16 Rohren (36 Stück)
  Im hinteren Teil des Fahrzeuges wurden auf einer 360° drehbaren Plattform 16 Granatwerfer-Rohre (heute Mörserrohre) in zwei Reihen angeordnet. Die Wurfgranaten wurden durch eine am oberen Rohrende angebrachte Haltevorrichtung festgehalten und entweder einzeln oder in Salven abgefeuert. Die offizielle Bezeichnung lautete »Reihenwerfer-Schießgerät RG 16«. Die Rohrerhöhung betrug 40 bis 90 Grad.

Zugkraftwagen Somua MCG 5 vor der Fabrik.

MCG 5 mit Vollkettenanhänger als Transportfahrzeug bei der Deutschen Wehrmacht.

Der Prototyp der Panzerjäger-Selbstfahrlafette auf Somua MCG-Fahrgestell im Bau. Die Abdeckung des Vorderteils ist noch aus Holz, um die endgültige Formgebung zu ermitteln.

72 Stück dieser Panzerjäger-Fahrzeuge mit der 7,5-cm-Pak 40 wurden gebaut (Mai 1943).

Vom gepanzerten Munitions-Zugkraftwagen auf MCG-Fahrgestell wurden 48 Stück geliefert.

Der Pionier-Panzerwagen MCG führte seitlich in Halterungen Grabenüberquerungsträger mit.

bei der Sturmpanzer-Brigade 200.

Der leichte Reihenwerfer auf MCG-Fahrgestell führte 16 Granatwerfer-Rohre auf einer 360° drehbaren Plattform. Hier ein Fahrzeug im Bau.

Vorder- und Rückansicht des leichten Reihenwerfers, von dem 36 Stück gebaut wurden.

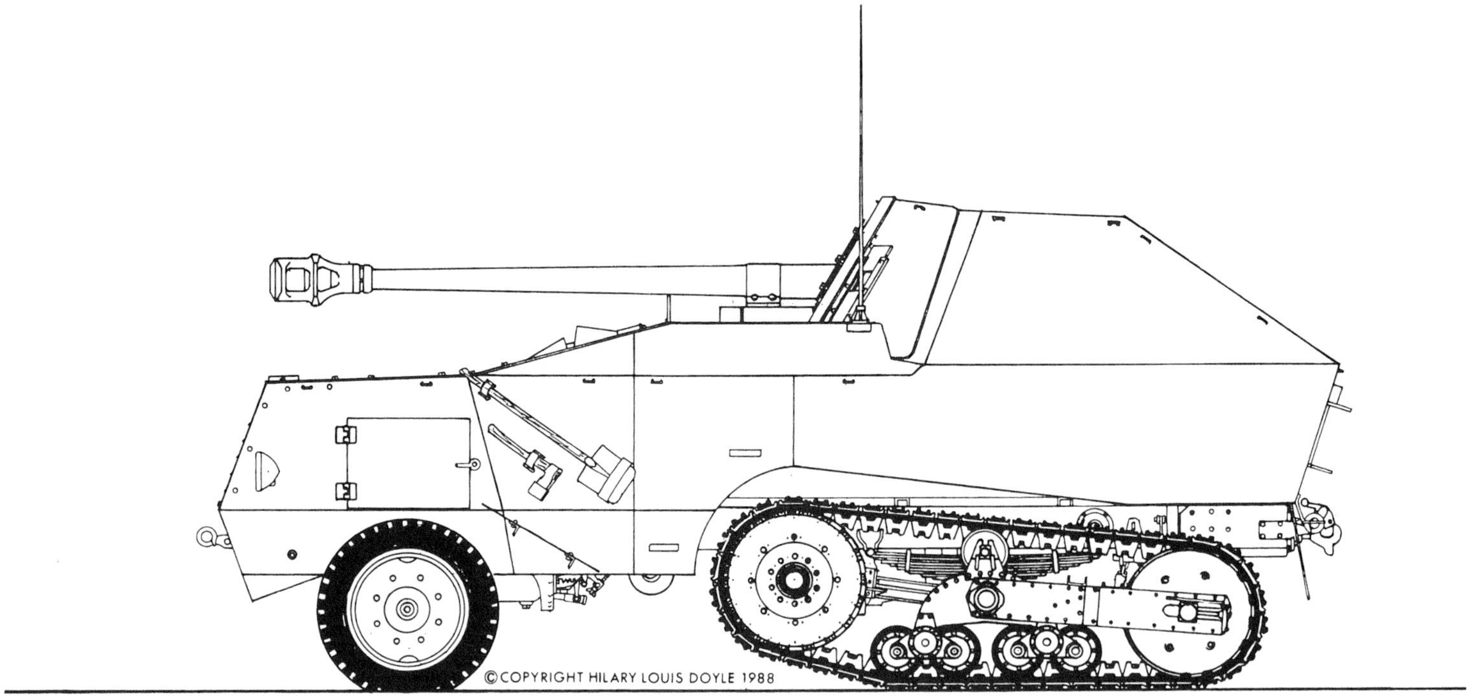

Selbstfahrlafette für 7,5-cm-Pak 40. Basis Somua MCG Kennummer S 307 (f).

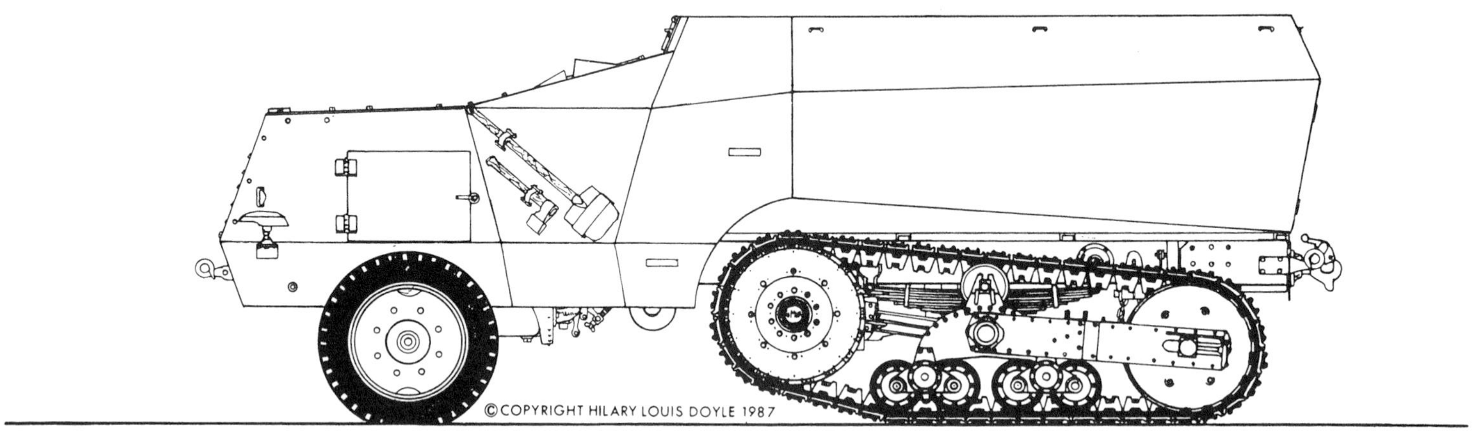

Munitions-Zugkraftwagen, gepanzert auf Somua MCG. Kennummer S 307 (f).

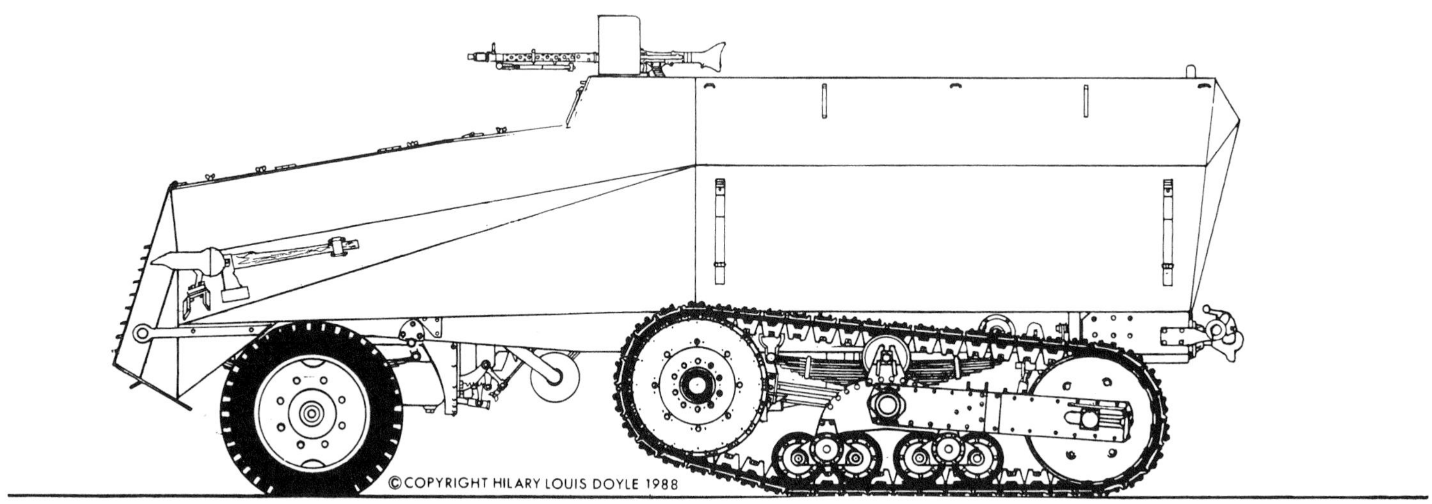

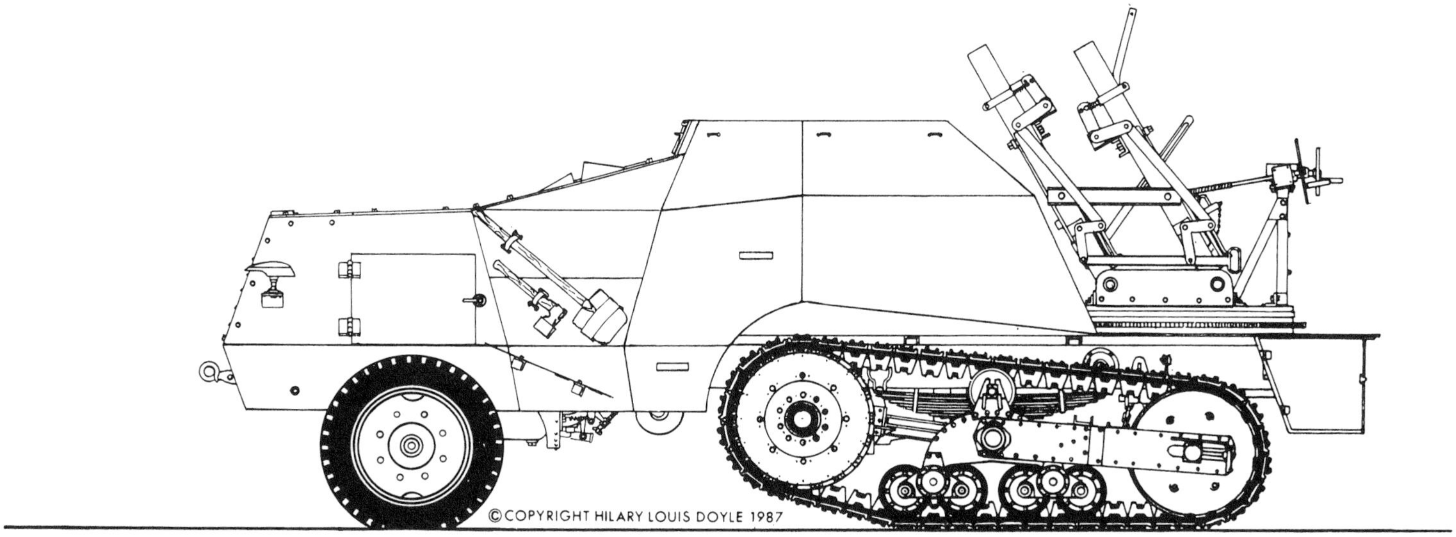

Leichter Reihenwerfer (16 Rohre) auf Somua MCG. Kennummer S 307 (f).

Die Besatzung beim Einrichten des »Reihenwerfer-Schießgerät RG 16«. (1. Schießen im Mai 1943)

Das MCL-Fahrgestell wurde verwendet für:

- Schwerer Reihenwerfer mit 20 Rohren, ebenfalls unter Verwendung von französischen 8,14-cm-Granatwerfern 278 (f). (16 Stück)
  Eingesetzt bei den schweren Kompanien. Erste Vorstellung des Gerätes 1943 in Hillersleben.
- Raketenwerfer mit 48 Schuß (6 Stück)
  Der 8-cm-Raketenwerfer war eine mobile Abschußrampe für 48 Raketen in zwei Lagen übereinander. Je 12 Leitschienen. Seitenrichtbereich 360 Grad durch Handradbetätigung. Wererhöhung 45 Grad. Die programmierte Feuerfolge (Zündfolge) erlaubte das Abschießen aller 48 Raketen in einer Salve.

Munition:

- Flügelstabilisierte Raketen, Kaliber 8 cm. Nebel- und Sprenggeschosse (Raketen konnten auch von Flugzeugen abgeschossen werden).
  Hitler befahl Großversuch mit diesem Waffensystem im März 1944. Es sollte vor allem bei Verbänden der Waffen-SS eingesetzt werden.

Gewicht des Werfers (mit zwei Salven Munition) 6850 kg
Gewicht des Werfers (ohne Munition) 6200 kg
Die Länge der Abschußrampe betrug 1860 mm, die Höchstschußweite 5300 m. Im Fahrzeug wurden mitgeführt:

- Sprenggeschosse 232 Schuß
- Nebelgeschosse 56 Schuß

Das Waffensystem war ein Nachbau der sowjetischen »Katjuschka« (Stalin-Orgel) und ursprünglich für den Panzerwerfer 42 (gepanzerte Ausführung des MAULTIER) vorgesehen.
Die voll- und teilgepanzerten Trägerfahrzeuge erhielten gegenüber den Originalfahrzeugen wegen der Panzerung eine geänderte Kühler- und Lüfteranlage, die niedriger baute und dadurch die Zielfläche verkleinerte.
Nach dem Krieg wurde eines dieser gepanzerten Halbkettenfahrzeuge durch die französische Armee mit einem 15-cm-Panzerwerfer 42 (10fach) deutscher Bauart ausgerüstet. Es blieb bei diesem Versuch.

Vorder- und Rückansicht des schweren Reihenwerfers mit 20 Rohren auf Somua MCL-Fahrgestell. Insgesamt wurden 16 dieser Fahrzeuge gebaut.

8-cm-Raketen-Vielfach-werfer auf Fahrgestell Somua MCL. Ursprünglich eine Entwicklung der Waffen-SS, wurden sechs dieser Werfer auch für die Schnelle Brigade West gebaut.

Vorbild war die russische Katjuschka (Stalinorgel). Hier die Beschickung der Abschußrampen mit den 8-cm-Raketen.

Generalfeldmarschall Rommel bei der Besichtigung des Geräts. Neben ihm (in Sturmgeschütz-uniform) Major Becker.

Erstmals wurde der 8-cm-Raketen-Vielfachwerfer auf der gepanzerten Ausführung des Opel MAULTIER aufgesetzt. Gegenüber der Original-Ausführung wurde die Fahrerkabine nach hinten erweitert. Aufnahme vom März 1942 in der Waffenfabrik Brünn, dem Hersteller.

Zugkraftwagen Somua MSCL. Kennummer S 303 (f). Basisausführung.

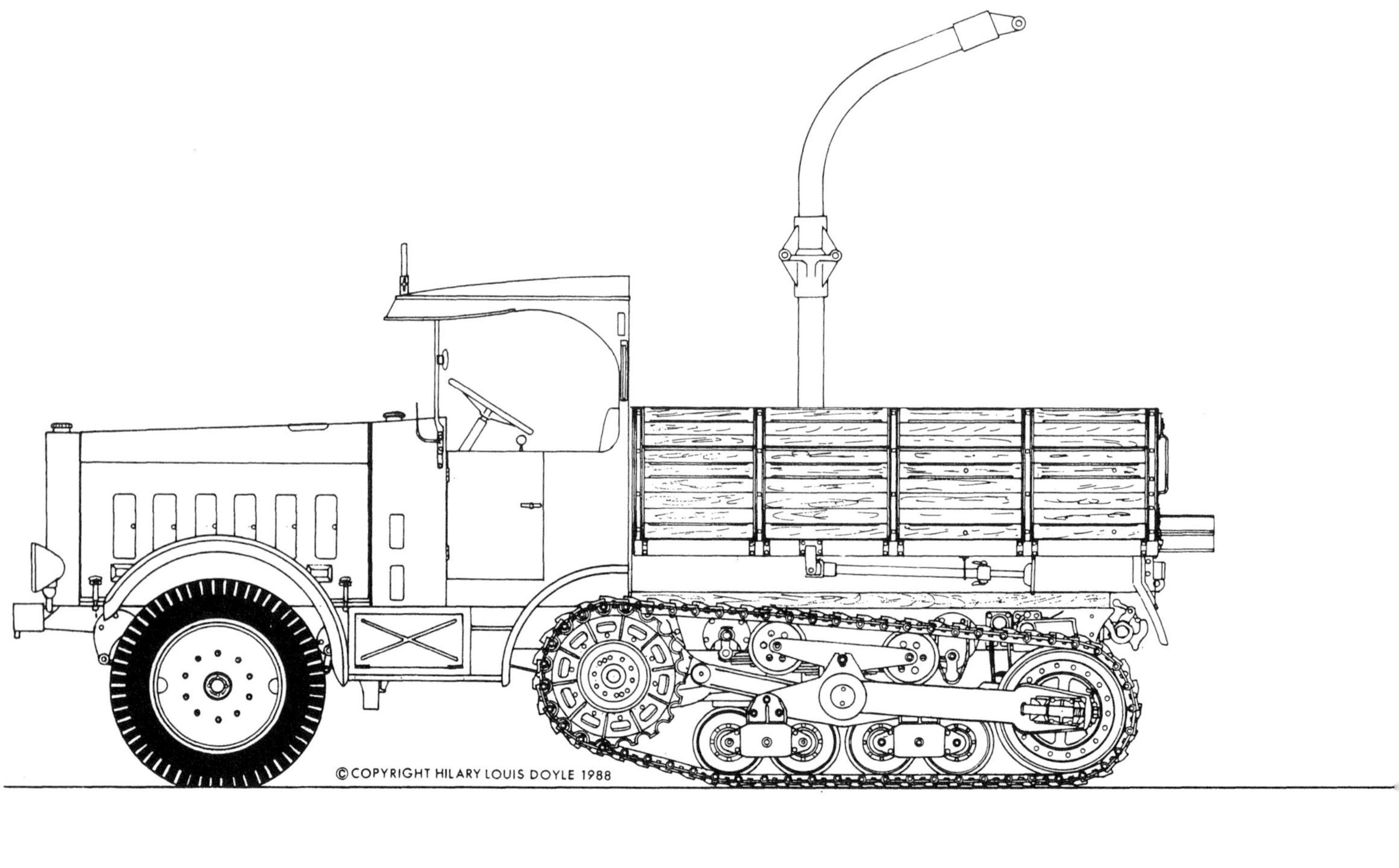

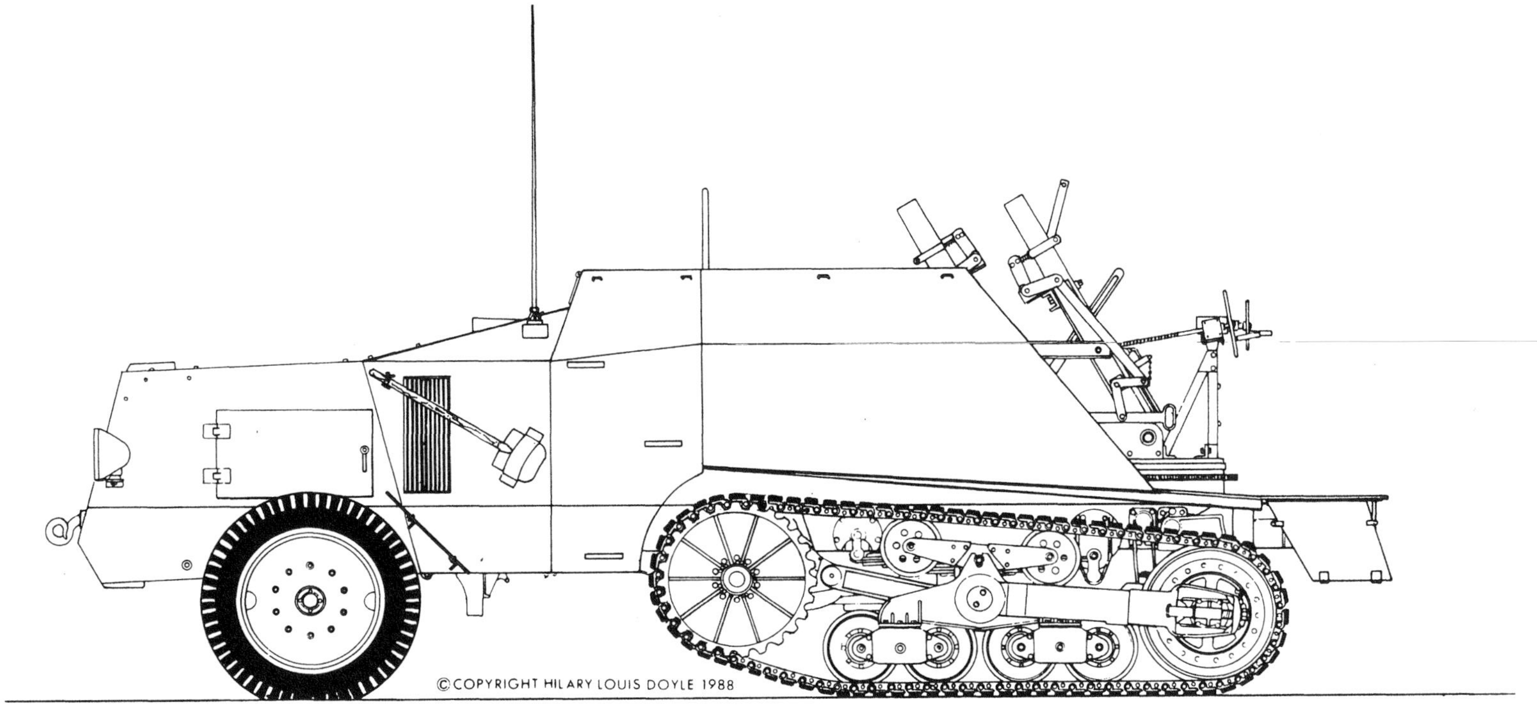

Schwerer Reihenwerfer (20 Rohre) auf Somua MCL. Kennummer S 303 (f).

8-cm-Raketenwerfer auf Somua MCL. Kennummer S 303 (f).

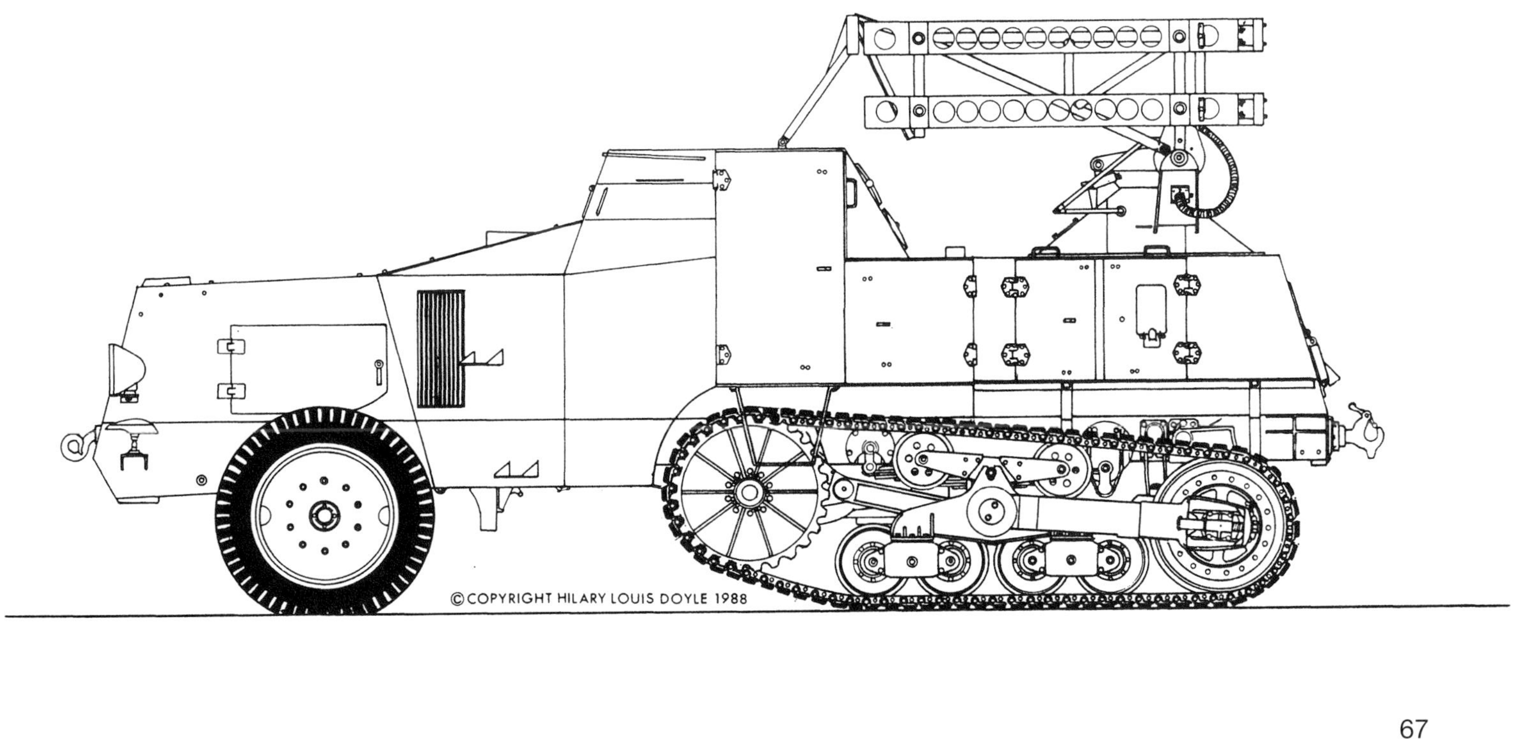

TRIPPEL-Werke GmbH, Molsheim/Elsaß

Hanns Trippel, der sich seit 1932 – nicht sehr erfolgreich – mit der Entwicklung amphibischer Kraftfahrzeuge befaßte, übernahm im Juli 1940 die ehemaligen Bugatti-Werke in Molsheim.
Mit etwa 3000 Mitarbeitern wurden dort täglich etwa sechs Fahrzeuge des Typs SG 6, einem vierradgetriebenen, schwimmfähigen Geländewagen, hergestellt. Sie wurden vorwiegend Einheiten der Waffen-SS zugeteilt. Die Gesamtfertigung belief sich auf etwa 1000 Einheiten.

Das Fahrzeug war oben offen und hatte als Antrieb einen 2,5 l Opel-6-Zylinder-Vergasermotor mit 55 PS Leistung. Lieferant der selbsttragenden Aufbauten war die Firma Drauz, Heilbronn.
1942 wurde eine Serie mit geschlossenen Limousinen-Aufbauten, hauptsächlich für PK-Einheiten, geliefert.
1943 entstand der verbesserte Typ SG 7 mit luftgekühltem V-8 Tatra-Motor. Auf dieser Basis wurden Prototypen des gepanzerten Typs E 3 geschaffen, die 1944 vorgestellt wurden. Sie waren nicht nur schwimmfähig, sondern auch luftverladefähig.
1944 ging die Tätigkeit Trippels im Elsaß zu Ende.

Der Trippel SG 6 Schwimmwagen, hier als britisches Beutestück, wurde im ehemaligen Bugatti-Werk in Molsheim/Elsaß gebaut.

Etwa 1000 dieser Fahrzeuge wurden in Molsheim gebaut. Zulieferer des Aufbaus war die Firma Drauz in Heilbronn.

Mit geschlossenen Aufbauten wurde 1942 eine Serie für PK-Einheiten aufgelegt.

Die gepanzerte Ausführung E 3, von der nur Prototypen gebaut wurden.

SA des Automobiles UNIC, Puteaux (Seine)

Ein bekannter Hersteller von Nutzkraftfahrzeugen, die mit verschiedenen Aufbauten versehen wurden. Zahlreiche militärische Spezialfahrzeuge, vor allem Halbkettenfahrzeuge nach dem System Kégresse.

LASTKRAFTWAGEN

Vorwiegend handelsübliche Fahrzeuge, die, wenn von der französischen Armee verwendet, auch der Deutschen Wehrmacht in die Hände fielen.

Lkw 5 T, Typ ZU 55 (Fahrgestell Nr. 121 021–121 033, 121 935–121 051) mit 6-Zylinder Vergasermotor.

Lkw 5 t, Typ SU 55 (Fahrgestell Nr. 120 038–120 039, 120 043–120 049, 120 050–120 061, 120 062–120 063), Baujahre 1939 bis 1940. Unic 4-Zylinder-Vergasermotor mit 6232 ccm Inhalt, Typ SU 55. Aufbauten auch geschlossen (z. B. Werkstattwagen) und Kesselkraftwagen (5000 l Inhalt). Radstand 4750 mm.

Lkw 7 t, Typ SU 75 (Fahrgestell Nr. 122 001, 122 003–122 007, 122 010–122 020, 122 022–122 033). 4-Zylinder-Vergasermotor, Radstand 4230 mm.

HALBKETTENFAHRZEUGE

Die Firma Unic stellte größere Stückzahlen von Halbkettenfahrzeugen mit verschiedenen Aufbauten für die französischen Streitkräfte her. Verwendet wurden Kettenlaufwerke nach dem Prinzip Kégresse.

Zgkw U 305 (f), Typ TU 1. Erstes Fahrzeug am 28. März 1940 ausgeliefert, bis Juni 1940 insgesamt 236 Einheiten, die fast alle von der Deutschen Wehrmacht übernommen wurden (Fahrgestell Nr. 106 001–106 236).

Zgkw U 304 (f), Typ P 107. Fahrzeug wurde von Citroën entwickelt, die Produktion von Unic übernommen. (Fahrgestell Nr. 100 001–100 379, 100 401–100 623, 100 701–100 772, 100 801–101 934, 102 001–102 445 und 110 001–111 023). Insgesamt wurden etwa 3276 Stück gefertigt, die in ihrer Masse der Deutschen Wehrmacht in die Hände fielen.

Kettenlaufwerke für den Typ P 107 der Firmen Citroën und Unic waren baugleich und wurden ausschließlich von Unic gebaut, als Citroën sich entschloß keine Fahrgestelle mehr zu liefern, die für eine Aufnahme solcher Laufwerke geeignet waren. Die Neufertigung der Fahrzeugtypen P 107 und TU 1 wurde nach den Ereignissen des Juli 1940 eingestellt.

Unic beschäftigte sich aber mit der Reparatur und, wenn nötig, mit der Generalüberholung angelieferter Fahrzeuge.

Auf den Schrottplätzen Frankreichs fanden sich auch Komponenten des Halbkettenfahrzeuges TU 1 der Firma Unic.

Die Fahrzeugwracks wurden systematisch aufbereitet und zu vollwertigen Einsatzfahrzeugen komplettiert.

Der Zugkraftwagen
U 305 (f), Unic Typ TU 1.

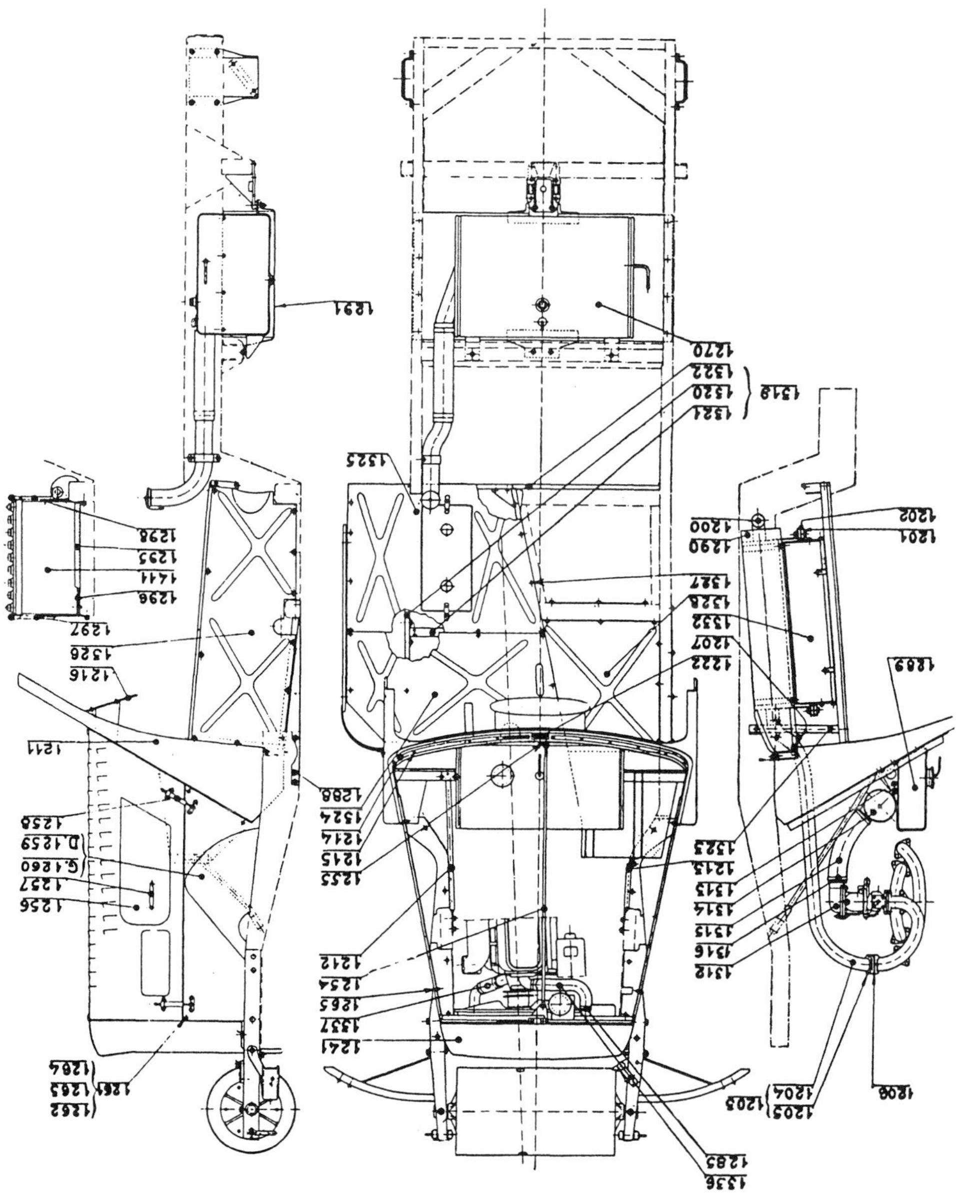

Die Fahrgestell-Baugruppen
des Unic TU 1.

Das komplette Gleisketten-Laufwerk des Unic TU 1.

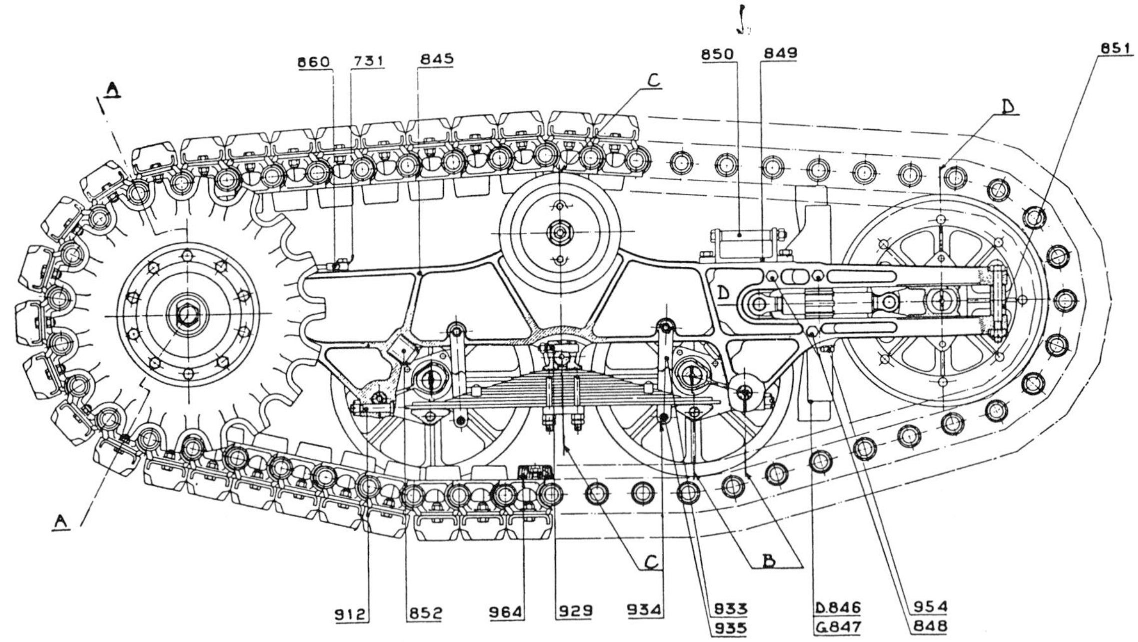

Der Motor des Zugkraftwagen Unic TU 1.

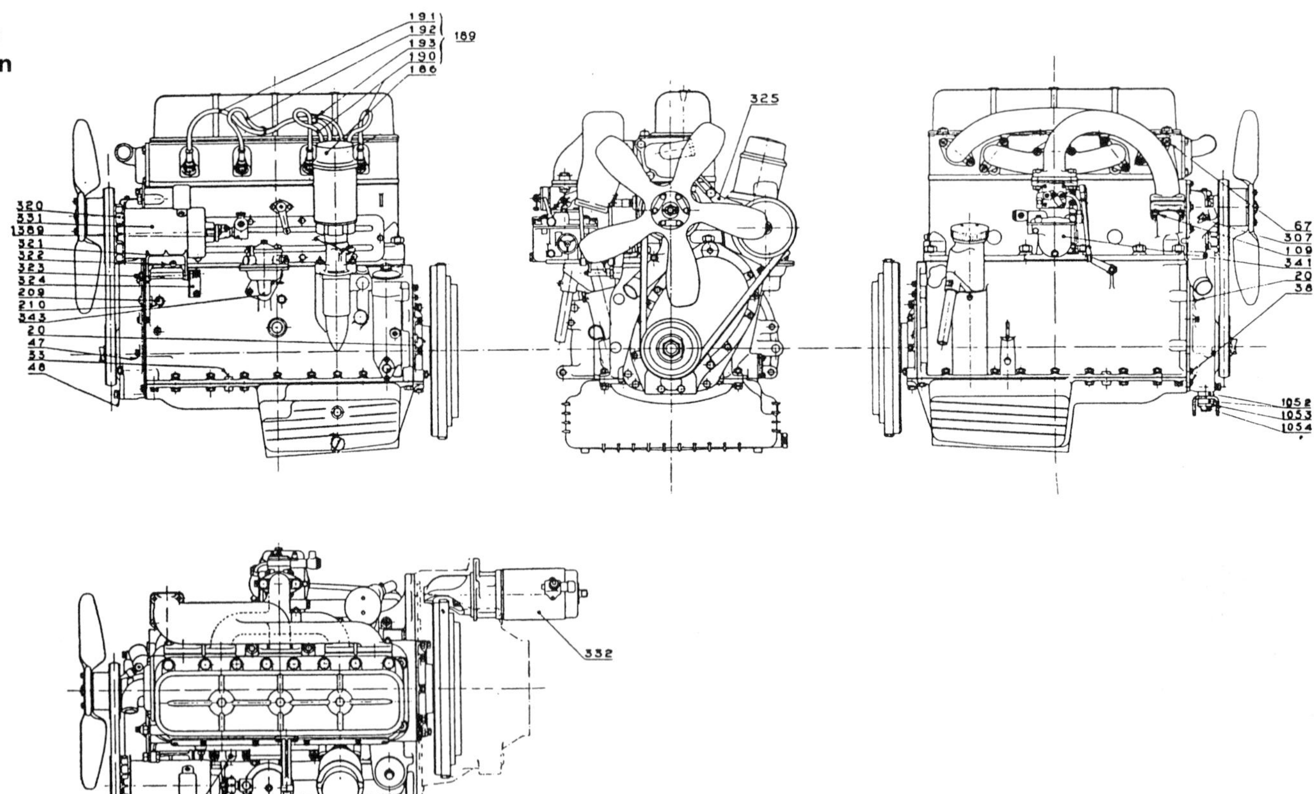

Leichter Zugkraftwagen Unic TU 1. Kennummer U 305 (f).

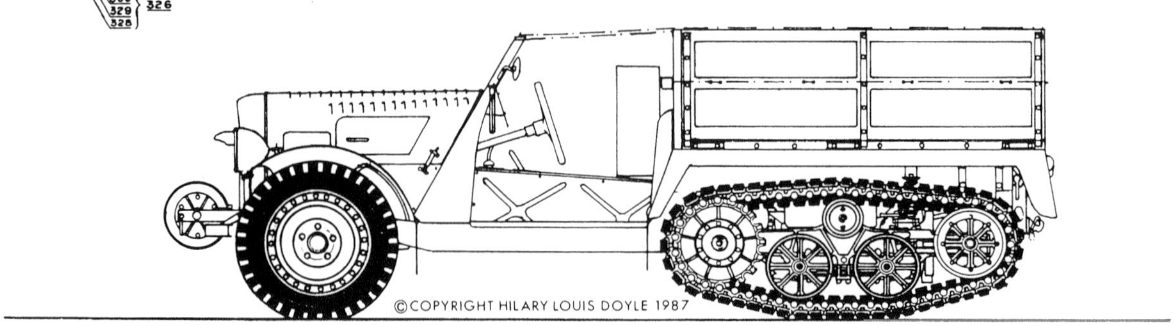

VERWENDUNG BEI DER DEUTSCHEN WEHRMACHT

Ein Großteil der unbeschädigt in deutsche Hände gefallenen Fahrzeuge wurde deutschen Einheiten zugewiesen. Es blieb dem Baukommando Becker vorbehalten, die Reste, wenn auch noch so beschädigt, wieder herzurichten, teilweise mit anderen, auch gepanzerten Aufbauten zu versehen, die fast ausschließlich bei der Schnellen Brigade West zum Einsatz kamen.

Der leichte Zugkraftwagen P 107 (Kenn-Nummer U 304 (f) erschien als:

- mittlerer Munitionskraftwagen
- leichter Artillerieschlepper
- leichter Mannschaftstransportwagen (ungepanzert) mit MG-Anhänger (60 Stück bei der Brigade West)*)
- Bergefahrzeuge (behelfsmäßig)
- leichter Schützenpanzerwagen**) (Aufbau geschlossen und offen), Zugführerwagen mit 3,7-cm-Pak 36
- Selbstfahrlafette (teilgepanzert) für 2-cm-Flak 38
- Selbstfahrlafette (gepanzert) für 2-cm-Flak 38 (72 Stück bei der Brigade West). 360° Seitenrichtfeld.
- Granatwerferpanzer
- Sanitätspanzer
- Funkkraftwagen (gepanzert)
- Nachrichtenkraftwagen

Der leichte Zugkraftwagen TU 1 (Kenn-Nummer U 305 (f) wurde als

- leichter Artillerieschlepper
- Bergefahrzeug (behelfsmäßig)

eingesetzt. Die 4. Panzer-Division, Panzerregiment 35, setzte einige TU 1 als Fahrschulfahrzeuge bei der Ausbildung ein.

Das Gesamturteil der Truppe war negativ: die Unic-Schlepper hatten sich nicht bewährt, da dauernd Schäden an Laufwerk, Motor und elektrischer Anlage auftraten.

*) Das I. Bataillon des Panzergrenadier-Regiments war gepanzert, das II. Bataillon blieb ungepanzert. Die Höhe der gepanzerten Fahrzeuge betrug trotz aller Notmaßnahmen nur 20 cm mehr als die Aufbauten deutscher Fertigung (Sd. Kfz. 251). Zwei Gruppen mit entweder 2 MG oder einem MG und einem schweren Granatwerfer (Mörser) waren auf den Mannschaftstransportwagen verlastet.

**) Um bei der SPW-Ausführung einen stufenlosen Boden vom Mannschaftsraum bis hin zur Fahrerkabine zu erreichen, mußte der Fahrzeugrahmen um 350 mm verlängert werden. Der Kraftstoffbehälter und zwei vordere Querträger wurden entfernt, die Verwindungssteifigkeit durch ein Stück Panzerblech (500 mm lang, 420 mm breit) sichergestellt. Der durchgehende Boden ergab eine Reduzierung des Kopfraumes im Bereich des Fahrers.

Generalüberholung der Bestände an Zugkraftwagen Unic P 107 während der deutschen Besatzung. Die Bilder dokumentieren, daß die Fahrzeuge in Serienfertigung überholt wurden.

Unic P 107 verlassen nach einer Grundüberholung als mittlere Munitionskraftwagen die Fabrik in Frankreich.

Der mittlere Munitionskraftwagen Unic P 107.

Leichter Artillerieschlepper Unic P 107 zieht deutsches Gerät.

Umgebaute Zugmaschine Unic P 107 als Zugmittel für die 3,7-cm-Pak 36.

Die Schnelle Brigade West erhielt 60 Stück leichte Mannschaftstransportwagen (ungepanzert) mit MG-Anhänger.

Holzaufbau für den Entwurf eines leichten Schützenpanzerwagens mit oben offenem Aufbau auf Unic P 107-Fahrgestell.

Leichter Schützenpanzerwagen auf Unic P 107-Fahrgestell. Besatzung hinter dem Fahrzeug angetreten und aufgesessen.

Blick in das Innere des leichten Schützenpanzerwagens Unic P 107.

Die geschlossene Ausführung des Schützenpanzerwagens mit Fliegerabwehr-MG.

Die Zugführerfahrzeuge waren mit der 3,7-cm-Pak 36 ausgerüstet.

Die Rückansicht des oben geschlossenen Aufbaus.

Die teilweise gepanzerte Ausführung der 2-cm-Flak 38-Selbstfahrlafette auf Unic P 107 Fahrgestell.

Die Vorderansicht der Selbstfahrlafette zeigt die Frontalpanzerung des Motorraums.

Blick in die Selbstfahrlafette für die 2-cm-Flak 38.

Ein Zug Flak-Selbstfahrlafetten beim Scharfschießen.

72 Stück dieser gepanzerten Ausführung für die 2-cm-Flak 38 waren bei der Schnellen Brigade West vorhanden. Die Fahrzeuge führten einen Munitionsanhänger mit.

Der gepanzerte Funkkraftwagen auf Unic P 107-Fahrgestell.

Das Innere des Funkkraftwagens Unic P 107.

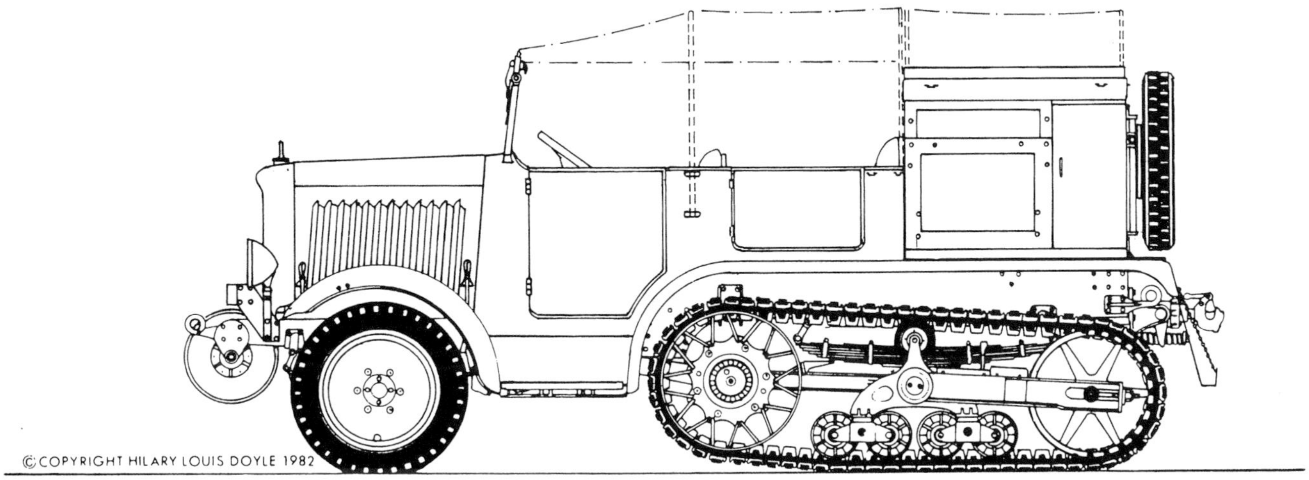

Leichter Zugkraftwagen Unic P 107. Kennummer U 304 (f), Ausführung als Artillerieschlepper.

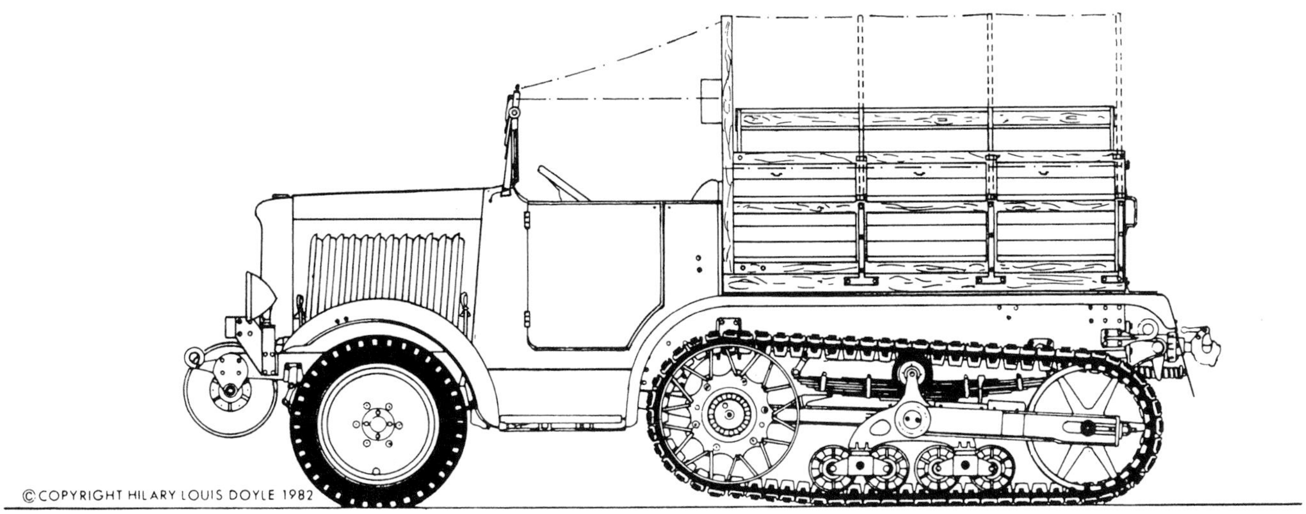

Leichter Zugkraftwagen Unic P 107. Kennummer U 304 (f), Ausführung als Pionierwagen.

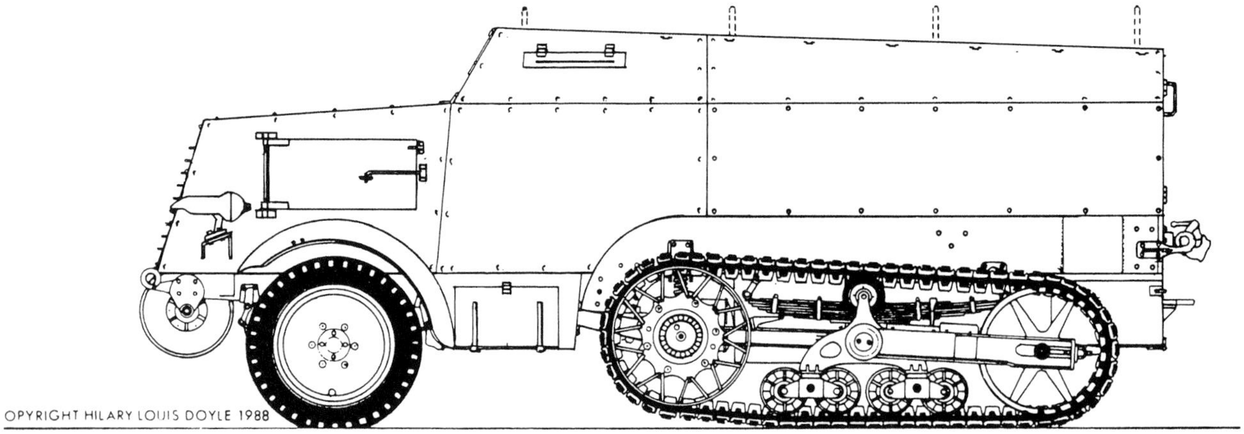

**Schützenpanzerwagen
(1. Ausführung)
auf Unic P 107.
Kennummer U 304 (f).**

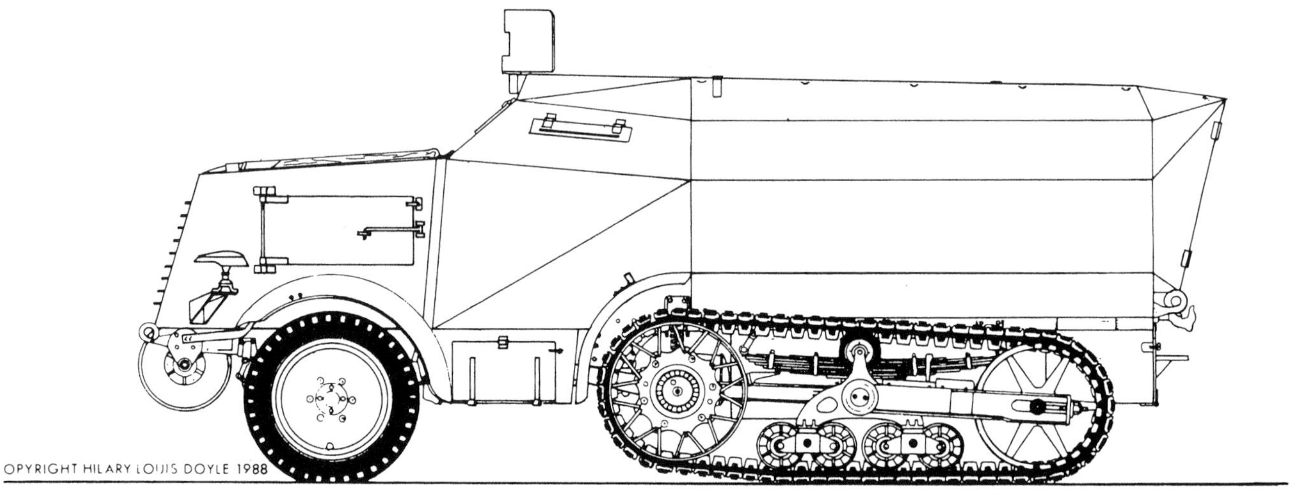

**Schützenpanzerwagen
(2. Ausführung)
auf Unic P 107.
Kennummer U 304 (f).**

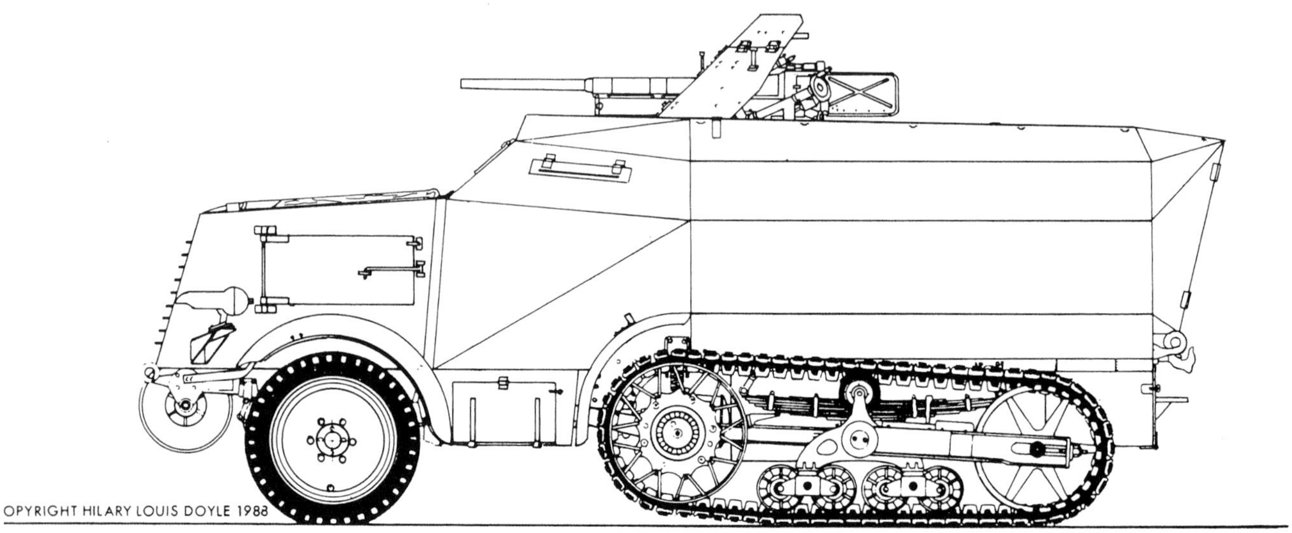

**Schützenpanzerwagen
(3,7-cm-Pak)
auf Unic P 107.
Kennummer U 304 (f).**

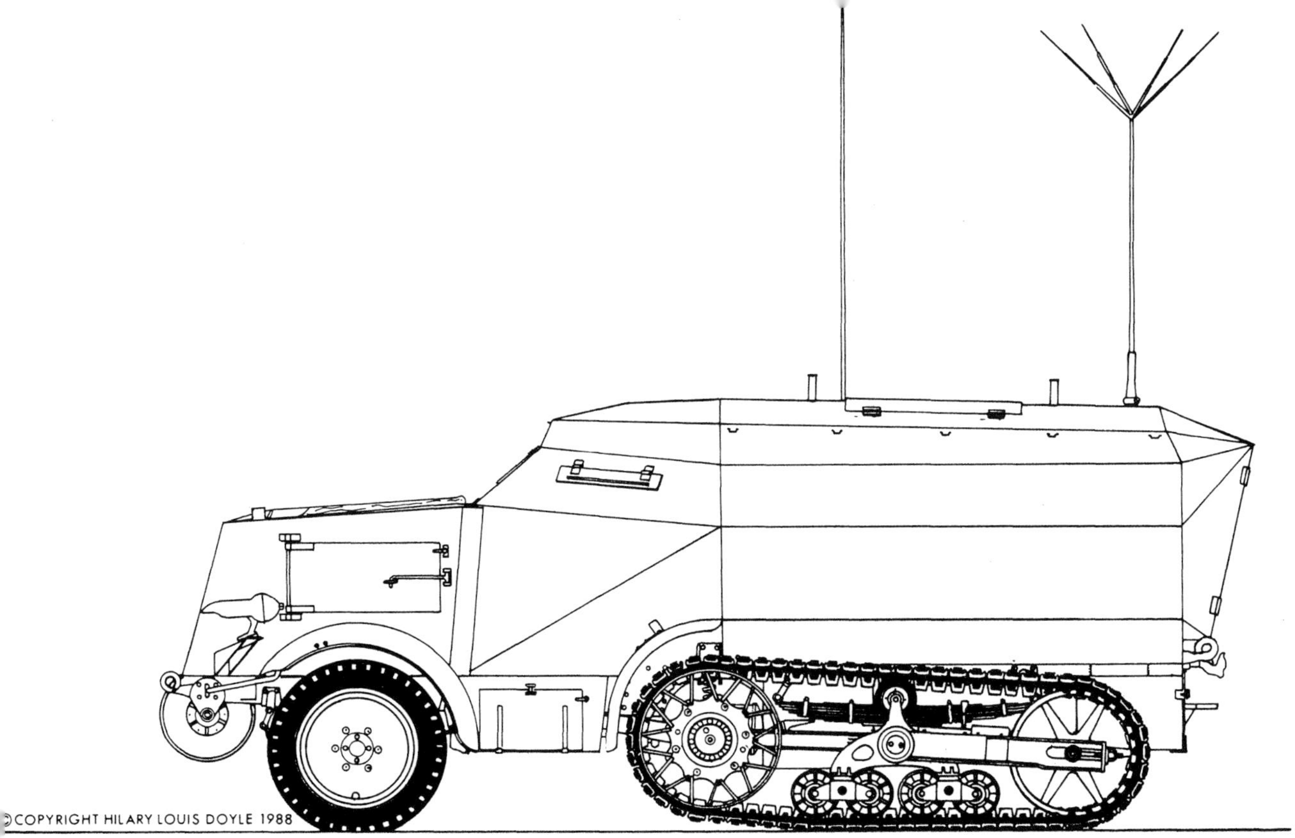

Schützenpanzerwagen (Funk) auf Unic P 107. Kennummer U 304 (f).

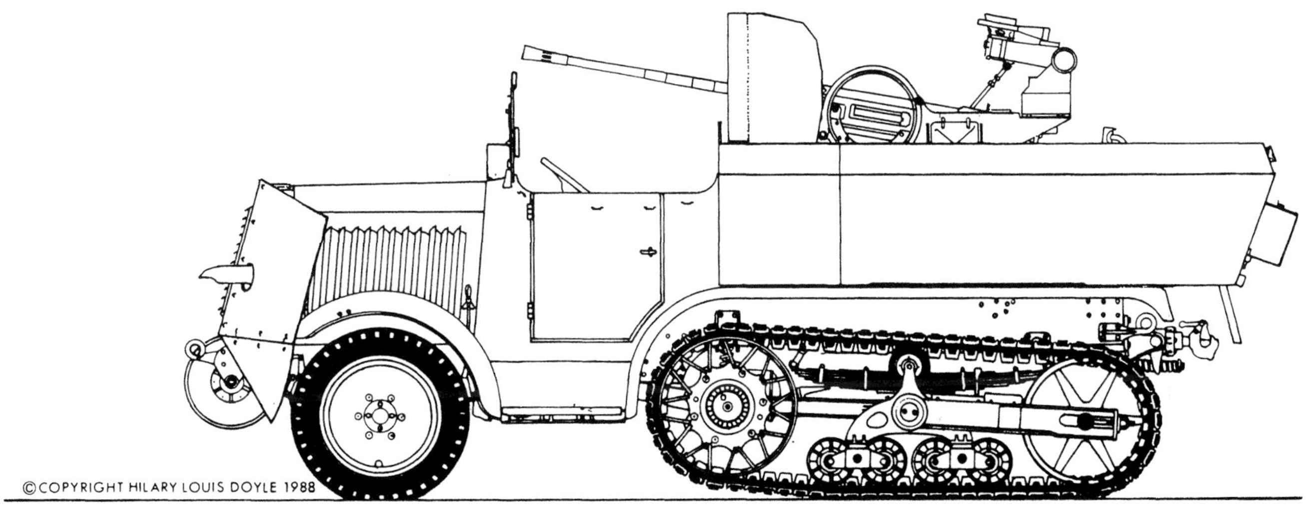

Selbstfahrlafette für 2-cm-Flak 38 (teilgepanzert) auf Unic P 107. Kennummer U 304 (f).

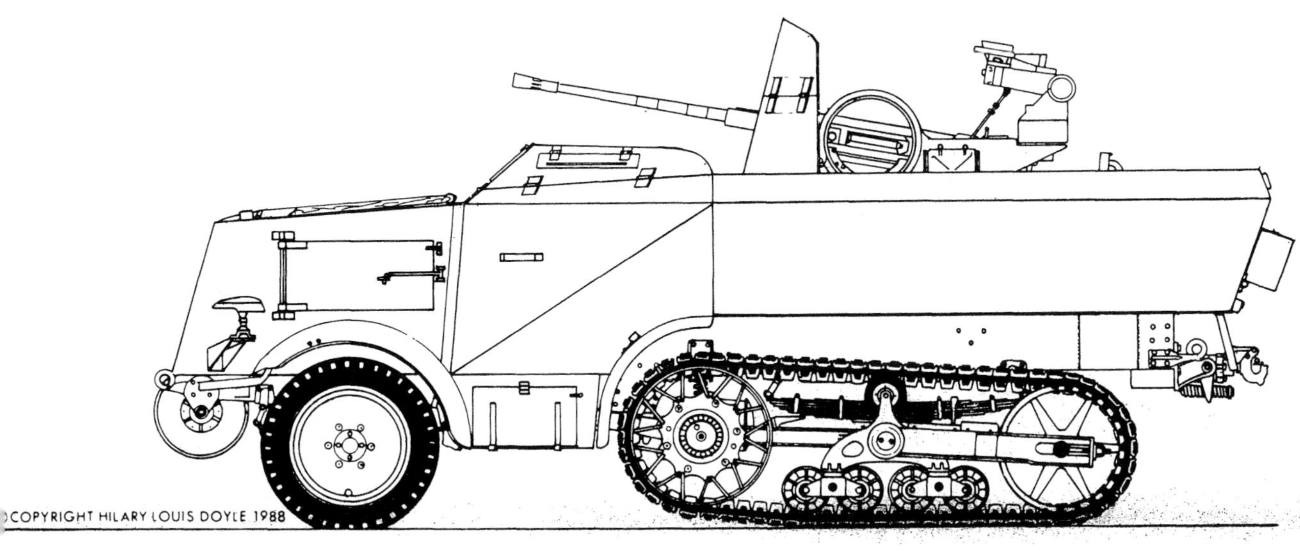

Selbstfahrlafette für 2-cm-Flak 38 (gepanzert) auf Unic P 107. Kennummer U 304 (f).

Willeme Lastkraftwagen 10 t, Typ DU 10 mit Holzgasanlage, serienmäßig eingebaut.

Etablissements WILLEME, Nanterre (Seine)

Diese Lastkraftwagenfabrik bezeichnete sich mit Recht als »Le Roi des Poids Lourds« – König der Schwergewichtigen. Ein Problem mit den meisten französischen Lastkraftwagen jener Zeit war das sehr niedrige Leistungsgewicht, das Verhältnis Motorleistung zu Nutzlast. Eine geringe Anzahl von Willeme-Fahrzeugen wurde von der Deutschen Wehrmacht übernommen.

LASTKRAFTWAGEN

Lkw 6 bzw. 7 t, Typ CA 7 und CA 7 B, welcher mit zwei verschiedenen Radständen geliefert wurde. Ein 4-Zylinder Dieselmotor Typ 517 leistete 90 PS bei n = 1500. Die Art des Aufbaus konnte vom Kunden weitgehend bestimmt werden.

Lkw 10 t, Typ DU 10 (Fahrgestell Nr. ab 300 000) mit Allradantrieb und 6-Zylinder-Dieselmotor (Lizenz Deutz)

Lkw 10 t, Typ Y 10 und Y 10 B mit 4-Zylinder-Dieselmotor, Typ 517, Leistung 90 PS.

Lkw 15 t, Typ DU 12 (Fahrgestell Nr. ab 400 000) mit 6-Zylinder-Dieselmotor, Typ 317 mit zwei angetriebenen Hinterachsen.

ALLGEMEINES

Der deutsche Generalbevollmächtigte für das Kraftfahrwesen (GBK) war bemüht, die Aktivitäten der französischen Kraftfahrzeugindustrie zusammenzufassen, um einen möglichst hohen Ausstoß zu erreichen. Es sollte eine Verbesserung der Rohstoffverteilung erreicht und Bevorzugungen einiger Firmen verhindert werden.

Ende 1940 beschlossen die französischen Regierungsstellen in Vichy den Zusammenschluß der Firmen Delahaye, Hotchkiss, Laffly, Latil, Licorne, Saurer und Unic zu einer einzigen Arbeitsgemeinschaft, deren Aufgabe es war, ein koordiniertes Fertigungsprogramm vorzuschlagen.

Die Überwachung dieses Zusammenschlusses lag in den Händen von Baron Petiet, seit Jahren der Präsident der Vereinigung französischer Kraftfahrzeughersteller.

Bereits 1942 schieden die Firmen Hotchkiss, Latil und Saurer aus der Arbeitsgemeinschaft aus, Licorne folgte. Der Beitritt der Firma Bernard glich die Kapazität etwas aus.

1943 trat auch Simca der Arbeitsgemeinschaft bei, die in dieser Zusammensetzung auch das Kriegsende überdauerte und bis Anfang der 50er Jahre weiter existierte.

ART DER AMTLICHEN KENNZEICHEN FÜR KRAFTFAHRZEUGE INNERHALB DER WEHRMACHT

- WH Wehrmacht – Heer
- WL Wehrmacht – Luftwaffe
- WM Wehrmacht – Kriegsmarine

In den besetzten Gebieten gem. HVBl 41 Teil B, Ziff. 80:

- MG Militärbefehlshaber im Generalgouvernement
- MF Militärbefehlshaber in Frankreich
- MB Militärbefehlshaber in Belgien und Nordfrankreich
- MH Wehrmachtbefehlshaber in den Niederlanden
- MN Wehrmachtbefehlshaber in Norwegen
- MD Befehlshaber der deutschen Truppen in Dänemark
- MR Deutsche Heeresmission Rumänien
- MS Wehrmachtbefehlshaber Südost (Serbien, Saloniki, Ägais, Südgriechenland)

Die im Heer eingegliederten Teile der Waffen-SS und der Polizei führen SS-Kennzeichen.
Beute-Kfz. können beschlagnahmt, angekauft oder erbeutet sein. Sie sind sobald als möglich mit WH-Kennzeichen zuzulassen.

DER EINSATZ VON HOLZGAS-GENERATOREN I

Die Lage der französischen Transportunternehmer verschlechterte sich proportional zur Versorgung der Bevölkerung im besetzten Gebiet. Kraftstoff war knapp, die vorhandenen Bestände aufgebraucht oder beschlagnahmt. Trotzdem traf diese Entwicklung die französische Kraftfahrzeug-Industrie nicht ganz überraschend. Die Teuerung beim Kraftstoff, die schon während der 20er Jahre immer offensichtlicher wurde, wurde durch mehrere Erfinder dadurch umgangen, daß man mit Nachdruck nach einheimischen Ersatztreibstoffen suchte.
Der Holzgasgenerator feierte fröhliche Urstände, getreu dem Motto »Erdöl gibt es im Lande nicht, aber Reisig in Frankreichs Wäldern«.
Versuche mit Sauggas-Generatoren gehen auf das Jahr 1906 zurück, die ersten Nutzfahrzeuge mit Generatoren fuhren 1910 in Paris. Schon 1927 lieferten Renault, Berliet und Panhard Lastkraftwagen mit Sauggasanlagen serienmäßig.
Georges Imbert, einem Lothringer, blieb es vorbehalten, sich richtungsweisend in die Entwicklung von Holzgas-Generatoren einzuschalten.
Während das Imbert-Verfahren vor allem in Deutschland Interesse fand, waren auch andere Hersteller an der Forschung und Fertigung solcher Anlagen beteiligt.
Bevor sie näher erwähnt werden, eine Rückblende auf die Aktivitäten der Firma Imbert. Die Imbert-Köln richtete während des Zweiten Weltkrieges eine Generator-Pro-

Die deutsche Panzertruppe benutzte schon früh heimische Kraftstoffe, besonders bei der Ausbildung. Das Bild zeigt eine außergewöhnliche Verbindung zwischen einem Imbert Holzgasantrieb auf umgestellten Panzer I Ausf. A Fahrgestell und einem Panzer III Drehturm mit 3,7-cm-Bewaffnung. Offenbar ergaben sich bei der Ausbildung der 3-Mann-Turmbesatzung der Panzer III und IV Engpässe in der Versorgung mit dementsprechenden Fahrgestellen, die hier irgendwie überwunden wurde.

Serienmäßig eingebaute Holzgasanlage der Firma Gohin-Pulenc in einem Willeme Lastkraftwagen.

duktion in den stillgelegten Hallen der weltberühmten Firma Delaunay-Belleville in Saint-Denis bei Paris ein. Chausson in Asnières (Seine) folgte. Schließlich kam noch Renault dazu. Die Firma »Gazogénes Imbert« in Paris brachte ihre Patente auf diesem Gebiet ein.

Die deutsche Panzertruppe war schon frühzeitig gezwungen, aus Treibstoffmangel ihren Ausbildungs- und Schulbetrieb auf heimische Kraftstoffe umzustellen. Vorrangig wurden hierzu Holzgasanlagen zum Betrieb von Ausbildungsfahrzeugen herangezogen. Die Produkte der Firma Imbert fanden dabei weite Verbreitung.

Die Firmen Unic, Delahaye und Latil verwendeten Holzgas-Generatoren nach dem Prinzip Gohin-Poulenc. Auf Befehl der Behörden bildete Unic mit der Firma La Lilloise (Tochter von Decauville) und Gohin-Poulenc eine Firmengruppe.

Das Verfahren war bereits vor Kriegsbeginn ausgereift. Unic erhielt die Zulassung für den Holzgas-Generator CG 26 im Juli 1938, der für Holzkohle, mineralische Kraftstoffe, Anthrazit und Schwelkoks ausgelegt war. Gohin hatte, wie andere Entwickler, die Möglichkeit eines kombinierten Betriebs Holzgas/Benzin vorgesehen. Das Verfahren war auch für Dieselbetrieb anwendbar.

Halbkettenfahrzeug von Citroën aus dem Jahr 1924. (Foto: Whatsthatpicture, © CC-BY-2.0).

Großbritannien

ALLGEMEINES UND UNGEPANZERTE FAHRZEUGE

Die britische Heeresmotorisierung hatte sich nach dem Ersten Weltkrieg mit ähnlichen Problemen auseinanderzusetzen, die auch in Deutschland und Frankreich offensichtlich waren. Eine Vielzahl von Herstellern, zum Teil mit sehr begrenzten Fertigungskapazitäten, und das Fehlen eines militärischen Grundkonzeptes verhinderten eine durchgreifende Typisierung und somit eine Beschränkung auf einige wenige Basistypen. Die Folge war eine fast unüberschaubare Vielzahl an Typen, die Wartung, Reparatur und Ersatzteilversorgung unnötig erschwerten.
Bei Ausbruch des Zweiten Weltkrieges 1939 besaß das britische Kriegsministerium etwa 85 000 Kraftfahrzeuge, wovon etwa 26 000 Stück von zivilen Besitzern requiriert worden waren. Die Mehrzahl der vorhandenen Typen gliederten sich in folgende Klassen:

- 15-cwt*) 4×2 (cwt=4 qtr=112 lb=50,80 kg/ 4×2 Vier Räder, zwei angetrieben)
- 30-cwt 4×2 und 6×4 (6×4 Sechs Räder, vier angetrieben)
- 3 t 4×2 und 6×4

Der Großteil dieser Fahrzeuge wurde 1939/1940 mit dem Britischen Expeditions-Korps nach Frankreich verlegt. Knappe 5000 Stück kamen nach dem Frankreich-Feldzug 1940 nach England zurück, der Rest blieb auf dem Kontinent und fiel der Deutschen Wehrmacht in die Hände.
Die großen Beute-Bestände, welche die britische Armee zurückgelassen hatte, wurden gesichtet, deutsche Gerätebeschreibungen und Ersatzteilelisten erstellt und Fachleute dementsprechend ausgebildet. Dies alles wäre nicht zu bewältigen gewesen, hätte man nicht die Belange der militärischen und zivilen Kraftfahrt und der entsprechenden Wirtschaft in eine Hand zusammengelegt.
Die britische Armee hatte ihre Kraftfahrzeuge in Klassen eingeteilt, die ungefähr folgende Struktur aufwiesen:

- 8 -cwt 4×2 und 4×4 (Stabsfahrzeuge, leichte Lastkraftwagen, leichte Krankenkraftwagen)
- 15-cwt 4×2 und 4×4 (Lastkraftwagen)
- 30-cwt 4×2, 4×4 und 6×4 (Lastkraftwagen und schwere Krankenkraftwagen)
- 3-ton 4×2, 4×4 und 6×4 (Lastkraftwagen)
- 6-ton 4×2 (Lastkraftwagen und Sattelzugmaschinen)
- 10-ton 6×4 (Lastkraftwagen)
- Zugmaschinen für Feldartillerie (FAT) 4×4 und 6×6
- Zugmaschinen für mittlere Artillerie 4×4
- Zugmaschinen für schwere Artillerie und Bergefahrzeuge 6×4 und 6×6
- Panzertransporter 6×4, Sattelzugmaschinen 6×4

Um die Vielzahl der Hersteller von Militärfahrzeugen in Großbritannien zu dokumentieren, werden die Firmen aufgelistet, die Ende der 30er Jahre mit deren Fertigung beschäftigt waren.

Englischer Lanchester 40 PS 6 x 4 Panzerspähwagen.

*) cwt = hundredweight

- AEC, The Associated Equipment Co. Ltd. Southhall, Meddlesex
- ALBION, Albion Motors Ltd. Scotstown, Glasgow
- ALVIS-STRAUSSLER, Alvis-Straussler Ltd., Coventry
- AUSTIN, Austin Motor Co. Ltd., Longbridge, Birmingham
- BEDFORD (GM), Vauxhall Motors Ltd., Luton, Bedfordshire
- COMMER (ROOTES), Commer Cars Ltd., Luton, Bedfordshire

Lastkraftwagen 3 t, 6×4, AEC Marshal.

Austin 10 HP, 4×2, Utility (leichter Personenkraftwagen) und Austin 8 HP 4×2 Tourer in Beckers Einheit mit britischen Fahrzeugen. Major Becker im Seitenwagen.

- CROSSLY, Crossly Motors Ltd., Gorton, Manchester
- DAIMLER, Daimler Motor Co. Ltd., Coventry
- DENNIS, Dennis Bros. Ltd., Guildford
- DODGE, Dodge Brothers (Britain) Ltd., Kew, Surrey
- FODEN, Fodens Ltd., Sandbach, Cheshire
- FORD(SON), Ford Motor Co. Ltd., Dagenham, Essex
- GARNER, Garner Motors Ltd., Tyseley, Birmingham
- GUY, Guy Motors Ltd., Wolverhampton
- HILLMAN (ROOTES), The Hillman Motor Car Co. Ltd., Coventry
- HUMBER (ROOTES), Humber Ltd., Coventry
- KARRIER (ROOTES), Karrier Motors Ltd., Luton, Beds.
- LEYLAND, Leyland Motors Ltd., Leyland, Lancs (auch Kingston upon Thames, Surrey)
- MAUDSLAY, The Maudslay Motor Co. Ltd., Alcester, Warwickshire
- MORRIS (NUFFIELD), Morris Motors Ltd., Cowley, Oxford
- MORRIS-COMMERCIAL (NUFFIELD), Morris-Commercial Cars Ltd., Adderley Park, Birmingham
- RILEY, Riley (Coventry) Ltd., Coventry
- ROLLS-ROYCE, Rolls-Royce Ltd., Derby
- ROVER, The Rover Co. Ltd., Solihull, Warwickshire
- SCAMMELL, Scammell Lorries Ltd., Watford, Herts.
- STANDARD, Standard Motor Co. Ltd., Coventry
- STRAUSSLER, Straussler Mechanisation Ltd., London
- SUNBEAM, Sunbeam Motor Car Co. Ltd., Wolverhampton, Staffs
- TALBOT, Clament-Talbot Ltd., London
- THORNYCROFT, John I. Thornycroft & Co. Ltd., Basingstoke, Hants
- TILLING-STEVENS, Tilling-Stevens Motors Ltd., Maidstone, Kent
- TRIUMPH, Triumph Engineering Co. Ltd., Coventry
- TROJAN, Trojan Ltd., Croydon, Surrey
- VAUXHALL (GM), Vauxhall Motors Ltd., Luton, Beds. (Lastkraftwagen mit dem Markennamen BEDFORD)
- WOLSELEY (NUFFIELD), Wolseley Motors Ltd., Birmingham

Eine Vielzahl der von diesen Firmen hergestellten Fahrzeuge fiel den deutschen Truppen in Frankreich und Nordafrika in die Hände. Wenn sie auch vorübergehend eine Entlastung des Engpasses Kraftfahrzeuge brachten, stellten sie auf die Dauer gesehen eine beträchtliche Belastung der Versorgungskette dar.

Lastkraftwagen 3 t, 4×2, Ford. Standardfahrzeug für die britische Armee mit den typischen, übergroßen Reifen (Einzelradbereifung).

Lastkraftwagen 15 cwt, 4×2, Morris CS 8 mit Originalaufbau.

Guy Quad-Ant Artillerie-Schlepper 4×4 im Einsatz in Rußland (BA).

Morris CS 8 nach Umbau durch die Deutsche Wehrmacht als Kfz 12.

Lastkraftwagen 3 t, 6×4, Leyland Retriever. Windschutzscheiben und Fahrerhaustüren sind nicht Originalausführung, sondern deutsche Änderung. Etwa 120 Stück als Troß-Lastkraftwagen bei der Deutschen Wehrmacht.

Schwerer Krankenkraftwagen, Morris-Commercial CS 11/30 F. 24 Stück als Troßlastkraftwagen bei der »Schnellen Brigade West«.

Scammell 6×4, Typ TRMU/30 Sattelschlepper-Zugmaschine. Dieses Spezialfahrzeug für die Panzerbergung wurde von der Deutschen Wehrmacht zum Einsammeln von Beutefahrzeugen verwendet.

Lastkraftwagen 15 cwt, 4×2, Vauxhall Motors (Bedford MWD). Fahrzeuge hergerichtet für die Deutsche Wehrmacht.

UNGEPANZERTE VOLLKETTENSCHLEPPER

Im Jahre 1923 begann die Königliche Artillerie mit der Motorisierung ihrer Einheiten. Vollkettenschlepper als Zugmittel für Feldgeschütze und mittlere Artillerie wurden vorerst nur in geringen Stückzahlen beschafft. Typisch für die 20er Jahre waren die Zugfahrzeuge, »Dragon« genannt, (abgeleitet von drag gun), deren Fahrgestelle vom mittleren Kampfpanzer Vickers stammten. Eingebaut war ein luftgekühlter 7,8 l Flugmotor, dessen Ursprung auf das Jahr 1915 zurückging. In V-8-Konfiguration brachte er eine Leistung von 82 PS. Hersteller des Motors war die Firma Armstrong-Siddeley. Das Fahrzeug selbst wurde in mehreren Baureihen (Mark I, II und III) von der Firma Vickers-Armstrong gebaut.

Das deutsche Heereswaffenamt vergab für alle Baureihen die Kenn-Nummer »mittlerer Artillerieschlepper VA 604 (e)«.

Leichter Artillerieschlepper Mark II, Kenn-Nummer 603 (e), mit Fahrgestell der Firma Carden-Loyd.

Mittlerer Artillerieschlepper Mark III c, Kenn-Nummer 604 (e).

Sonst noch erfaßt vom Heereswaffenamt wurden die Fahrzeuge:

- leichter Artillerieschlepper Mo 601 (e)
- leichter Artillerieschlepper Mk I 602 (2)
- leichter Artillerieschlepper Mk II 603 (e)

Dabei war zu berücksichtigen, daß die verfügbaren Angaben über britische Fahrzeuge dürftig waren und manchmal nicht der Wirklichkeit entsprachen. Es kamen vorwiegend Fahrgestelle der Firma Carden-Loyd zur Verwendung. 1933 bis 1935 wurden, hauptsächlich von der Königlichen Waffenfabrik, leichte Artillerieschlepper, Typ Mk II D, an die Feldartillerie ausgegeben. Deutsche Kenn-Nummer 603 (e). Sie hatten bei einem Gewicht von 4,2 t einen 6-Zylinder Meadows Vergasermotor mit 59 PS Leistung eingebaut. Protze und Geschütz bildeten die Zuglast.

GEPANZERTE RADFAHRZEUGE

Gepanzerte Radfahrzeuge waren schon seit dem Ersten Weltkrieg Bestandeil der britischen Streitkräfte. Noch im Zweiten Weltkrieg verwendet wurden die bereits 1914 erstmals gelieferten Rolls-Royce, basierend auf dem Silver Ghost-Fahrgestell. Die Dreiachs-Panzerspähwagen der Firmen Crossly und Lanchester bestimmten das Aussehen der britischen gepanzerten Radfahrzeuge in den 20er und 30er Jahren. Sie erhielten sogar, 1940 restlos veraltet, noch die deutsche Kenn-Nummer La 201 (e).

Typisch für die frühen Tage der englischen Radpanzer-Entwicklung der Zwanziger Jahre (Modell 1920). Ein Rolls-Royce auf Silver Ghost-Fahrgestell, der noch zu Beginn des Zweiten Weltkrieges in Nordafrika für Sicherungsaufgaben eingesetzt wurde.

Ein typischer Vertreter der 6-Rad-Panzerspähwagen der Dreißiger Jahre, ein Lanchester 40 PS, 6×4. Die deutsche Kenn-Nummer lautete Panzerspähwagen La 201 (e).

Am 18. Oktober 1939 verlegten die 12. Ulanen (Lancers) nach Frankreich. Als Spähwagen-Ausrüstung brachten sie 38 Morris Fahrzeuge vom Typ Morris-Commercial CS 9/LAC auf den Kontinent. Davon wurden 1937/1938 100 Stück gebaut; verstärkte 15-cwt-Lastwagen-Fahrgestelle mit Hinterradantrieb. Der 6-Zylindermotor leistete 98 PS. Die Aufbauten wurden von der Royal Ordnance Factory in Woolwich geliefert. Der oben offene Turm trug eine Boys-Panzerbüchse und ein MG. Vier Mann Besatzung waren vorgesehen. Die von der Deutschen Wehrmacht übernommenen Fahrzeuge erhielten die Kenn-Nummer Mo 205 (e).

1940 wurden der British Expeditionary Force (BEF) in Frankreich sechs Panzerspähwagen der von der Firma GUY entwickelten Type Tank, Light, Wheeled Mk I zugewiesen. Das vierradgetriebene Fahrgestell des Quad-Ant Artillerieschleppers hatte nunmehr das Triebwerk im Heck untergebracht. Die Produktion wurde der Firma Karrier übergeben. Die Panzeraufbauten kamen von der Royal Ordnance Factory, die hierbei eine bisher nicht angewendete Schweißkonstruktion vorstellte. Drei Mann Besatzung hatten im Drehturm ein 12,7 mm und ein 7,7 mm Maschinengewehr zur Verfügung. Die deutsche Kenn-Nummer lautete G 209 (e).

1940 erstmals in Frankreich eingesetzt wurde ein kleines gepanzertes Verbindungsfahrzeug. Von der Birmingham Small Arms Co. Ltd. (BSA) entwickelt, stellte die Firma Daimler in Coventry den Typ »Dingo« vor, von dem zwei Prototypen 1940 in Frankreich zum Einsatz kamen (Typ Mk I). Mit zwei Mann Besatzung hatte das oben offene Fahrzeug ein Gefechtsgewicht von 3 t. Der 6-Zylinder Daimler-Vergasermotor mit 2,52 l Inhalt brachte eine Leistung von 55 PS. Eine Flüssigkeitskupplung, 4-Radantrieb und 4-Radlenkung machten das Fahrzeug sehr beweglich.

Von den Ausführungen Mk I, IA, IB, II und III wurden in Griechenland und Nordafrika eine größere Anzahl erbeutet. Die deutsche Kenn-Nummer lautete: Leichter Panzerspähwagen Mk I 202 (e).

Die Associated Equipment Co. Ltd. (AEC) in Southall stellte während des Zweiten Weltkrieges u. a. 416 Stück des Typs Matador mit Allradantrieb her. Die Fahrzeuge wurden auch als gepanzerte Kommandofahrzeuge verwendet, der Antrieb erfolgte durch einen 6-Zylinder Dieselmotor mit 95 PS Leistung.

Die ersten in Frankreich 1940 eingesetzten britischen Radpanzerwagen waren 38 Stück des Morris-Commercial CS 9/LAC. Ihre deutsche Kenn-Nummer, Mo 205 (e).

Panzerspähwagen Guy, Kenn-Nummer G 209 (e), der erstmals 1940 in Frankreich auftrat.

Leichter Panzerspähwagen, Mark I bis III, Kenn-Nummer 202 (e), ein gepanzertes Verbindungsfahrzeug.

»Dingo«, wie das kleine Verbindungsfahrzeug auch genannt wurde, im Dienst einer Einheit der deutschen Kriegsmarine. Die Fahrzeuge führten das polizeiliche Kennzeichen WM (WM = Wehrmacht Marine).

Ein gepanzertes Führungsfahrzeug vom Typ AEC Matador, das auch von Generalfeldmarschall Rommel in Nordafrika verwendet wurde (im Hintergrund ein Panzerkampfwagen III).

Zwei dieser Fahrzeuge wurden in Nordafrika von deutschen Truppen erbeutet. Sie wurden Bestandteil – mit den Suggestivnamen »Max« und »Moritz« – des Fahrzeugparks von Feldmarschall Rommel.

Foto: Bundesarchiv, Bild 146-1980-024-27A / CC-BY-SA

Foto: Bundesarchiv, Bild 146-1980-024-27A / Zwilling, Ernst A. / CC-BY-SA

Sowjetunion

ALLGEMEINES

Die Sowjetunion besaß bis in die frühen Dreißiger Jahre keine nennenswerte eigene Automobilindustrie. Die fehlende Infrastruktur – Kohle- und Stahlindustrie befanden sich gerade im Aufbau sowie ein fast nicht vorhandenes Eisenbahn- und Straßennetz – verlangsamten den Fortschritt und ließen die mit großem Propagandaaufwand (5-Jahrespläne) angekündigten Ergebnisse hinter den Erwartungen zurückbleiben.
Industrie, Landwirtschaft und die Streitkräfte setzten ihre eigenen Prioritäten.
So bestimmten importierte Kraftfahrzeuge das Straßenbild in Rußland und diese ausländischen Vorbilder dienten auch als Grundlage für Eigenentwicklungen. Dies sparte Zeit und schuf dennoch eine solide Basis für die Ausrüstung der Roten Armee mit zeitgemäßem Gerät.
Der erste Lastkraftwagen russischen Ursprungs, der AMO Typ F-15, wurde 1924 vorgestellt, die Fabrik wurde 1933 in SIS umbenannt. SIS wurde zum wichtigsten der zwei staatseigenen Kraftfahrzeughersteller. Der andere war die Firma GAS in Gorki, die den Nachbau von Ford Fahrzeugen betrieb. Die Fertigung wurde 1932 aufgenommen, die Produkte wurden auch als »Russki-Ford« bekannt.
In allen weiteren Werken, die während der Dreißiger Jahre hinzukamen, wurden bevorzugt Lastkraftwagen hergestellt, die Fertigung von Personenkraftwagen hintangestellt. Noch heute sind rund ¾ aller in der Sowjetunion hergestellten Kraftfahrzeuge Lastkraftwagen.

Personenkraftwagen 4×2, Typ GAS-A. Nachbau des Ford, Modell A. Reifengröße 5,50-19. Als Stabsfahrzeug bei der Roten Armee eingesetzt.

Während des ersten 5-Jahresplanes, beginnend 1928, produzierte die UdSSR 50 000 Lastkraftwagen, der zweite 5-Jahresplan brachte bereits eine Gesamtfertigung von 200 000 Einheiten.

PERSONENKRAFTWAGEN

Bis 1943 übernahm die Rote Armee fast ausschließlich handelsübliche Personenkraftwagen als Stabs- und Verbindungsfahrzeuge. Ein Teil davon wurde mit Vierradantrieb ausgerüstet (u. a. GAS 61). Erst nachdem der in den USA hergestellte und in großer Stückzahl an die UdSSR gelieferte »Jeep« seine Fähigkeiten unter Beweis gestellt hatte, begann die Firma GAS mit der Serienfertigung des Typs GAS 67, einer weitgehenden Kopie des amerikanischen Vorbilds. Der Prototyp GAS 64 wurde 1942 vorgestellt.

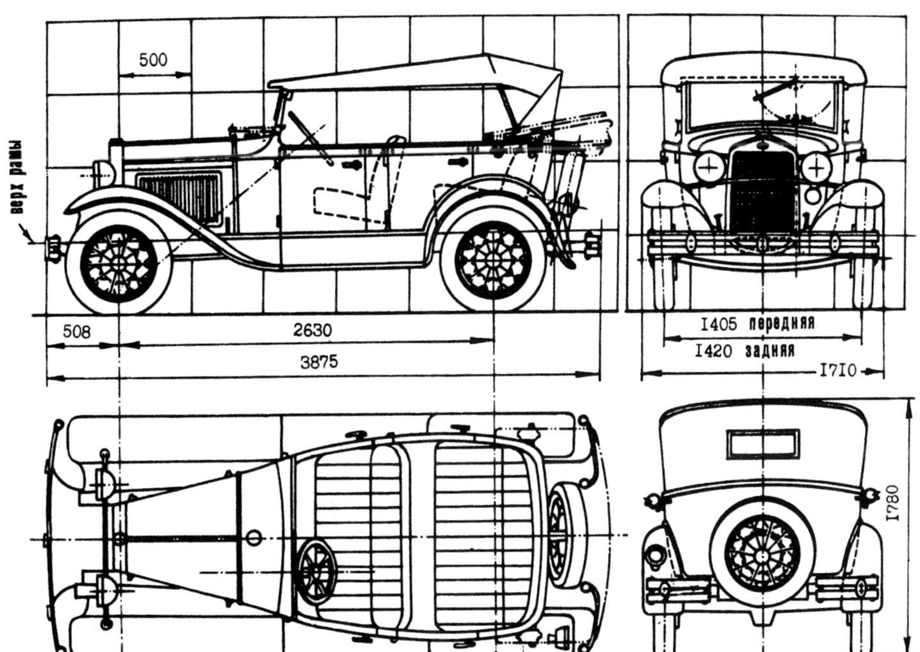

Die 4-Seiten-Zeichnung gibt alle Maße des GAS-A.

Ein Nachbau des amerikanischen JEEP, der GAS 67.

4-Seiten-Zeichnung des GAS 67.

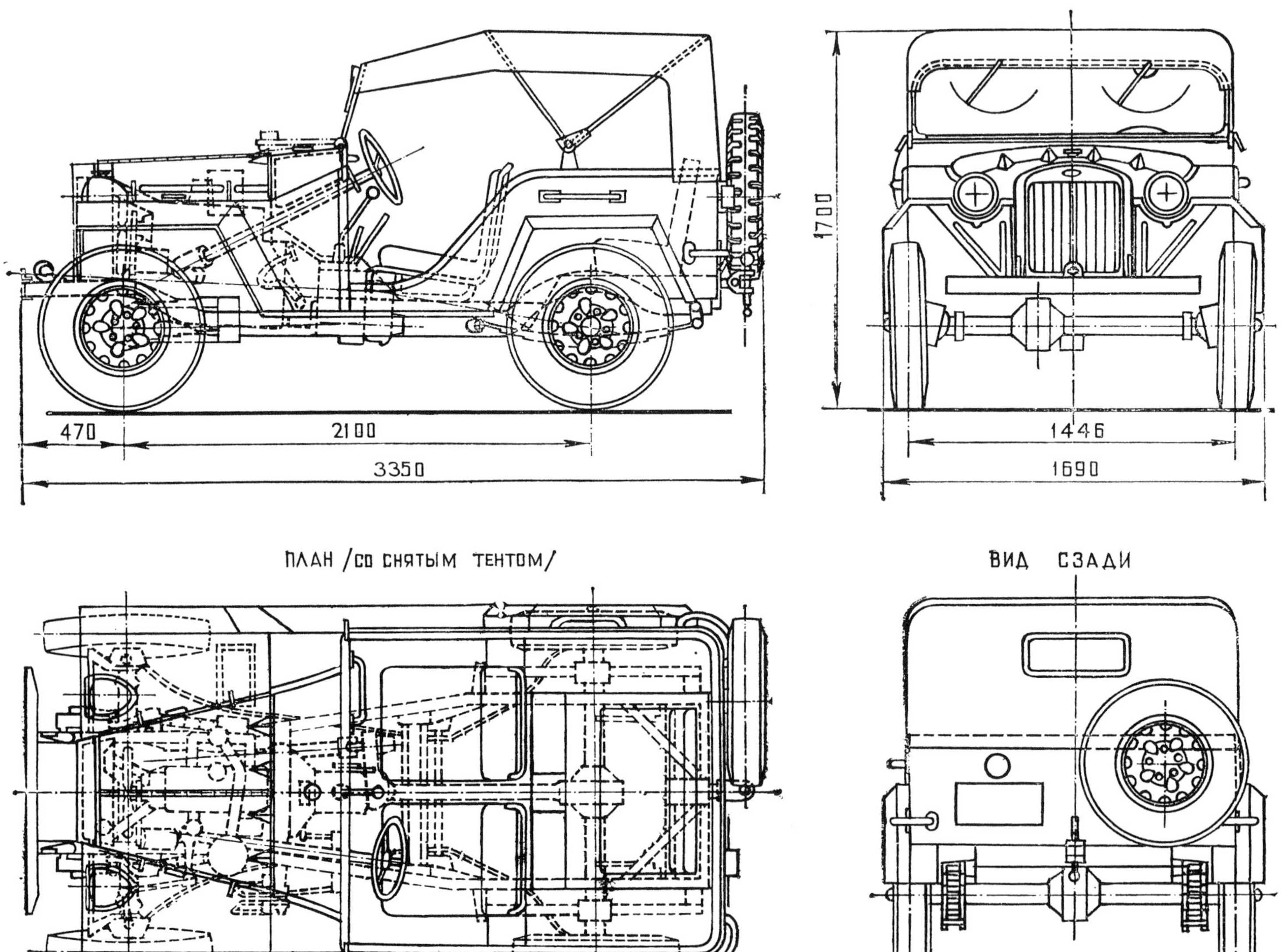

LASTKRAFTWAGEN

Der Ford-Nachbau, Typ GAS-AA, wurde als GAS-MM mit dem verstärkten 50 PS Vierzylinder »A«-Motor das Standard-1,5 t-Lastkraftfahrzeug der Roten Armee. Nur die Hinterachse war angetrieben, trotzdem besaß das Fahrzeug eine überdurchschnittliche Geländegängigkeit. Die folgenden Jahre sahen eine Ergänzung des Fertigungsprogrammes durch die Dreiachs-Version GAS-AAA.
Während die GAS-Typen in der 1,5 bis 2,5 t Nutzlastklasse dominierten, fertigte die Firma SIS den Typ SIS-5 als Standard-3-t-Lastkraftwagen für die sowjetischen Streitkräfte in großen Stückzahlen. Auch dieser Typ wurde in einer Dreiachs-Ausführung hergestellt (Typ SIS-6). Der 6-Zylindervergasermotor hatte eine Leistung von 73 PS.
Das Fahrgestell des SIS-6 diente auch als Träger für den Raketenwerfer (Stalinorgel). Wie gut diese russischen Lastkraftwagen mit den Wegeverhältnissen ihres Landes fertig wurden, zeigt die Tatsache, daß erbeutete SIS-5 bevorzugt als Küchenwagen bei der Deutschen Wehrmacht eingesetzt waren, obwohl man ihre Robustheit und Ausdauer auch sonst zu schätzen wußte.
Es wurde schon kurz nach Beginn des Rußlandfeldzuges 1941 immer klarer, daß die für eine Verwendung in Mitteleuropa ausgelegten Kraftfahrzeuge und Panzer *deutscher Produktion* nur bedingt für eine Verwendung in Rußland tauglich waren.

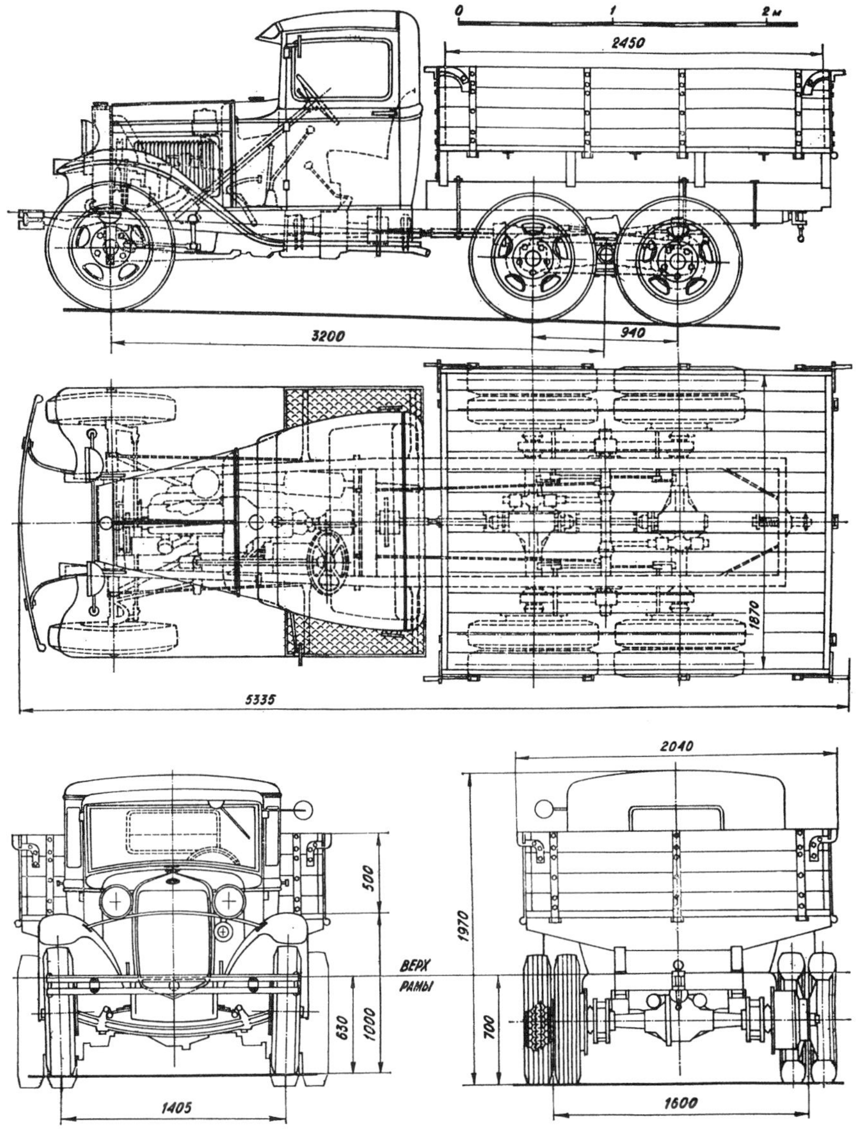

4-Seiten-Zeichnung des GAS-AAA.

Hochbetrieb auf einer russischen »Rollbahn«, die vorwiegend von russischen Beutefahrzeugen frequentiert wird. Von rechts ein SIS-5 (im Hintergrund ein Krupp L 3 H 63), in der Mitte ein GAS-AAA, gefolgt von einem GAS-AA (BA).

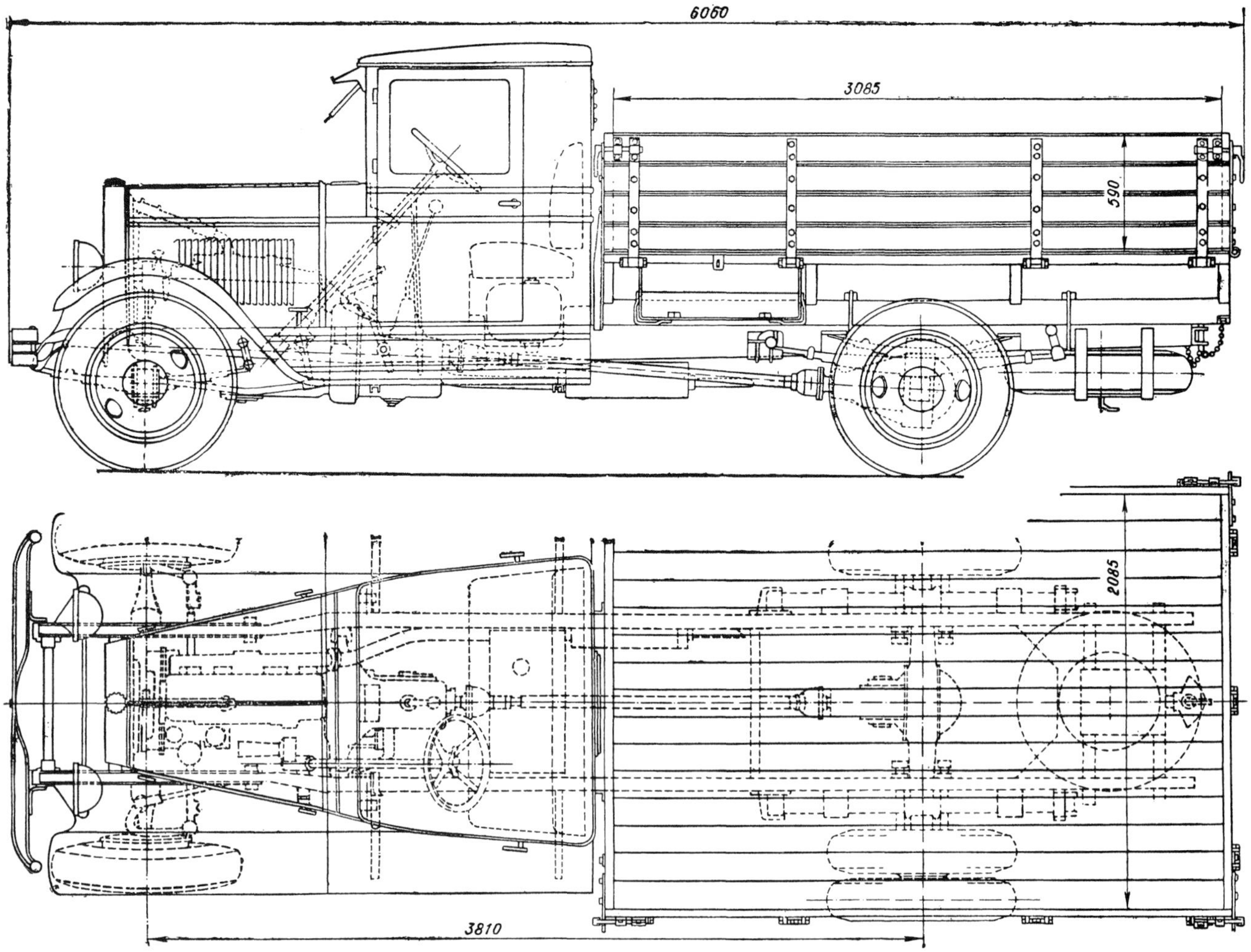

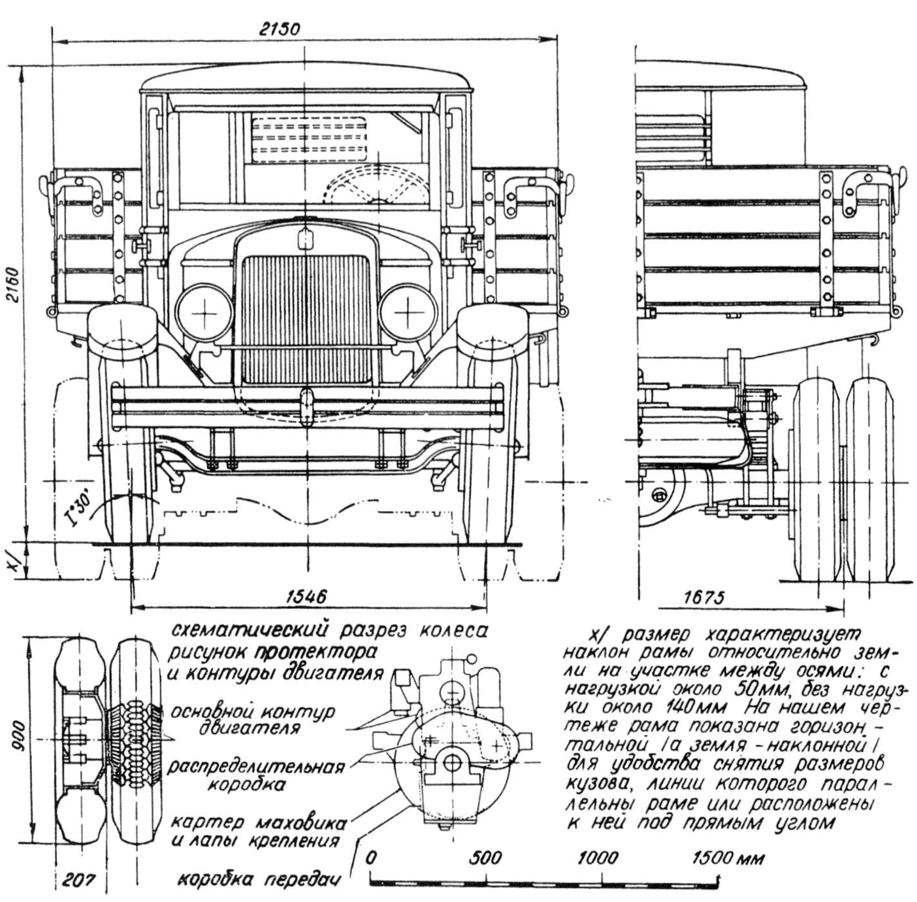

4-Seiten-Zeichnung des SIS-5, dem Standard 3 t-Lastkraftwagen der sowjetischen Streitkräfte.

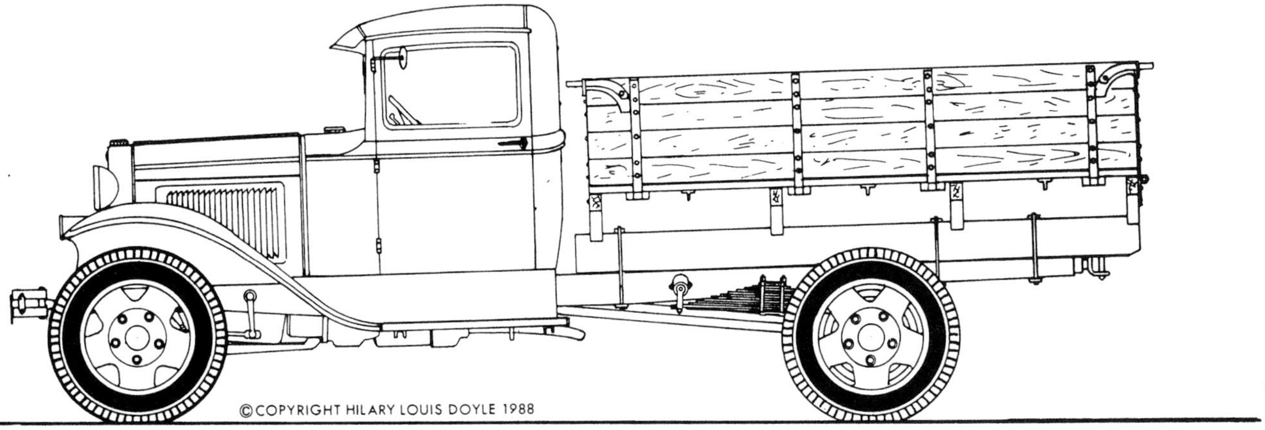

Lastkraftwagen 1,5 t GAS MM (r).

Einige Zahlen sprechen für sich selbst:
(Verluste und Zuweisungen an Kraftfahrzeugen im Bereich der Ostfront, Winter 1941/1942)

Kfz. Art	**Totalverluste**	**Zuweisungen**
Krafträder	22496	938
Personenkraftwagen	18292	2469
Lastkraftwagen	31143	3542
Zugkraftwagen	2252	492

(Nicht alle dieser Fahrzeuge gingen durch Feindeinwirkung verloren, die meisten zahlten ihren Tribut an die russischen Straßenverhältnisse.)
Dabei waren vor Beginn des Feldzuges größte Anstrengungen gemacht worden, um die Versorgung der Truppe mit Kraftfahrzeugen einigermaßen sicherzustellen. Nach erfolgreichem Muster (Frankreich-Feldzug) wurden von der Deutschen Wehrmacht nach Beginn des Rußland-Feldzuges eine »Zentra Kraft Ost« mit Sitz in Königsberg geschaffen, um eine möglichst leistungsfähige kraftfahrzeugmäßige Grundlage zu schaffen. Zur Auffrischung der Truppe und für Neuaufstellungen wurden rund 200000 Kraftfahrzeuge aller Art geliefert, zu Beginn des Rußland-Feldzuges 1941 waren dort rund eine Million Kraftfahrzeuge, darunter auch Beutefahrzeuge, eingesetzt.
Die Typenvielzahl war überwältigend. Im Herbst 1942 waren in der deutschen Wehrmacht 1371 verschiedene Kraftfahrzeugtypen in Gebrauch. Schon allein aus diesem Grund hätte ein Zentralersatzteillager mindestens 2500 Ersatzteile lagern müssen.
Eine Ermittlung des Kraftfahrzeugbestandes für Heer, Luftwaffe, Kriegsmarine und Heimatdienststellen mit Stichtag 1. Januar 1943 ergab einen Bestand von 1,2 Millionen Kraftfahrzeugen mit rund 2200 Typen. Davon entstammte etwa die Hälfte deutscher Fertigung, der Rest ausländischer Fabrikation, wie amerikanische, englische, französische, italienische, russische, schwedische und tschechische Typen.
Soweit ein kurzer Einblick in die Situation bei den deutschen Streitkräften.

LEIH- UND PACHTLIEFERUNGEN AN DIE SOWJETUNION

Da der Aufbau einer zweiten Front gegen das Deutsche Reich eine sorgfältige Vorbereitung benötigte, wurde die Unterstützung der Sowjetunion durch die westlichen Alliierten mit Hilfe von Lieferung von Kriegsmaterial beachtlich gefördert. Die Vereinigten Staaten lieferten zwischen Juni 1941 bis 30. April 1944 u.a. 210000 Kraftfahrzeuge und 3734 Panzer an die UdSSR.
Im gleichen Zeitraum wurden von Großbritannien 4292 gepanzerte Fahrzeuge überlassen.
Kanada lieferte bis Ende des Krieges u.a. 130000 Kampffahrzeuge und 427000 Lastkraftwagen.
General Deane, damals verantwortlich für diese Lieferungen an die Sowjetunion: »Unsere Lieferungen und Dienste erreichten einen Wert von etwa 11 Milliarden Dollar. Sie mögen den Krieg nicht gewonnen haben, aber sie haben zweifellos den Russen die Dinge wesentlich erleichtert.«

VOLLKETTENSCHLEPPER

Die Tatsache, daß die sowjetische Landwirtschaft Vollkettenschlepper bevorzugte, hatte ihre Auswirkungen auch auf die Ausrüstung der Roten Armee. Radschlepper waren als Zugmittel für mittlere und schwere Artillerie oder son-

stige Lasten den Straßenverhältnissen in Rußland einfach nicht gewachsen. Die in der deutschen Panzerversuchsanstalt KAMA bei Kasan 1933 zurückgelassenen Hanomag WD-Schlepper dienten mit als Grundlage für die Traktorfertigung in der UdSSR. Da die Masse der Traktorfahrer mit dem Umgang mit Vollkettenschleppern vertraut war, ergab sich gleichzeitig ein jederzeit verfügbares Potential an ausgebildeten Panzerfahrern.
Im Gegensatz zur Deutschen Wehrmacht, deren Beweglichkeit während der Schlammperioden und bei hohem Schnee fast restlos zum Erliegen kam, blieben die Russen mobil. Kein Wunder, daß die von den Deutschen in großen Stückzahlen vorgefundenen Raupenschlepper eine willkommene Hilfe boten, wenn sich sonst nichts mehr bewegte. Vom Typ ChTZ 60 wurden zwischen 1932 bis 1937 68 997 Stück, vom Nachfolgetyp Stalinez 65/SG 65 von 1937 bis 1941 37 626 Einheiten hergestellt. Der 4-Zylinder-Dieselmotor mit 18,5 l Hubraum leistete bis zu 75 PS. Ein Benzin-Anlaßmotor ermöglichte ein Anlassen des Hauptmotors selbst bei niedrigsten Temperaturen. Die Fahrzeuge wurden mit und ohne Fahrerkabine geliefert, die für die Artillerie vorgesehenen Zugmittel waren mit einer Seilwinde ausgestattet. Sie wurden auch zur Bergung liegengebliebener Panzerfahrzeuge mit großem Erfolg eingesetzt. Für eine weitgreifende Operation waren sie jedoch wenig geeignet, da ihre Höchstgeschwindigkeit nur 6,95 km/h betrug.

Oben links: Für russische Straßenverhältnisse gebaut. Ein Stalinez 65 Diesel-Vollkettenschlepper zieht eine ursprünglich bespannte deutsche Versorgungskolonne (BA).

Oben rechts: Die schweren Kettenschlepper wurden meistens an besonders schwierigen Geländeabschnitten eingesetzt (BA).

Links: Diese Aufnahme dokumentiert die Unfähigkeit der Masse der deutschen Versorgungsfahrzeuge ihrer Aufgabe nachzukommen (BA).

Artillerieschlepper Stalin, Kenn-Nummer 607 (r) mit Motor des Kampfpanzers T 34.

Artillerieschlepper CT 3, Kenn-Nummer 601 (r).

Gepanzerter Artillerieschlepper STZ-3, Kenn-Nummer 630 (r) mit offenen Sitzen für die Geschützbedienung.

Als Artilleriezugmittel dienten vor allem die Spezial-Artillerieschlepper Stalin (deutsche Kenn-Nummer 607 (r) und Komintern (deutsche Kenn-Nummer 604 (r). Dessen Typenbezeichnung lautete KhTZ-3. Der Artillerieschlepper Stalin war mit dem Motor des Kampfpanzers T 34 ausgerüstet und hatte eine Seilwinde mit hoher Zugkraft.

Leichtere Kettenschlepper wurden ebenfalls ursprünglich für die Landwirtschaft entwickelt, die militärische Ausführung des STZ 5 2 TB mit 6 t Gesamtgewicht wurde in Frontlenkerbauweise geliefert und führte die Bezeichnung Artillerieschlepper CT 3 – Kenn-Nummer 601 (r). Das Fahrzeug wurde mit Benzin angelassen und dann auf Dieselbetrieb umgestellt. Eines dieser Fahrzeuge war mit Feuerwehraufbau bei der Feuerlöschpolizei Königsberg im Einsatz.

Der leichte Artillerieschlepper STZ 3 – Kenn-Nummer 630 (r) hatte ein Gesamtgewicht von 4,01 t, ein gepanzertes Fahrerhaus mit MG in Kugelblende zur Nahverteidigung und eine offene Sitzgelegenheit für sechs Mann. Das Fahrzeug wurde 1940 eingeführt und als Zugmittel für die 4,5-cm-Pak oder als Kraftstoffversorgungsfahrzeug vorgesehen.

Trotz aller Anstrengungen blieb die Masse der russischen Einheiten pferdebespannt.

Leichte Kampfpanzer, z.B. der T 60, wurden nach 1943 kaum mehr gefertigt. Der dringende Bedarf an geländegängigen Zugmitteln zwang jedoch, die Fahrgestelle dafür weiterzubauen und die Fahrzeuge als Schlepper einzusetzen. Als Typ YA 12 wurden diese Zugmaschinen ab 1944 der Roten Armee zugeführt.

STZ-3 als Versorgungsfahrzeug bei der Deutschen Wehrmacht.

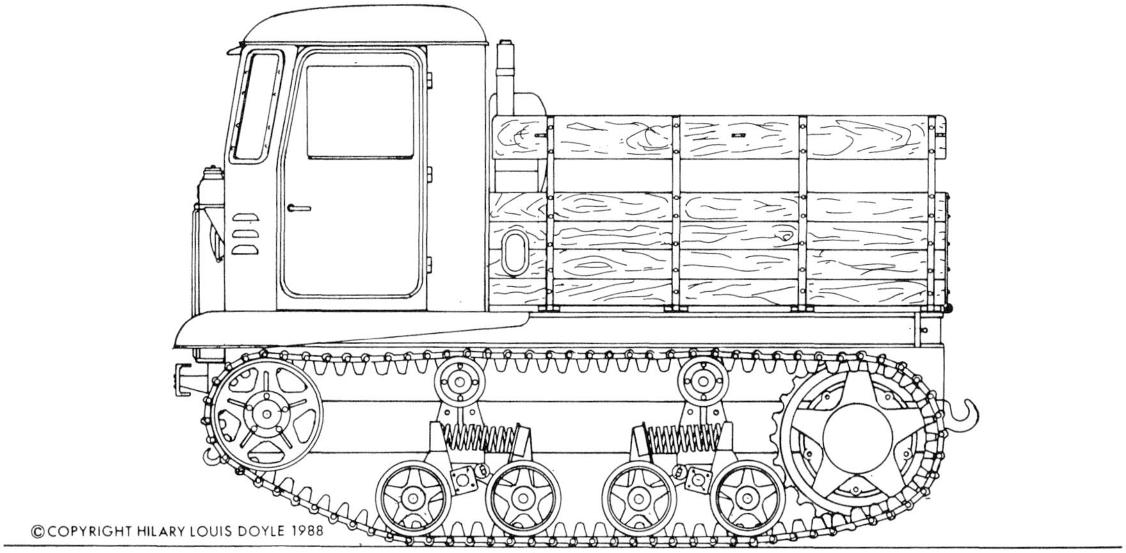

Artillerieschlepper CT 3 (r).
Kenn-Nummer 601 (r).

STZ-3 als Selbstfahrlafette für die 3,7-cm-Pak 36.

YA 12 als Zugmittel für schwere deutsche 15-cm-Feldhaubitzen nach dem Krieg bei der tschechoslowakischen Armee.

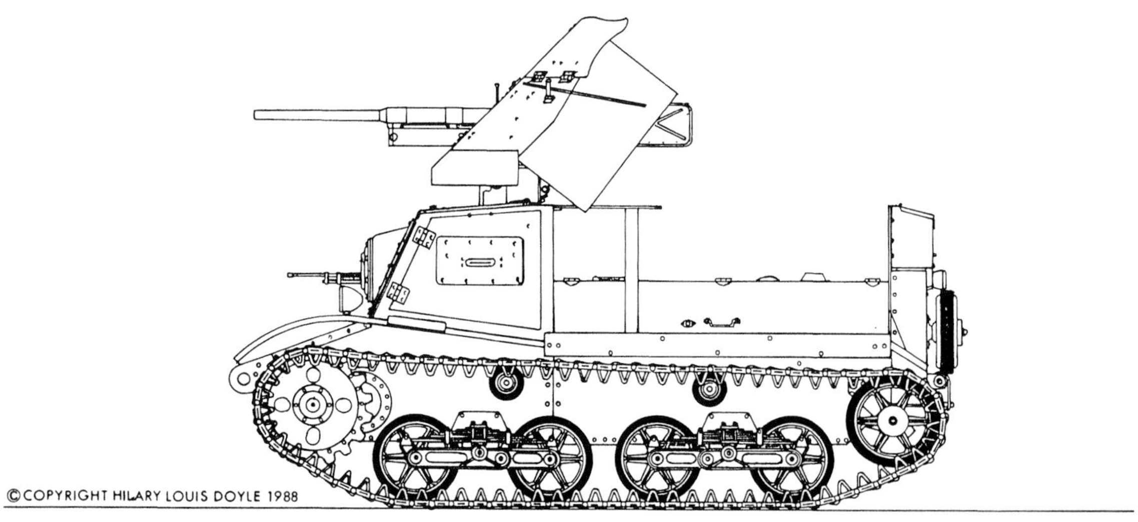

Gepanzerter Artillerieschlepper STZ 3 (r). Kenn-Nummer 630 (r). Mit behelfsmäßig aufgebauter 3,7-cm-Pak 36.

GEPANZERTE RADFAHRZEUGE

Radfahrzeuge waren, wie bereits erwähnt, in Rußland nur bedingt einsetzbar. Dies galt vor allem für gepanzerte Radfahrzeuge, deren zusätzliches Gewicht sich als nachteilig erwies. Trotzdem wurden von der Roten Armee solche Fahrzeuge für Aufklärung und Überwachung eingesetzt.

Der Panzerspähwagen BA (Kenn-Nummer 202 (r)), genannt Bronieford, war auf ein normales, serienmäßiges Ford Fahrgestell russischer Fertigung aufgebaut (Typ BA 20-M). Das Fahrzeug entsprach 1941 nicht mehr den Anforderungen.

Es wurde ab 1943 ersetzt durch die Neuentwicklung BA 64 der Firma GAS. Das dafür verwendete Fahrgestell des GAS 67 B hatte Allradantrieb.

In größeren Stückzahlen fielen der Deutschen Wehrmacht zu Beginn des Rußlandfeldzuges Panzerspähwagen auf handelsüblichem Ford Dreiachs-Fahrgestell in die Hände. Die deutsche Kenn-Nummer lautete BAF 203 (r), die russische Bezeichnung BA 10 bzw. BA 32. Das 5 t schwere Fahrzeug führte mit vier Mann Besatzung im Drehturm eine 4,5-cm-Kanone L/46. Zwei MG ergänzten die Bewaffnung.

Die amphibische Ausführung des BA 10 erhielt die deutsche Bezeichnung Schwimm-Panzerspähwagen F 204 (r). Für die 4-Mann-Besatzung war im Drehturm eine 3,7-cm-Kanone eingebaut. Das Gefechtsgewicht betrug etwa 6 t.

Links: Panzerspähwagen BA 20 M, Kenn-Nummer 202 (r). Das Fahrzeug steht vor dem Regierungsgebäude in Brest-Litowsk (Hauptquartier XIX. A.K.) 1939 nach Beendigung des Polen-Feldzuges.

Unten: Vorder- und Rückansicht eines von deutschen Truppen übernommenen Panzerspähwagen BA 10, Kenn-Nummer 203 (r).

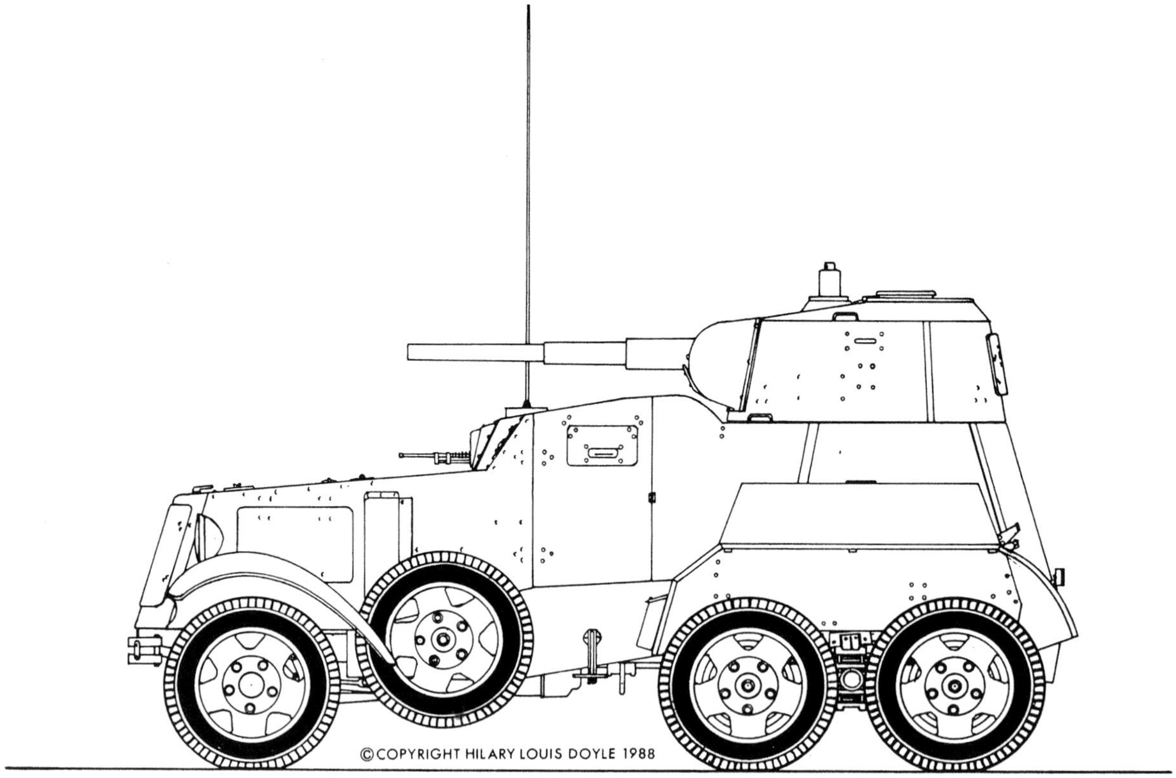

Panzerspähwagen
BA 10 (r).
Kenn-Nummer 203 (r).

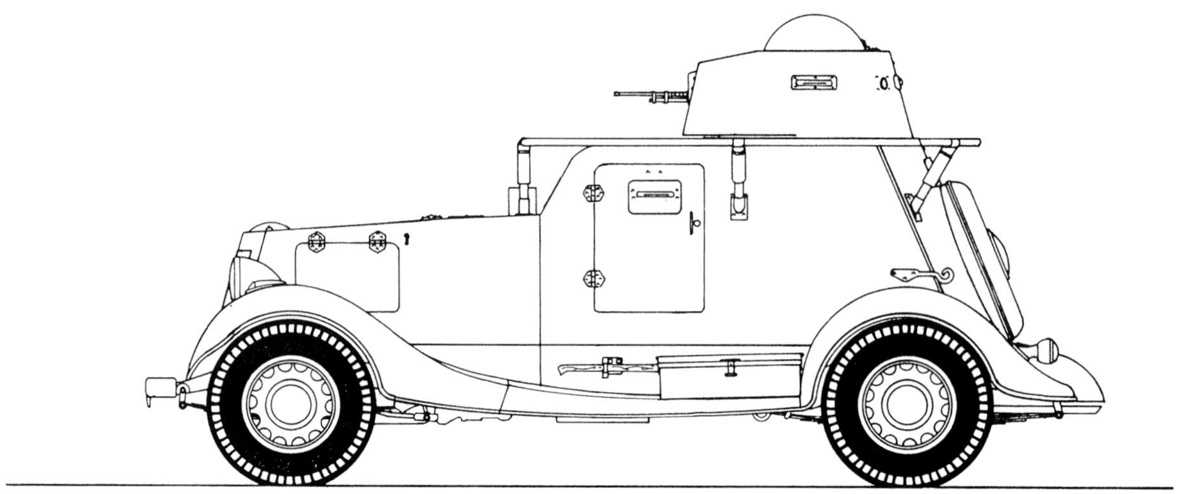

Panzerspähwagen
BA 20 (r).
Kenn-Nummer 202 (r).

Königreich Italien

ALLGEMEINES

Während des Zweiten Weltkrieges kämpften die italienischen Streitkräfte an der Seite Deutschlands in Albanien, Griechenland, Nordafrika und schließlich in Rußland. 1943 kapitulierten die italienischen Truppen zusammen mit den Resten des Deutschen Afrikakorps in Nordafrika. Am 10. Juli 1943 landeten die Alliierten auf Sizilien. Am 24. Juli 1943 erfolgte der Sturz das faschistischen Systems in Italien, die neue Regierung unter Badoglio erklärte dem Deutschen Reich am 13. Oktober 1943 den Krieg.
Der Großteil der italienischen Streitkräfte wurde von der Deutschen Wehrmacht entwaffnet,*) einige Einheiten kämpften auf deutscher Seite weiter. Das italienische Gerät ging in deutsche Hände über, die Fertigungsstätten wurden unter deutsche Aufsicht gestellt. Die Leistungen der italienischen Kraftfahrzeug-Industrie sind unbestreitbar, ihre Produke in der ganzen Welt bekannt. Trotzdem tat sie sich schwer, ihre Streitkräfte mit den richtigen Fahrzeugen zu versorgen. Auf der einen Seite des Einsatzgebietes stand bergiges Gelände bis hin zu den Hochalpen, auf der anderen Seite die Wüstenflächen der umfangreichen Kolonien. Ein zufriedenstellender Kompromiß konnte nie gefunden werden. Dementsprechend waren die Probleme beim Einsatz.
Da die Produkte der italienischen Kraftfahrzeug-Industrie aus berufener Feder in zahlreichen Veröffentlichungen dokumentiert sind, beschäftigt sich dieses Kapitel ausschließlich mit der Fertigung nach dem Umsturz 1943, da ab diesem Zeitpunkt diese Fahrzeuge als Beutefahrzeuge klassifiziert werden konnten. Kenn-Nummern wurden für italienische Fahrzeuge nicht ausgegeben, die Gerätebeschreibungen und Dienstvorschriften jedoch ins Deutsche übersetzt.
Abschließend kann gesagt werden, daß deutsche Einheiten, die den fragwürdigen Vorzug hatten, mit diesem Gerät ausgerüstet zu werden, vor allem mit gepanzerten Fahrzeugen italienischer Fertigung nicht immer die zufriedensten waren.

*) Plan zur Entwaffnung der italienischen Streitkräfte und zur Inbesitznahme der italienischen Flotte ab 8. September 1943. Militärischer Deckname für diese Operation: ACHSE.

Lastkraftwagen 8 t, Alfa-Romeo, Typ 800 R.E.

HERSTELLER UND TYPEN UNGEPANZERTER RADFAHRZEUGE

Alfa Romeo Alfa Romeo SpA., Mailand

Die Firma war im Kriegsprogramm 1944 nicht mehr vertreten, lediglich im Auslaufprogramm kam es bei *Personenkraftwagen* zu folgenden Stückzahlen:
Alfa Romeo, Typ 2500 mit 6,00–18 Bereifung 1944 40, 1945 (Januar) 4 Stück. (Davon waren 3 Stück Limousinen des Typs Turinga.)
Lastkraftwagen: Alfa Romeo produzierte für die Streitkräfte »Einheits«- bzw. »Standard«-Lastkraftwagen der 3,5 t Nutzlastklasse. Von den Typen 500 RE 3,2 t und 430 RE 3,5 t, beide mit Dieselmotoren, wurden vom 1. Januar 1944 bis 31. Januar 1945 insgesamt 176 Stück an deutsche Einheiten geliefert.

Ansaldo-Fossati Genua-Sestri

Die Firma stellte fast ausschließlich gepanzerte Fahrzeuge her.

Bianchi Edoardo Bianchi-Moto Meccanica SpA., Mailand

Personenkraftwagen: Bianci stellte u.a. 1938 100 Kübelsitzkraftwagen, Typ S 4, für die Streitkräfte her. Die Fahrzeuge hatten nur Hinterradantrieb. Leicht geänderte Versionen wurden auch für die Kolonien entwickelt (Typ Coloniale).
Lastkraftwagen: Der mittlere Standard-Lastkraftwagen (Autocarro Unificato Medio) der Firma Bianchi war der Typ Miles, ausgelegt für eine Nutzlast von 3,5 t. Das Fahrzeug hatte einen Dieselmotor. Vom Mai 1944 bis Dezember 1944 wurden 90 Einheiten für die Deutsche Wehrmacht produziert.

Breda Soc. Ernesto Breda, Mailand

Schwere Lastkraftwagen und Radzugmaschinen waren die Erzeugnisse dieser Firma. Breda unternahm auch den Nachbau des Zugkraftwagen 8 t in Lizenz der Krauss-Maffei AG. in München.

Lastkraftwagen: Als einziges Fahrzeug im Auslaufprogramm der Deutschen Wehrmacht findet sich der Breda-Typ 52 mit Dieselmotor und 7 t Nutzlast. Das Sechsradfahrzeug mit zwei angetriebenen Achsen hatte Reifen der Größe 9,75–24. 1944 wurden davon 29 Stück gebaut.
Radzugmaschinen: Schwere Radschlepper mit Vierradantrieb wurden ab 1932 von dieser Firma an die italienischen Streitkräfte geliefert. Im Auslaufprogramm der Deutschen Wehrmacht befand sich noch der Typ Radschlepper 115 PS-40 mit Dieselmotor, von dem 1944 100 Stück hergestellt wurden.
Halbkettenzugmaschinen: Die bewährten deutschen Halbketten-Zugkraftwagen wurden auch in Italien nachgebaut. Der Typ KM m 11, mit italienischer Motorhaubenausbildung, aber sonst kaum verändert, wurde von Breda nachgebaut und 1944 insgesamt 199 Einheiten für die Deutsche Wehrmacht hergestellt. Die Breda-Bezeichnung lautete Typ 61.

Breda Nachbau der deutschen Halbkettenzugmaschine 8 t, Typ KM m 11. Die Breda-Bezeichnung lautete Typ 61. Das Fahrzeug hatte Rechtslenkung.

Ceirano SA Giovanni Ceirano, Turin

Die durch ihre Militärfahrzeuge in Fachkreisen sehr bekannte Firma wurde in den Dreißiger Jahren von FIAT aufgekauft.

Fiat Fiat SpA., Turin (Hauptwerk)

Fiat war und ist mit Abstand der größte Hersteller von Kraftfahrzeugen in Italien. Durch den Ankauf von Spezialfirmen auf dem Militärfahrzeug-Sektor baute Fiat seine führende Stellung aus. Die Fertigung für die deutsche Wehrmacht erfolgte zögernd und im Verhältnis zur Kapazität in nur geringen Stückzahlen.

Dieses Beispiel einer »motorisierten« Einheit hat hoffentlich nicht Schule gemacht. Zugfahrzeug ist ein Fiat 500 (BA).

Personenkraftwagen: Im Auslauf-Programm wurden ab März 1944 102 Typ 500 hergestellt. Von der 1100 Baureihe 1944 1334 Stück, im Januar 1945 23, davon waren jedoch 3 Cabrio-Limousinen vom Typ 500. Der Typ 1500 brachte es 1944 zu einer Gesamtfertigung von 103 Einheiten.
Lieferkraftwagen: Diverse Ausführungen des Typs 1100 ergaben eine Summe von 1640 Fahrzeugen, wozu im Januar 1945 noch 37 Stück kamen. Darunter waren 1945 auch 11 Krankenkraftwagen. Aus der Fertigung 1944 kamen die Typen 1100 L Pritsche und Krankenkraftwagen (Bereifung 5,50–15), 1100 L Kastenwagen (Bereifung

5,00–18) und 1100/508 Mil Pritsche mit Bereifung 6,00–18.

Lastkraftwagen: Im Kriegsprogramm 1944/1945 waren folgende Lastkraftwagen vorhanden: Typ 626/628 mit Vergasermotor und 3 t Nutzlast, Typ 626/628 mit Dieselmotor und 3 t Nutzlast. Von beiden Typen wurden in diesem Zeitraum 3346 Stück gebaut, davon aus der Januar-Fertigung 1945 23 Fahrgestelle.
Im Auslauf-Programm befanden sich die Typen 38 R-2,5 t mit Vergasermotor, von dem 1944 63 Stück gebaut wurden, und 666 NM (Nafta, Militare) mit Dieselmotor und 6,5 t Nutzlast, dessen Gesamtfertigung 1944 79 Einheiten betrug. Davon waren 2 Stück vom Typ 665 NM mit 5 t Nutzlast.

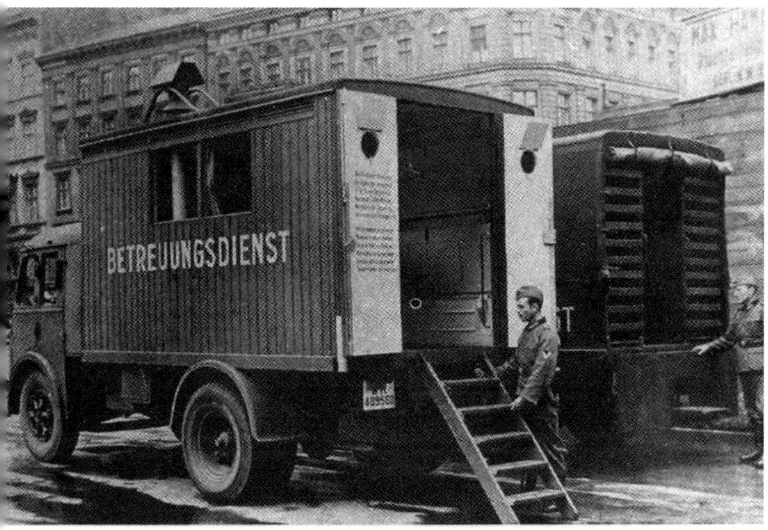

Lastkraftwagen 3 t, Fiat, Typ 626. Diese Fahrzeuge mit Spezialaufbauten wurden vor allem nach Luftangriffen zur Unterstützung der Bevölkerung eingesetzt.

Lastkraftwagen 5 t, Fiat, Typ 665.

Radschlepper: Von dem mit Rohöl betriebenen Schlepper Typ OCI 40 PS wurden 1944 64 Stück geliefert, davon im Juni und Juli je 5 Stück Raupenschlepper 45 PS der Firma Bubba und im Juli 6 Stück OCI 30 PS Radschlepper der Firma Fiat.

Isotta-Fraschini Fabbrica Automobili Isotta-Fraschini, Mailand

Im Auslauf-Programm 1944 verblieb als einziges Produkt dieser Firma der *Lastkraftwagen*, Typ D 65 mit Vergasermotor und 3,5 t Nuztlast, von dem noch 397 Stück gefertigt wurden.

Lancia Lancia & Co., Fabbrica Automobili SpA., Turin

Lastkraftwagen 4,5 t, Lancia, Typ 3 RO. Einer der Standard-Lastkraftwagen der italienischen Armee, der auch viel bei deutschen Einheiten zu finden war.

Personenkraftwagen waren im Auslauf- und Kriegsprogramm der Jahre 1944/1945 nicht mehr vorgesehen.
Lastkraftwagen: Im Kriegsprogramm blieb der bewährte Typ 3 RO mit Dieselmotor und 4,5 t Nutzlast, dessen erste Ausführungen noch mit Vollgummibereifung 1933 an die italienischen Streitkräfte geliefert wurden. 1944 bis Januar 1945 wurden noch 722 Stück dieser 4,5 t-Fahrzeuge an die Deutsche Wehrmacht geliefert.
Im Auslaufprogramm für 1944 befand sich der Typ Excaro 267 mit Vergasermotor und 3 t Nutzlast, von dem bis Januar 1945 1228 Einheiten ausgeliefert wurden.

Lastkraftwagen 3 t, OM, Typ Taurus. Hier im Besitz der Organisation Todt (Kennzeichen OT) auf einer Nachschubstraße in Italien.

OM Officine Meccaniche SpA., Brescia und Mailand

Eine Tochtergesellschaft der Fiat SpA. Sie stellte ausschließlich Nutzfahrzeuge her, darunter auch Spezialfahrzeuge für die italienischen Streitkräfte.

Lastkraftwagen: Im Kriegsprogramm 1944, aufgestellt von deutschen Dienststellen, war nur noch der Lastkraftwagen Taurus 3 t mit Vergaser- oder Dieselmotor vertreten. Insgesamt wurden hiervon von Januar 1944 bis Januar 1945 2305 Stück an deutsche Abnehmer geliefert.

Pavesi Pavesi-Tolotti SA., Mailand

Bereits 1924 hatte Pavesi seinen Prototyp eines artikulierten Vierradschleppers vorgestellt. Die von Fiat kontrollierte Firma SPA übernahm die Weiterentwicklung 1926. Die Pavesi-Konstruktion zog das Interesse vieler Länder auf sich. Es kam zu zahlreichen Lizenzvergaben.

Als Beispiel für die auch bei der Deutschen Wehrmacht eingesetzten Pavesi-Schlepper ist hier der Radschlepper Pavesi (i) vom Typ P 4-100 aufgeführt, dessen Betriebsanleitung auch ins Deutsche übersetzt wurde (D 618/29 vom 14. September 1944). Der Schlepper wurde von 1936 bis 1942 in drei Serien gebaut: Serie PC 26 mit Vergaser P 4 und hydraulischem Drehzahlregler, Serie PC 30 mit Zenith-Vergaser und hydraulischem Drehzahlregler und Serie PC 30 A mit Zenith-Vergaser und zentrifugalem Drehzahlregler. Eingebaut war der Fiat P4/1 Vierzylinder-Vergasermotor mit 4724 cm³ Hubraum und 55 PS Leistung. Die Höchstgeschwindigkeit betrug 22 km/h, der Wendekreis ∅ 9,5 m. Die Bereifung der Größe 150×1160 war für alle vier angetriebenen Räder gleich. Der Radstand betrug 2425 mm (Volkswagen Käfer 2400 mm). Die Bodenfreiheit war mit 480 mm überdurchschnittlich.

Bei bis zu 6,5 t Gesamtgewicht betrug die Nutzlast bis zu 2 t. 110 l Kraftstoff wurden in drei Behältern mitgeführt, sie ergaben einen Fahrbereich bis zu 100 km, der Kraftstoffverbrauch war beträchtlich.

Radschlepper Pavesi (i), Typ P 4-100.

SPA Soc. Ligure Piemontese Automobili, Turin

Von Fiat zuerst kontrolliert und später übernommen, wurde SPA zum Hersteller von militärischen Spezialfahr-

SPA Dovunque 35 mit zwei angetriebenen Hinterachsen. Das Fahrzeug wurde noch für die Deutsche Wehrmacht gebaut.

SPA, Typ CLF 39, Nutzlast 1 t. Er wurde noch 1944 produziert.

SPA Dovunque 41 ausgelegt für 5 t Nutzlast. Das Fahrzeug wurde noch 1944 für die Deutsche Wehrmacht gebaut.

SPA Radschlepper TL 37 (i) als Selbstfahrlafette für die 2-cm-Flak 38. Es handelt sich um die Ausführung 1942 im Dienst mit deutschen Einheiten.

SPA Radschlepper 110 PS (i), der auch nach Kriegsende noch weitergebaut wurde.

zeugen im Firmenverbund Fiat-SPA-Ceirano. Es wurden vor allem geländegängige Sechsradfahrzeuge mit zwei angetriebenen Hinterachsen sowie vierradgetriebene Radschlepper gefertigt, die teilweise unter deutscher Aufsicht noch bis Kriegsende geliefert wurden.

Lastkraftwagen: Im Auslaufprogramm für 1944 findet sich der Typ Dovunque (= geländegängig) 35 in 6×4 Konfiguration. Er wurde ab 1936 geliefert und war mit einem Vierzylinder-Vergasermotor mit 60 PS Leistung ausgestattet. Die Nutzlast betrug 2 bis 3 t. Das Fahrzeug war mit Reifen (hinten doppelt) der Größe 7,25–20, wahlweise 210–20 bereift. Vom Januar 1944 bis Ende Januar 1945 wurden für die Deutsche Wehrmacht noch 307 dieser Fahrzeuge gefertigt.

Vom kleinen Typ CLF 39 mit 1 t Nutzlast wurden 1944 198 Stück produziert. Die für die Deutsche Wehrmacht bestimmten Fahrzeuge hatten Einfachbereifung der Größe 7,00–18 an allen vier angetriebenen Rädern. Der Vierzylinder-Vergasermotor leistete 25 PS.

Als schwerer Lastkraftwagen stand noch bis Januar 1945 der Typ Dovunque 41 mit Sechszylinder-Dieselmotor und 115 PS Leistung im Bauprogramm. Das Fahrzeug war sechsfach mit Einzelrädern der Größe 11,25–24 bereift, hatte 5 t Nutzlast auch im Gelände und eine Seilwinde mit 6 t Zugkraft. Ab Januar 1944 waren noch 121 Stück für die Wehrmacht gefertigt worden, das Fahrzeug wurde bis 1948 weitergebaut.

Radschlepper: Im Schlepper-Auslauf-Programm ist der Typ AS 37 aufgeführt, der mit Vierradantrieb als Trattore Leggero mit einer Motorleistung von 52 PS in deutschen Aufstellungen erscheint. Bauumfang 1944 44 Stück, davon im Februar und März je ein Ursus 45 PS Radschlepper der Firma Italtraktor.

Weiter im Programm war der Radschlepper 52 PS TL 37 mit SPA 18 TL Vierzylinder-Vergasermotor, 52 PS Leistung bei 4053 cm^3 Hubraum. Radstand 2500 mm, Nutzlast 800 kg. Gebaut für die deutsche Wehrmacht wurden 1944 375 und im Januar 1945 7 Stück.

Den Abschluß der von SPA für die deutschen Streitkräfte gebauten Fahrzeuge bildete der Typ TM 40, ein Radschlepper mit 110 PS Dieselmotor und Vierradantrieb. Das Fahrzeug führte die deutsche Bezeichnung mittlerer Radschlepper 110 PS SPA (i).

Insgesamt wurden 1944 153 dieser Schlepper für die deutschen Truppen gebaut.

GEPANZERTE RADFAHRZEUGE

Das Interesse an gepanzerten Fahrzeugen begann in Italien im Jahre 1912, als der erste vom Artilleriearsenal in Turin auf einem Fiat-Fahrgestell aufgebaute Panzerwagen vorgestellt wurde. Im Ersten Weltkrieg blieb das Interesse gleich groß und führte zum Bau und Einsatz einer ganzen Reihe von gepanzerten Radfahrzeugen, zum Teil mit großem Erfolg. Die Geschichte der italienischen Radpanzer ist längst geschrieben.

Panzerspähwagen Fiat/SPA AB 40 (i)

Erst im Juni 1939 kam es zur Vorstellung eines zeitgemäßen Panzerspähwagens für das italienische Heer. (Typenbezeichnung ABm1). Auflagen, wie Vierradantrieb und-Lenkung, Vor- und Rückwärtsfahrer, Turm mit 360° Drehbereich, wurden erstmals verwirklicht. Das Triebwerk, ein Sechszylinder-Vergasermotor mit 5 l Inhalt brachte eine Leistung von 80 PS und war im Heck untergebracht.
Das Fahrzeug wog 6910 kg, hatte vier Mann Besatzung und führte im Drehturm eine Bewaffnung von zwei Breda-Maschinengewehren. Ein drittes 8-mm-MG war neben dem Rückwärtsfahrer angeordnet. Die deutsche Wehrmacht übernahm aus dem ursprünglichen Bestand von 450 Stück am 1. Oktober 1943 37 dieser Fahrzeuge, weitere 20 waren im Bau. Der Kampfwert war dem des französischen Panhard 178 gleichgestellt. Am 27. Februar 1945 wurden aus der Instandsetzung 11 AB 40 (AB = Autoblinda) ausgeliefert, darunter ein Befehlswagen.

Panzerspähwagen Fiat/SPA AB 41 (i)

Die verbesserte Ausführung des AB 40 führte nun die Breda 2-cm-Kanone, Modell 35, neben einem MG im Drehturm. Die Motorleistung des 7,7 t schweren Fahrzeuges wurde auf 88 PS angehoben, die Basispanzerung der Wanne von 6/9 mm beibehalten. Die Turmpanzerung ging bis zu 18 mm. Im Februar 1945 wurden aus der Instandsetzung 20 AB 41 abgegeben.

Panzerspähwagen Fiat/SPA, Typ AB 41 (i) mit deutscher Besatzung.

Laut Schreiben vom 27. Februar 1945 OKH-Heereswaffenamt, Dienststelle Italien, wurden folgende Fertigungszahlen bekannt:

	1943	1944
AB 41 (2-cm-Kanone, 2 MG)	–	23
AB 42 (4,7-cm-K, 2 MG)	–	60

Panzerspähwagen Fiat/SPA AB 43 (i)

Einen neuen Drehturm für den AB 41 gab es für die Ausführung AB 43. Der geräumigere und niedrigere Turm war mit der 4,7-cm-Kanone L/32 und einem MG bewaffnet. Am 1. Oktober 1943 stand ein Musterfahrzeug zur Verfügung. Eine Serie von 310 Stück war in Auftrag gegeben. Nach deutscher Auffassung machte der AB 43, abgesehen von seiner geringen Panzerung, einen brauchbaren Eindruck.
AB 40, 41 und 43 wurden auch mit Eisenbahnrädern für den Schienenbetrieb geliefert. Sandstreukästen an allen

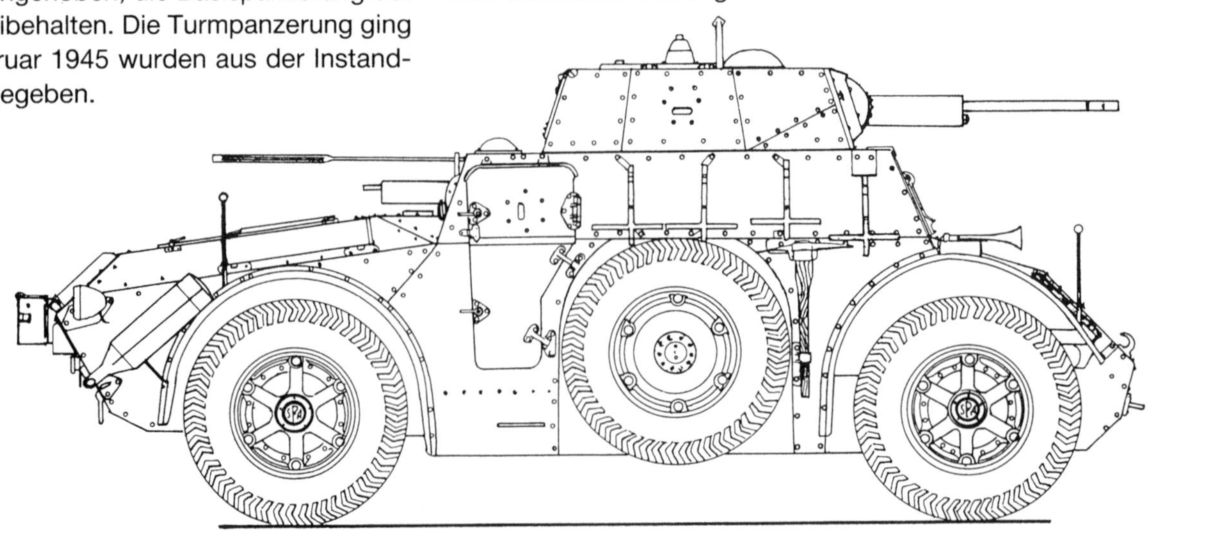

Panzerspähwagen Fiat/SPA AB 41/43 (i).

Panzerspähwagen Fiat/SPA, Typ AB 43 (i) mit 4,7-cm-Kanone im Drehturm.

vier Rädern vervollständigten die Ausrüstung.
Ein Versuch mit einem AB 41 zeigt die Unterbringung der 4,7-cm-Kanone L/32, Modell 35 mit Schutzschild, der nach oben und hinten offen war. Das Projekt wurde nicht weiterverfolgt.
Letztlich gab es noch eine Ausführung als Munitionstransporter auf der Basis AB 40. Ausgemusterte Fahrzeuge erhielten einen oben offenen, gepanzerten Kastenaufbau, sie wurden mit Erfolg als Versorgungsfahrzeuge eingesetzt.

Gepanzertes Verbindungsfahrzeug LINCE

Dieses vierradgetriebene Fahrzeug eignete sich vor allem für Ordonnanz-Offiziere in Partisanengebieten. 300 Stück waren am 1. Oktober 1943 in Auftrag gegeben. Laut Mitteilung des Heereswaffenamtes, Dienststelle Italien, vom 27. Februar 1945, betrug die Fertigung dieser Fahrzeuge 1944 104 Stück. Sie waren mit einem 8-mm-MG ausgerüstet.
Ein fast sklavischer Nachbau des britischen Daimler Scout Cars mit einem Lancia Achtzylinder Astura Motor. (Hubraum 2617 cm^3, 60 PS.) Das Fahrzeug hatte Einzelradaufhängung. Mit zwei Mann Besatzung brachte das Fahrzeug ein Gefechtsgewicht von 3140 kg auf die Waage.

Gepanzertes Verbindungsfahrzeug LINCE (i). Ein Nachbau des britischen »Scout Car«.

Vereinigte Staaten von Nordamerika

ALLGEMEINES

Mit Abstand die größte Leistung auf dem Gebiet der Heeresmotorisierung im Zweiten Weltkrieg boten die Vereinigten Staaten.
Wenn auch amerikanische Fahrzeuge kaum in nennenswerten Stückzahlen in deutsche Hände fielen, so war es doch ihre Funktionalität, ihre Zuverlässigkeit und ihr Erscheinungsbild, welche auf Jahrzehnte hinaus in den Augen der Öffentlichkeit das Bild **des** Militärfahrzeuges prägte.
In den USA ergaben sich durch die Unantastbarkeit ihres Landes auf Grund ihrer geographischen Lage, ihrem Rohstoffreichtum, der Leistungsfähigkeit ihrer Industrie sowie durch ein gigantisches Menschenreservoir die Voraussetzungen für eine einmalige Entwicklung.
Im Zeitraum von 1939 bis 1945 wurden in den USA insgesamt 3 200 436 Militärfahrzeuge (ohne Panzerfahrzeuge) und über 82 000 handelsübliche Schlepper hergestellt. Obwohl die Fertigung von Militärfahrzeugen 1939 praktisch nicht existent war, wurde sie innerhalb ganz kurzer Zeit hochgeschraubt mit dem höchsten Monatsausstoß im Juni 1942, als 62 258 Militär-Lastkraftwagen aller Klassen an die US-Armee geliefert wurden, 16 000 mehr als die Gesamtproduktion der Jahre 1939 und 1940 betrug. Kein anderes Land, vor allem nicht die totalitären Staaten, war in der Lage, gezielt eine derart grundsätzliche Standardisierung durchzuführen.

PERSONENKRAFTWAGEN

Handelsübliche Typen aller Hersteller dienten als Verbindungs- und Stabsfahrzeuge bei der nichtkämpfenden Truppe. Die kämpfende Truppe wurde fast ausschließlich mit dem »Jeep« ausgerüstet, das wohl markanteste Fahrzeug des Zweiten Weltkrieges. Die beiden Hersteller – Willys und Ford – lieferten davon 639 245 Einheiten. (Zum Vergleich, vom Volkswagen-Kübel wurden zur gleichen Zeit ca. 52 000 Einheiten gefertigt).

LASTKRAFTWAGEN

Die Standardisierung der Spezial-Militärlastkraftwagen wurde beispielhaft betrieben. Auch der Jeep wurde als Lkw 0,25 t 4×4 ausgewiesen. Es folgte der Lkw 0,75 t, der 1942 den Lkw 0,5 t 4×4 ablöste. In der Nutzlast-Reihenfolge kamen die Typen Lkw 1,5 t 4×4 und 6×6.
Am bekanntesten aber unter den Lastkraftwagen des Kriegs-Programmes der US-Amree wurden die Fahrzeuge der 2,5 t Klasse in 4×4, 6×4 und *6×6* Konfiguration. Davon wurden nicht weniger als 812 262 Einheiten

Stellvertretend für die Masse der in Europa für militärische Zwecke verwendeten amerikanischen Zivilfahrzeuge steht dieser 1937 Chevrolet »Master GB«-Baureihe. In Holland und Belgien erbeutet, leisteten sie bis Kriegsende der Deutschen Wehrmacht gute Dienste. Hier als Arztwagen bei der »Schnellen Brigade West«, die 12 dieser Fahrzeuge hatte.

Ähnlich verlief das Schicksal handelsüblicher Lastkraftwagen amerikanischen Ursprungs. Hier ein Fargo (USA) Lastkraftwagen 3 t, FJ-Baureihe Baujahr 1939. Das Fahrerhaus ist nicht original.

Gepanzerter Mannschaftstransportwagen M3 (a). Kenn-Nummer 401 (a).

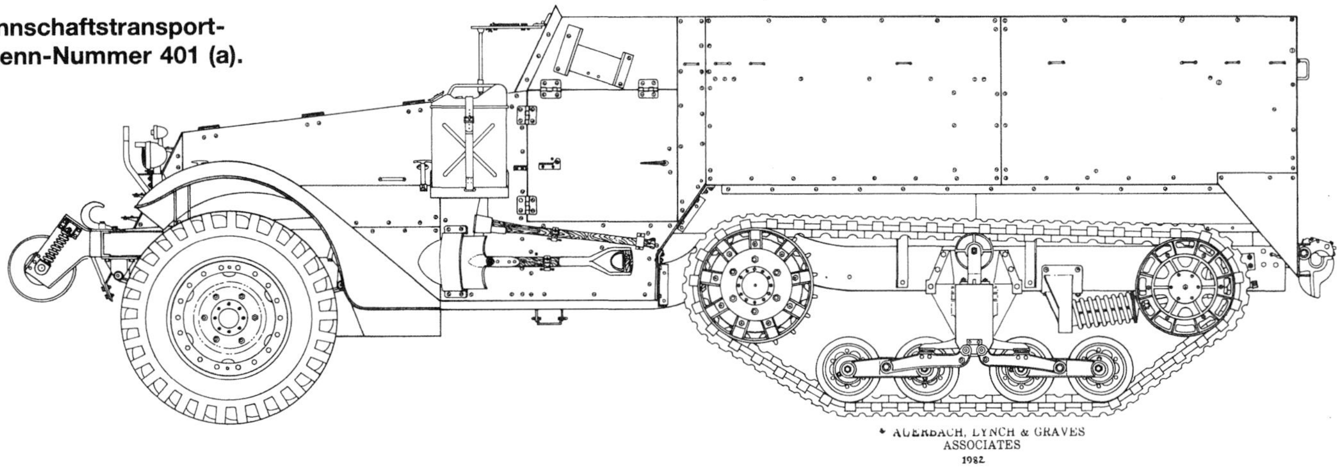

gebaut. Sie stehen heute noch bei einigen Armeen im Einsatz.

Der Rest des Typenprogrammes:

- 4 t (4×4 und 6×6)
- 4–5 t (4×4)
- 5 t (4×2), halbmilitärisch
- 5–6 t (4×4)
- 6 t (6×6)
- 7,5 t (6×6)
- 10 t (6×4)
- 12 t (6×4 und 6×6)

Die meisten der in deutsche Hände gefallenen US-Kraftfahrzeuge stammten aus Nordafrika.

HALBKETTENFAHRZEUGE

Die Vielzahl der Abarten des amerikanischen Halbketten-Mannschafts-Transport-Wagens mit gepanzertem, oben offenen Aufbau vom Typ M3 ist überwältigend. Eine Anzahl von Firmen bauten nach gleichen Zeichnungssätzen zwischen 1941 bis 1944 41170 dieser Fahrzeuge. Im Vergleich zu den deutschen Halbkettenfahrzeugen war die Auslegung des Kettenlaufwerks einfach,die Gummigleisketten anfällig. Die Vorderachse war grundsätzlich angetrieben.*) Die Fahrzeuge wiesen eine überdurchschnittliche Lebensdauer auf und sind heute noch (u.a. Israel) voll im Einsatz.

Die deutschen Kenn-Nummern für fremdes Gerät waren zu dieser Zeit bereits sehr ungenau und hauptsächlich auf ausländische Veröffentlichungen angewiesen. Der Typ M 3 ist als Panzerspähwagen T 7–401 (a) ausgewiesen. Das Kennblatt trägt wie so viele andere den Vermerk: »Die Angaben sind Veröffentlichungen entnommen. Achtung! Sofortige Sicherstellung und Meldung bei Auffindung.«

So gelangten noch einige US Kampffahrzeuge vor dem Ende der Auseinandersetzungen in Nordafrika unter großen Mühen nach Deutschland.

GEPANZERTE HALBKETTENFAHRZEUGE

Ein typisches Aufklärungsfahrzeug der US-Armee war der von der Firma White gelieferte Scout Car M3A1. Mehr als

*) Die deutschen Halbkettenfahrzeuge hatten grundsätzlich keinen Vorderradantrieb

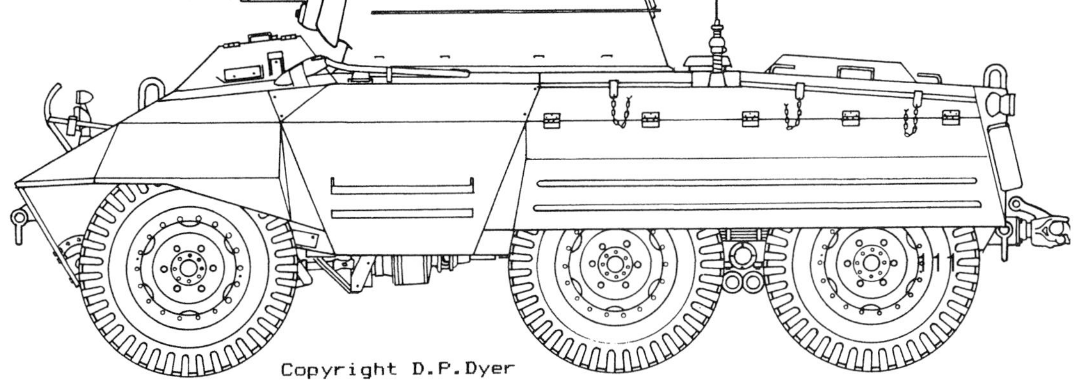

Panzerspähwagen Ford M 8 (a).

20 000 dieser vierradgetriebenen Fahrzeuge wurden gebaut und auch an die Alliierten abgegeben. Die deutsche Kenn-Nummer lautete: Panzerspähwagen M3A1 – 209 (a).
Der am meisten verwendete amerikanische Panzerspähwagen erscheint in der deutschen Dienstvorschrift nicht mehr. Obwohl noch ältere Fahrzeuge aufgeführt sind, die nie in Europa auftauchten, wurde der von Ford gebaute leichte Radpanzer in 6×6 Konfiguration vom Typ M 8 (T 22 E2) überhaupt nicht erwähnt. Insgesamt wurden von diesem Typ 12 654 Stück gebaut. Im Heck war ein Hercules 6-Zylinder-Vergasermotor JXD mit 110 PS Leistung installiert. Das 7482 kg schwere Fahrzeug hatte eine Besatzung von 4 Mann und im Drehturm eine 3,7-cm-Kanone M 6 untergebracht. Seine Höchstgeschwindigkeit lag bei 90 km/h, die Reichweite betrug 644 km.

Der lange Weg von Nordafrika nach Kummersdorf beginnt. Ein Panzerkampfwagen M 3, Kenn-Nummer 747 (a) wurde auf einen Tiefladeanhänger 22 t (Sd. Anh. 116) verladen und nach Deutschland verschifft.

Tschechoslowakei

Einleitung

Neuzeitliche und fortschrittliche Konstruktionsmethoden, die oft richtungweisend wurden, haben im Kraftfahrzeugbau der Tschechoslowakei eine beachtliche Pflegestätte gefunden. Allerdings stand die Vielzahl der Typen in keinem Verhältnis zu den Absatzmöglichkeiten. Es ist unsere Absicht, das vielfältige Konstruktions- und Fertigungsprogramm der bedeutendsten fünf tschechischen Firmen Aero, CKD/BMM (Praga), Škoda, Tatra und ČZ sowie deren Bedeutung für die tschechoslowakischen und deutschen Streitkräfte eingehend darzustellen. Nahm auch der tschechische Automobilbau ziffernmäßig am internationalen Markt keine sehr bedeutende Stellung ein, so tat er das umsomehr in technischer Hinsicht, denn die Tschechen waren vor allen Dingen überaus fortschrittlich eingestellte Ingenieure.

Personenkraftwagen

PERSONENKRAFTWAGEN 4 x 2*

Personenkraftwagen 4 x 2 der Firma Aero

Die Aero-Flugzeugwerke Prag (Aero Tovarna Letadel, Praha-Vysocany) eröffneten den Kraftfahrzeugbau im Jahre 1929 und fertigten Kleinwagen mit von Aero hergestellten flüssigkeitsgekühlten Dreikanal-Nasenkolben-Zweitaktmotoren. Ursprünglich wurde der 494 cm³-Einzylinder-Motor mit 8 PS Leistung eingebaut, ab 1931 der 662 cm³-Zweizylinder-Motor mit 16 PS. Neben Zweitaktmotor war Vorderradantrieb das wesentliche Merkmal der Aero-Sportwagen. Die Fahrzeuge hatten einen sehr leichten, widerstandsfähigen Tiefbettkastenrahmen, parallel geführte Vorderräder mit einer Querfeder. Für die Hinterräder kamen zwei schwingende Halbachsen und zwei hintereinander gelagerte Querfedern zur Anwendung. Auf Weiterentwicklung der Zweitakt-Motoren wurde großer Wert gelegt, so daß Aero 1935 mit einem 0,9 l-Zweizylindermotor bereits 30 PS bei 3200 1/min erreichen konnte. Der Aero 30 blieb bis 1939 in Produktion und wurde von den tschechoslowakischen Streitkräften vorwiegend als Zweisitzer-Führungsfahrzeug eingesetzt.

Eine größere Version, als Typ Aero 50 bekannt, wurde in der Zeit von 1936 bis 1939 produziert. Das Fahrzeug erhielt einen 2 l-Vierzylinder-Zweitaktmotor, der bei 3200 1/min mit einem Vergaser (in der Limousine) 45 PS und bei zwei Vergasern (beim Roadster) 50 PS leistete. Konstruktiv ähnelte das Fahrzeug seinem Vorgänger (Aero 30), es hatte einen Tiefbettkastenrahmen mit angeschweißtem Boden, Vorderradantrieb, achslose Aufhängung der Hinterräder in Querfedern und vorne eine Querfeder sowie Schwingarme. Das Wechselgetriebe hatte drei Gänge, davon zwei geräuscharm. Die Vorder-

* 4x2 = 4 Räder, 2 angetrieben

Ein Aero 30 als Führungsfahrzeug für motorisierte Infanterie. Im Hintergrund Praga-Lastkraftwagen des Typs RV.

Personenkraftwagen Aero 30.

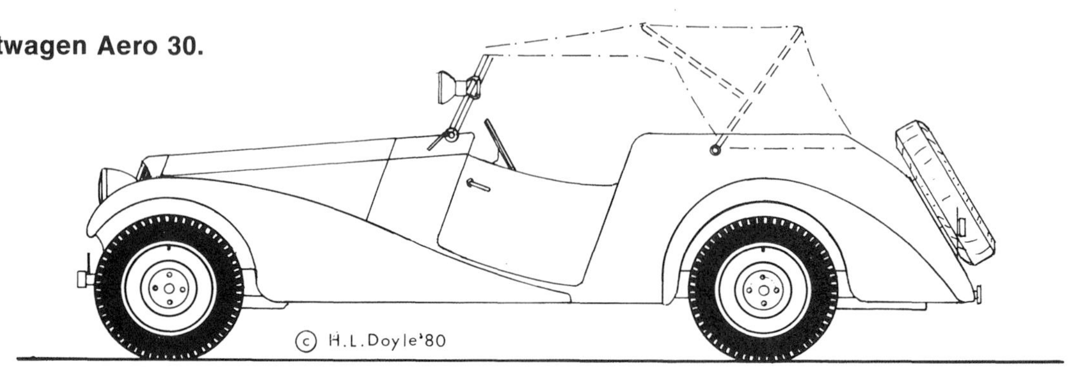

Ein Aero 30 bei der Übernahme durch die Deutsche Wehrmacht 1939.

räder wurden einzeln über eine Zahnstange gelenkt. 1937 erhielt die Zivilausführung eine verbreiterte Karosserie mit Platz für drei Personen auf dem Rücksitz. Außerdem wurde der Wagen nunmehr mit hydraulischen Bremsen ausgestattet. Er wurde mit offenem Aufbau bei den Streitkräften eingesetzt.

Personenkraftwagen 4 x 2 der Firma Jawa

Die Waffenfabrik des Dr.-Ing. Frantisek Janecek baute in Prag seit 1934 den deutschen DKW-Personenkraftwagen in Lizenz. Hier waren, wie bereits bei Aero, Zweitaktmotor und Vorderradantrieb Grundlage der Konstruktion. Der Jawa Minor I wurde von 1935 bis 1938 an die tschechoslowakischen Streitkräfte geliefert. Der flüssigkeitsgekühlte Zweizylinder-Zweitaktmotor mit 616 cm^3 Hubraum hatte bei 3500 1/min eine Leistung von 19 PS. Es wurden Reifen der Größe 4,75–16 verwendet. 1937 erschien die Firma Jawa mit der Neukonstruktion Minor II auf dem Markt, er hatte – nach wie vor frontangetrieben – Vollschwingachsen.

Personenkraftwagen 4 x 2 der Firma PragerAutomobilfabrik (Praga)

Im Jahre 1871 erfolgte die Gründung der »Ersten Tschecho-Mährischen Maschinenfabrik in Prag-Libeň. Im Laufe der Jahre wurden zusätzliche Fertigungszweige aufgenommen: 1886 Brückenbaukonstruktionen, 1899 Dampflokomotiven, 1907 Automobilherstellung (Praga). Praga hieß ursprünglich »Prager Automobilfabrik« und wurde in Zusammenarbeit mit der Waggonfabrik Ringhoffer gegründet. Ringhoffer gab die Aktien 1908 ab und Praga wurde Bestandteil der »Ersten Tschecho-Mährischen Maschinenfabrik im Jahre 1909. Am Anfang wurden Renault-Personenkraftwagen-Entwicklungen übernommen, diesen folgten Fahrzeuge mit 2- und 4-Zylindermotoren nach Vorbild Charron.
Der erste Personenkraftwagen als Serienfahrzeug wurde von Praga im Jahre 1911 ausgeliefert und basierte auf einer Charron-Lizenz. Der dafür verwendete Zweizylinder-Viertakt-Motor hatte eine Leistung von 10 PS. 1913 erfolgte die Umstellung auf Vierzylinder-Motoren, Reihenmotoren mit 60 mm Bohrung und 100 mm Hub (Hubraum 1,13 l). Die Kleinwagen hatten Scheibenkupplung, Dreigang-Wechselgetriebe, Holzspeichenräder und vier Sitze. Ab 1922 wurde der Typ Piccolo gefertigt, der ab 1928 mit einem 1,2 l Vierzylinder 28 PS-Viertakt-Motor ausgerüstet wurde und Aluminiumköpfe aufwies. Im Jahr 1929 kam der Typ Baby mit 1 l Hubraum hinzu. 1935 hatte die ab 1. Januar 1927 in Českomoravska-Kolben-Daněk umbenannte Fabrik vier Praga-PKW-Typen im Fertigungsprogramm. Dabei fanden verschiedene Konstruktionsausführungen Anwendung.
Der kleine Typ Baby mit einem Liter Hubraum war als Vollschwingachser mit einem Zentralkastenträgerrah-

Praga Piccolo als Kübelsitzwagen der tschechoslowakischen Streitkräfte. Dahinter ein Škoda-Radpanzer vom Typ PA-III (OA Vz 27).

Noch aus dem Ersten Weltkrieg stammte dieser Praga-Grand, der ursprünglich als Batterie-Kommandantenwagen der motorisierten schweren Artillerie eingesetzt war.

men ausgelegt, der vorne und hinten zur Aufnahme des Motorblocks bzw. des Ausgleichgetriebes gegabelt war. Die Hinterräder wiesen zwei schwingende Halbachsen und eine ziemlich hochliegende Querfeder auf, während die Vorderräder über eine untenliegende Querfeder und parallel geführte Lenker verfügten. Der 1,5 l-Typ Lady hatte einzeln aufgehängte Vorderräder unter Verwendung von zwei übereinanderliegenden Schwingarmen und einer Querfeder.
Beim 1,6 l-Vierzylinder Super-Piccolo war ebenso wie beim 4 l-Golden-Praga die Querfeder durch zwei senkrechte Schraubenfedern ersetzt. Die drei letztgenannten Typen besaßen mit Kreuztraverse ausgesteifte Kastenrahmen. 1936 erhielt der Typ Lady den 1,67 l-Motor des Fahrzeuges Super-Piccolo. 1936 wurde die Spurweite des Typs Lady von 1070 auf 1170 mm vergrößert und das gesamte Fahrzeug verbreitert.

Der bereits früher im Praga-Bauprogramm vorhandene Typ Alfa mit Sechszylinder-Motor war 1937 in einer neu durchgearbeiteten Konstruktion wiederentstanden. Mit stehenden Ventilen, 75 mm Bohrung und 94 mm Hub leistete dieser Motor 55 PS. Der Rahmen bestand aus einem vorne und hinten gegabelten Zentralkastenträgerrahmen. Die Hinterachse war als Starrachse ausgelegt, die Vorderräder wurden durch eine untenliegende Querfeder und obenliegende Dreieckarme aufgehängt. Die tschechoslowakischen Streitkräfte verwendeten neben dem aus dem Ersten Weltkrieg stammenden Personenkraftwagen-Praga Grand, der als Kommandeurwagen Verwendung fand, die Typen Piccolo und Praga-Alfa als Transportmittel für Stabsoffiziere. Die meisten dieser Fahrzeuge waren als Kabrioletts ausgelegt und wurden teilweise auch von der Gendarmerie verwendet.

Die Bilder zeigen den Typ Praga-Alfa mit verschiedenen Aufbauten zur Beförderung von Stabsoffizieren.

Personenkraftwagen 4 x 2
der Firma Skoda Pilsen

Der Automobilbau der Škoda-Werke – 1899 wurden sie in die AG vormals Škoda-Werke in Pilsen umgewandelt – begann mit bescheidenen Anfängen durch die von der Firma Laurin & Klement im Jahre 1906 eingeleitete Produktion von Kraftfahrzeugen in Jungbunzlau. Dort entstanden ab 1908 Omnibusse, ab 1909 Flugmotoren und ab 1911 Traktoren. Bereits 1907 war die Firma Laurin & Klement eine Aktiengesellschaft geworden und exportierte bereits vor dem Ersten Weltkrieg 35 % ihrer Personenkraftwagen-Produktion nach Rußland, u. a. 200 Autodroschken nach St. Petersburg. Die Firma Laurin & Klement betrieb die erste Kraftomnibuslinie Böhmens von Pardubitz nach Holitz, sowie weitere in Polen und Rußland. Im Jahr 1913 übernahm die Firma Laurin & Klement die 1907 gegründete Reichenberger Automobilfabrik GmbH, die sich auf schwere Personenkraftwagen spezialisiert hatte (24/30 und 30/35 PS). Im Jahre 1912 hatte die Reichenberger Automobilfabrik (RAF) den Lizenzbau des Daimler-Knight-Schiebermotors übernommen, der als Sechszylinder mit einer Leistung von 70 PS in Serie gebaut wurde.
1925 ging die Firma Laurin & Klement in den Škoda-Werken auf und bildete dort die Grundlage für den Automobilbau. Die Škoda-Werke in Pilsen entstanden im Jahre 1859 aus einer verhältnismäßig kleinen Maschinenfabrik des Ernst Graf Waldstein, die Emil Ritter von Škoda im Jahre 1866 erwarb. Die rasche Industrialisierung Europas ließ zu dieser Zeit im Herzen der Donaumonarchie das größte Industriezentrum der österreichisch-ungarischen Rüstungsindustrie entstehen, dessen guter Ruf bis heute andauert. Škoda baute eine Gußstahl-Hütte, pflegte den Brücken- und Anlagenbau, betrieb Kesselbau, Brauereien u. a. Anwendungsgebiete. Militärisch festigte die Firma Škoda* ihren Ruf als Hersteller hervorragender Waffen und von Panzerstahl. Von Škoda konzipierte Zugmaschinen für schwere und schwerste Artillerie wurden größtenteils von anderen Firmen in Lizenz gebaut. Der bereits ab 1923 aufgenommene Bau von Kraftfahrzeugen wurde nach der Übernahme der Firma Laurin & Klement im Jahre 1925 mit Nachdruck betrieben.
Als erster Serien-Personenkraftwagen kam 1933 der Typ Popular zur Auslieferung, der mit einem 995 cm³ Hubraum 20 PS-Viertakt-Vierzylindermotor versehen war. Von 1935 bis 1938 wurden davon 350 Stück in zwei- und viersitziger Ausführung an die tschechoslowakische Truppe geliefert. Das Personenwagen-Programm von Škoda umfaßte 1935 drei Typen mit Viertakt-Vierzylindermotor: Popular mit 1 l-Hubraum, Rapid mit 1,38 l-Hubraum und Superb mit Sechszylinder und 2,5 l-Hubraum. Alle drei Typen besaßen ein drehsteifes Zentralrohrfahrgestell, welches vorne zur Aufnahme des Motors, der in Gummi gelagert war, eine Gabelung aus Preßstahl aufwies. Alle drei Typen waren nach gleichen Gesichtspunkten als Vollschwingachser ausge-

Personenkraftwagen Škoda Popular.

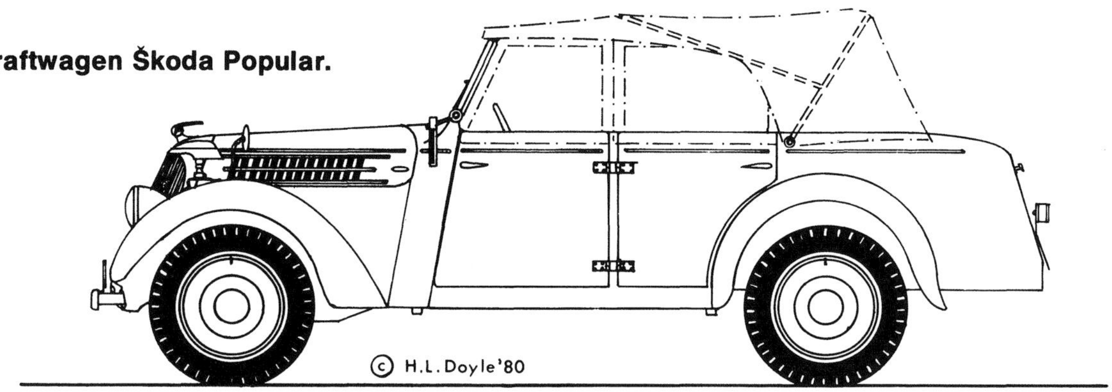

* Nach 1918 lehnte sich Škoda kapitalmäßig bis 1939 an den französischen Rüstungskonzern Schneider & Co an. Zu Škoda gehörten eigene Kohlen- und Erzgruben, Kalksteinbrüche, ein Stahlwerk in Hradec und neben den zwei Hauptwerken im Pilsner Revier noch Fabriken in Königgrätz, Prag, Brünn, Jungbunzlau, Doudlevce, Dubnica (Slowakei) und eine Werft in Komorn. Alle Werke wurden im Mai 1946 verstaatlicht.

Oben: Škoda Popular Personenkraftwagen bei einer Übung der tschechoslowakischen Panzertruppe.

Darunter: Ab 1939 wurde der Škoda Popular 1000 als leichter Personenkraftwagen für die Deutsche Wehrmacht gebaut. Er wurde auch an befreundete Streitkräfte geliefert.

Bilder rechte Seite:

Oben: Der Škoda Superb 3000 lief als Kübelsitzer in der Klasse der mittleren Personenkraftwagen. Das Bild zeigt ein Fahrzeug der Waffen-SS (Typ 952).

Der Škoda Superb 3000 wurde auch mit Kabriolett-Aufbauten geliefert (Mitte rechts).

Unten: Škoda Superb 3000 in Zivilausführung.

Skoda
SS-0934

bildet. Die Vorderräder waren mittels einer Querfeder und einem Paar von Dreiecksarmen, die gleichzeitig die Stoßdämpfer bildeten, aufgehängt. Beim Sechszylinder-Typ waren die Schwingarme in doppelter, übereinanderliegender Ausführung vorhanden. Diese Konstruktion erlaubte eine absolut korrekte Führung der Vorderräder. Hinten dagegen waren zwei schwingende, in Gummi gelagerte Halbachsen vorgesehen. Es gelangten Querfedern zur Verwendung, bei den Vierzylinder-Typen eine, beim Sechszylinder zwei hintereinanderliegende Querfederpakete. Beim mittleren und großen Wagen war das Wechselgetriebe mit dem Motor verflanscht, beim kleinen Einliter-PKW am Hinterachsgehäuse angeordnet. Im Jahre 1936 erhielt der Typ Popular eine elastische Motoraufhängung in großen Gummiblöcken, er besaß nitrierte Zylindereinlagen, Leichtmetallkolben und Luftfilter mit Ansauggeräuschdämpfern. Beim Superb wurde der Hubraum von 2,5 l auf 2,7 l vergrößert und die Leistung von 55 PS auf 60 PS angehoben.

Als neuer Personenwagen-Typ schob sich der Favorit zwischen Rapid und Superb. Er war mit einem seitengesteuerten 1,8 l-Vierzylindermotor von 40 PS versehen. 1937 wurde der Hubraum des Superb auf 2,92 l erhöht, was eine Leistungssteigerung von 5 PS erbrachte. Der 1 l-Popular erhielt einen neuen, obengesteuerten Vierzylindermotor mit 27 PS Leistung. Die hintere Spur wurde von 1100 auf 1140 mm verbreitert, der Radstand auf 2440 mm vergrößert.

Ab 1939 wurde der Škoda Popular 1100 gebaut, der, mit Kübelaufbauten versehen, im Auftrag des Heereswaffenamtes Wa I Rü WuG 6 als leichter PKW gefertigt, bei den deutschen Streitkräften und verbündeten Staaten eingesetzt wurde. Für die deutsche Wehrmacht wurde ebenfalls der PKW Superb 3000 OHV in größeren Stückzahlen gebaut. Der im Hubraum auf 3,1 l (Bohrung/Hub 80x104 mm) gebrachte Motor dieses Personenkraftwagens hatte eine Leistung von 80 PS. Zwei Ausführungen wurden im Škoda-Werk, Jungbunzlau, gebaut und zwar ein Kübelwagen Kfz. 15 der Ausführung 952 und ein Kabriolett Kfz. 15, Ausführung 952. Beide Fahrzeuge hatten eine 12 Volt-Anlage, der Kübelwagen hatte eine 50 Ah, das Kabriolett eine 75 Ah Batterie. Beide Fahrzeuge wurden bis 1943 gebaut. Bereits 1936 hatte bei Škoda eine Teilung der Fahrzeugproduktion stattgefunden und zwar verblieb die gesamte Zivilkraftfahrzeugproduktion in Jungbunzlau, während die Militärkraftfahrzeugfertigung nach Pilsen verlegt wurde.

Personenkraftwagen Škoda Superb 3000.

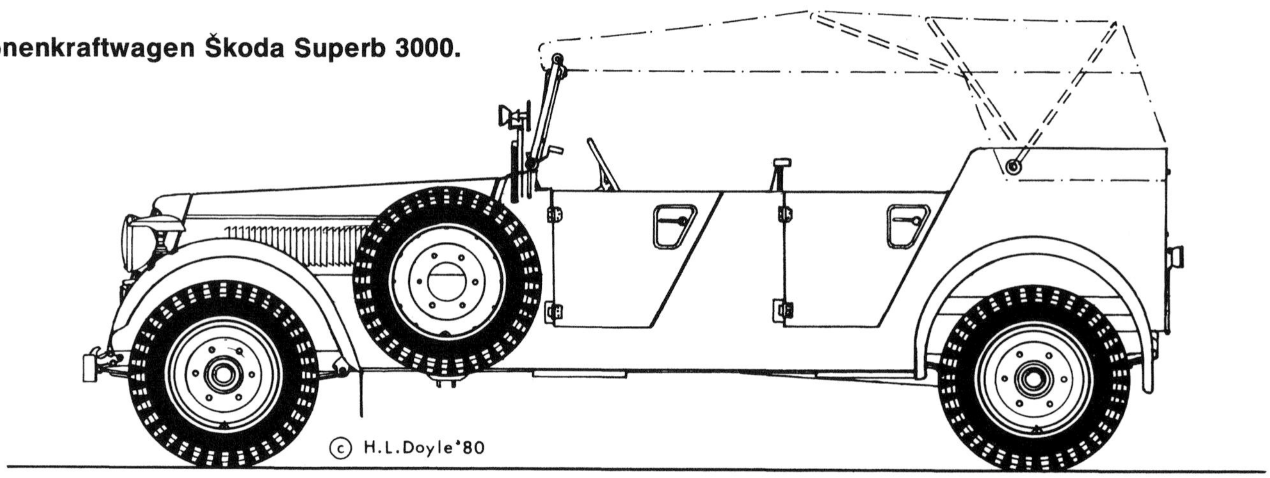

Personenkraftwagen 4 x 2 der Firma Tatra

Die Fabrik in Nesselsdorf, Sudetenland, unweit der Stadt Neutitschein im Osten von Mähren, auf den Equipagenbau spezialisiert, war eine bescheidene Gründung aus dem Jahr 1850. 1881 wurde der Waggonbau aufgenommen, 1890 wurde sie Nesselsdorfer Wagenbau-Fabriks-Gesellschaft (vormals k.k. priv. Wagenfa-

Tatra Typ T 30 mit luftgekühltem 4-Zylinder-Boxer-Motor bei den tschechoslowakischen Streitkräften.

Der Tatra Typ T 57a mit verschiedenen Aufbauten im tschechoslowakischen Heer.
Die Bilder zeigen drei verschiedene Ausführungen.

brik Ignaz Schustala & Co.) Aktiengesellschaft. 1923 vereinigte sie sich mit der Ringhoffer-Waggonfabrik in Prag, die kraftfahrzeugtechnischen Produkte der Firma erhielten das Warenzeichen Tatra.
Der Kraftfahrzeugbau bei Tatra ist eng verbunden mit der Person des Dr.-Ing. h. c. Hans Ledwinka, am 14. Februar 1878 in Klosterneuburg bei Wien geboren, er war von 1897 bis 1902 bei der Nesselsdorfer Wagenbaufabrik, von 1902 bis 1905 bei Firma Alexander Friedmann und von 1905 an wieder in Nesselsdorf tätig. Er entwikkelte bereits 1905 in Nesselsdorf einen Personenkraftwagen mit Vierzylinder-Reihenmotor, obenliegender Nockenwelle, halbkugeligem Verbrennungsraum sowie ein mit dem Motorblock vereinigtes Wechselgetriebe. Ein von ihm im Jahre 1909 gebauter Sechszylinder-Wagen ähnlicher Bauart hatte bereits eine Vierradbremse. Bekannt wurde sein »Glockengetriebe«, welches eine radiale Zahnradgangschaltung ermöglichte, um die Abnutzung der axial geschalteten Schubzahnräder zu vermeiden.
Nach einem kurzen Gastspiel bei der Firma Steyr in Österreich entwickelte Ledwinka 1921 in Nesselsdorf einen der bekanntesten Personenkraftwagen, welchen der Automobilbau überhaupt kennt, den Typ 11/12 mit einem luftgekühlten Zweizylinder-Boxermotor. Die Zwangsluftkühlung erfolgte durch ein Gebläse. Anstelle des üblichen Rahmens trat ein Zentralrohrträger, eine Pendelhinterachse war anstelle der üblichen Starrachse vorhanden. Der Motor-Getriebeblock, mit vier Gängen, war als selbsttragende Wanne ausgebildet, an die sich unmittelbar der Zentralrohrträger anschloß. Auf diesem hinten über der Pendelachse, die mit aufeinander abrollenden Kegelrädern, also ohne jedes äußere Gelenk, ausgebildet war, befand sich oberhalb des Ausgleichsgetriebes eine hochliegende Querblattfeder, auf die sich die Pendelachse abstützte. Die Vorderachse war als Starrachse ausgebildet, jedoch mit dreieckförmigen Schubstreben und einer Querblattfeder versehen, daher ziemlich geländetauglich.
Diesen auf allen Straßen bewährten Personenkraftwagen folgten ab 1924 die nicht minder bekannten PKW mit luftgekühlten Vierzylinder-Boxer-Motortypen und 1,69, 1,91, später 1,16 Liter Hubraum, von denen der Typ 57 über 30 Jahre lang gebaut wurde. An diesem Wagen waren auch die Vorderräder einzeln aufgehängt und

Etwa
6000 Stück
Kübelsitzwagen
des Tatra Typs
T 57 k
liefen bei der
Deutschen
Wehrmacht.

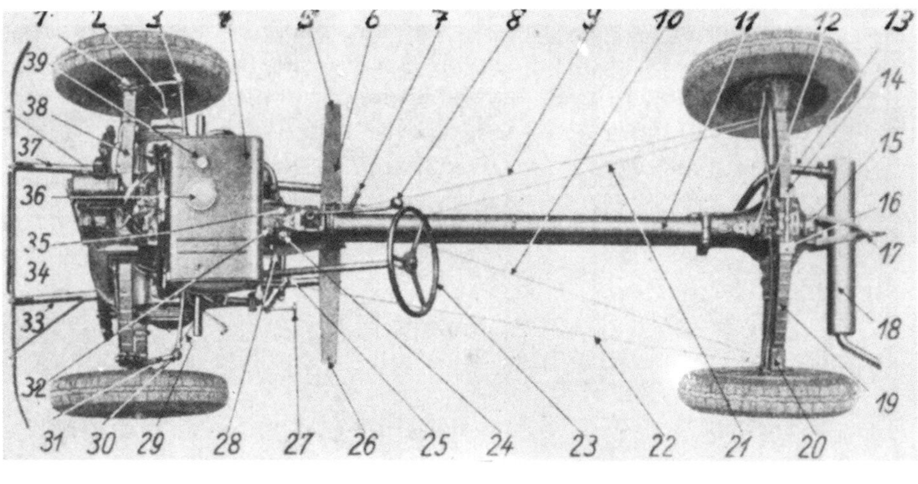

Das Fahrgestell des Tatra T 57 k von oben zeigt c
typische Anordnung des Zentralrohrrahmens
und der Schwingachsen.

1 Sicherungsbügel
2 Bremsseil
3 Kugelbolzen
4 Kraftstoffbehälter
5 Aufbaubefestigung
6 Querträger
7 Handbremshebel
8 Schalthebel
9 Bremsseil
10 Bremsseil
11 Mittelrohr
12 Stopfen
13 Auspuffleitung
14 Aufbaubefestigung
15 Schlitzstopfen
16 Aufbaubefestigung
17 Abschlepphaken
18 Auspufftopf
19 Hinterfeder
20 Beutel
21 Bremsseil
22 Bremsseil
23 Lenkrad
24 Geschwindigkeits-messerantrieb
25 Bremsfußhebel
26 Aufbaubefestigung
27 Kupplungsfußhebel
28 Fahrfußhebel
29 Bremsseil
30 Kugelbolzen
31 Spurstangenhebel
32 Öleinfüllschraube
33 Stützrohr
34 Stoßfänger
35 Wechselgetriebe
36 Renkverschluß
37 Stützrohr
38 Vorderfeder
39 Entlüftungskappe

zwar ganz einfach an zwei sich auf der Motorblockwanne abstützenden Querblattfedern.
Der Wagentyp T 30 mit luftgekühltem 1,69 l-Boxer-Motor und 24 PS Leistung war ab 1930 auch bei den tschechoslowakischen Streitkräften vertreten.
Ab 1932 folgten in größeren Stückzahlen die Tatratypen T 57 und 57 a. Sie waren mit luftgekühlten Vierzylinder-Boxermotoren bei 20 PS Leistung ausgerüstet. Nach vorliegenden Unterlagen wurden 156 Stück an das tschechoslowakische Verteidigungsministerium geliefert. Als Typ T 57 k erfolgte ab 1939 die Lieferung von etwa 6000 Stück als Kübelwagen an die Deutsche Wehrmacht und nach 1945 an die tschechoslowakischen Streitkräfte.

Personenkraftwagen Tatra T 57 k.

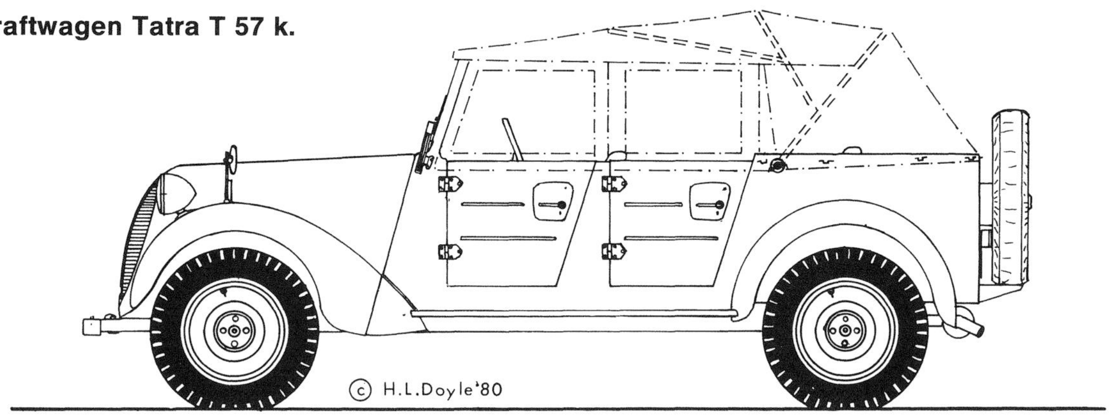

Personenkraftwagen 4 x 2 der Firma CZ

Die Firma ČESKA-ZBROJOVKA in Strakonitz fertigte wie Aero und Jawa leichte Sportfahrzeuge mit Zweitaktmotoren und Frontantrieb. Dabei war beim Z-Wagen der Schmalträgerrahmen besonders sorgfältig durchgebildet. Die Räder waren vorne und hinten unter Verwendung von Querfedern und Schwingarmen unabhängig voneinander aufgehängt.
Im Jahre 1936 wurde berichtet, daß die Firma ČZ wegen größerer Heeresaufträge den Automobilbau vorübergehend stillegen mußte. Im Fertigungsprogramm dieser Firma befanden sich zu diesem Zeitpunkt drei Typen, davon zwei mit Frontantrieb und 736- bzw. 980-cm³ Zweizylinder-Zweitaktmotoren und einer mit hinterachsangetriebenem 1,5 l-Vierzylinder-Zweitakt-Motor. Bei der tschechoslowakischen Armee fanden die Wagentypen Z 18 (1927 bis 1935) und Z 4 (1936) Verwendung.

PERSONENKRAFTWAGEN 4 x 4*

Personenkraftwagen 4 x 4 der Firma Tatra

Personenkraftwagen mit Allradantrieb waren bei den tschechoslowakischen Streitkräften fast ausschließlich als Prototyp zu finden. Vom Tatra-Typ 57 abgeleitet, ergab sich 1937 die Allrad-Ausführung V 750, die mit dem luftgekühlten 4-Zylinder-Boxermotor mit 30 PS Leistung ausgerüstet war. Das 4-Gang-Wechselgetriebe war mit einem Untersetzungsgetriebe versehen. Eine Ausführung der Prototypen hatte 2430 mm Radstand bei einer Spurweite von 1300/1250 mm. Weitere Prototypen hatten 2600 mm Radstand. Die Fahrzeuge waren auch in ihrem Äußeren unterschiedlich ausgelegt. Sie wurden u. a. im September 1937 dem österreichischen Bundesministerium für Landesverteidigung vorgeführt. Zu einer Einführung ist es jedoch weder in der Tschechoslowakei noch in anderen Ländern gekommen.
Weitere Typen entstanden nach dem im Jahre 1938 er-

* 4x4 = 4 Räder, 4 angetrieben

Die Allradausführung des Tatra T 57 führte die Bezeichnung V 750. Die Bilder zeigen den Aufbau ohne seitliche Türen.

Die Fahrgestell-Zeichnung des Tatra V 750 (links).

Eine andere Ausführung des Tatra V 750 mit geänderter Haubenausbildung und seitlichen Türen (rechts).

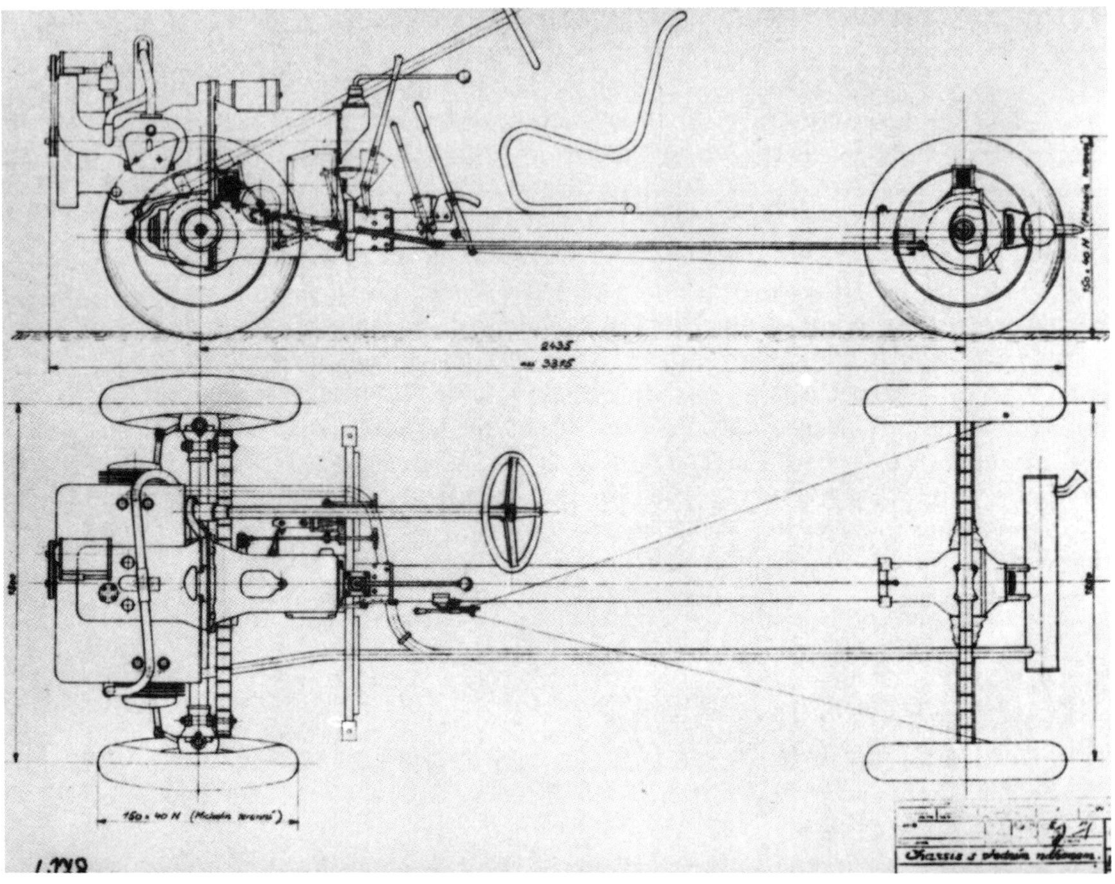

Eine Sonderausführung des Tatra V 809 mit Limousinen-Aufbau, die 1942 für Generalfeldmarschall Rommel gebaut wurde.

Der Tatra Kübelsitz-Personenkraftwagen V 809 (mittlere Reihe) mit offenem und geschlossenem Verdeck. Einige dieser Fahrzeuge wurden beim Deutschen Afrikakorps eingesetzt.

Bei den tschechoslowakischen Streitkräften sollte dieser Z-T 2 der Firma Česka Zbrojovka als Funkwagen eingesetzt werden. Es wurden lediglich Prototypen gebaut.

folgten Anschluß des Sudetenlandes an das Deutsche Reich.
Die später auch für die Deutsche Wehrmacht entwickelten Fahrzeuge führten in der Typenbezeichnung den Buchstaben V (Vojensky = militärisch).
Ab 1938 war der Tatratyp T 79/V 799 für Artillerie-Einheiten vorgesehen. Das Fahrzeug hatte unabhängige Radaufhängung mit Schwingachsen. Vorne war ein Tatra V 799 Vierzylinder-Motor mit 80 mm Bohrung, 109 mm Hub und 2191 cm³ Hubraum eingebaut, der bei 3000 1/min 50 PS leistete. Das Vierganggetriebe wies ein zusätzliches Untersetzungsgetriebe auf. Hydraulische Bremsen waren eingebaut. Der Radstand betrug 2,60 m, die Spurweite 1,30 m. Es waren Reifen der Größe 5,50–18 vorhanden.
Als Weiterentwicklung wurde im Auftrag des Heereswaffenamtes Wa I Rü WuG 6 ab 1940 der allradgetriebene Typ V 809 in Serien-Fertigung hergestellt, bei dem der Vierzylinder-Reihenmotor, trotz Vergrößerung der Bohrung auf 85 mm, bei 2470 cm³ Hubraum nach wie vor 50 PS leistete. Die Grundmaße blieben unverändert, die Motorhaubenausbildung wurde geändert. Einige dieser Kübelwagen kamen beim Deutschen Afrikakorps zum Einsatz. Ab 1942 erhielt das Fahrzeug einen Achtzylinder-V-Motor mit 80 mm Bohrung und 99 mm Hub, der wie der Vierzylindermotor ebenfalls luftgekühlt war. Bei einem Hubraum von 3980 cm³ wurde bei 3000 1/min eine Leistung von 70 PS erzielt. Dieser wurde bis 1943 für die Deutsche Wehrmacht gebaut.

Personenkraftwagen Tatra V 809.

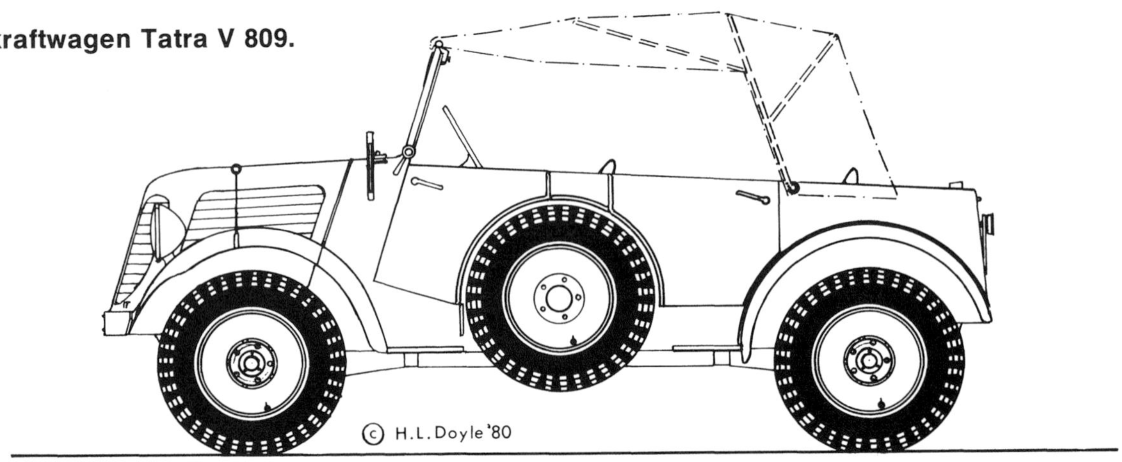

Personenkraftwagen 4 x 4 der Firma CZ

Im Jahre 1938 lieferte die Firma Česka Zbrojovka (ČZ) den Prototyp eines vieradgetriebenen Geländefahrzeuges, der mit einem luftgekühlten Vierzylindermotor ausgerüstet war. Bei 81,5 mm Bohrung und 94 mm Hub ergab sich ein Hubraum von 2 l mit einer Leistung von 42 PS. Der Reihenmotor hatte Magnetzündung und Doppelvergaser. Die Schwingachsen, welche durch Querblattfedern abgestützt wurden, hatten Differentialsperren. Die Spurweite betrug 1240 mm. Das Viergang-Wechselgetriebe war mit einem Untersetzungsgetriebe für alle vier Gänge versehen. Der Radstand war mit 2530 mm festgelegt, die Außenmaße betrugen 3900x1590x1750 mm. Es kam nur zum Bau von Prototypen des Typs Z-T 2, der bei der tschechoslowakischen Truppe vorwiegend als Funkfahrzeug eingesetzt werden sollte.

PERSONENKRAFTWAGEN 6 x 4

Personenkraftwagen 6 x 4 der Firma CKD/BMM (Praga)

Sechsradfahrzeuge mit vier angetriebenen Hinterrädern hatten im tschechoslowakischen Heer einen traditionellen Hintergrund. Vorwiegend wurden Fahrgestelle verwendet, die schon bei leichten Geländelastkraftwagen eingesetzt wurden.
Praga verwendete für den sechssitzigen Gelände-PKW AV das Fahrgestell des Lastwagens RV mit Reifen der Größe 5,50–18. Der Sechszylinder-Ottomotor leistete 70 PS. Die Radaufhängung war an allen Achsen unabhängig, das Dreigang-Wechselgetriebe war mit einem Untersetzungsgetriebe versehen. Die Radaufhängung erfolgte vorne an Schrauben-, hinten an Halbblattfedern. Hydraulische Stoßdämpfer waren an allen Radaufhängungen vorgesehen. Das Fahrzeug wog 2200 kg und konnte 40 % Steigung mit 650 kg Nutzlast bewältigen. Nachteilig war der hohe Kraftstoffverbrauch von etwa 30 l auf 100 km. Die Höchstgeschwindigkeit betrug 92 km/h. Von 1936 bis 1939 wurden insgesamt 389 dieser Fahrzeuge an die tschechoslowakischen Streitkräfte geliefert.

* 6x4 = 6 Räder, 4 angetrieben

Personenkraftwagen Praga AV.

Personenkraftwagen 6 x 4 der Firma Skoda

Neben dem Typ 6 LT 6 aus dem Jahre 1935 stellte Škoda von 1935 bis 1937 das Sechsradfahrzeug 903 her, welches als sechssitziger Gelände-PKW eingesetzt wurde. Der 3,1 l Sechszylindermotor mit 66 PS Leistung war vorne im Fahrzeug untergebracht, der Kraftfluß ging über ein Viergang-Wechselgetriebe mit Untersetzungsgetriebe zu den Hinterachsen. Auch hier wurden Reifen der Größe 5,50–18 verwendet. Die Fahrzeuge wurden mit geschlossenen und offenen Aufbauten geliefert.

Der Škoda Typ 903 als sechssitziger Gelände-Personenkraftwagen. Das Fahrzeug wurde mit offenen und geschlossenen Aufbauten geliefert.

Der Praga Typ AV als sechssitziger Gelände-Personenkraftwagen. Die Bilder zeigen das Fahrzeug vor der Übernahme durch die Deutsche Wehrmacht. Es waren 389 dieser Fahrzeuge vorhanden.

Personenkraftwagen 6 x 4 der Firma Tatra

Auch bei dieser Konfiguration zeigte sich die Vielfältigkeit der Firma Tatra. Die Sechsradfahrzeuge dieser Firma hatten Weltruf. So setzte der bereits in den Jahren 1925 bis 1927 entwickelte Tatra-Personenkraftwagen Typ 26 neue Maßstäbe für Fahrzeuge dieser Art. Er zeigte die typischen Merkmale Ledwinka'scher Konstruktion mit luftgekühltem Boxermotor, Zentralrohrrahmen und unabhängiger Radaufhängung. Der Vierzylinder-Viertaktmotor hatte bei 75 mm Bohrung und 95 mm Hub eine Leistung von 24 PS. Als Werkstoff für das Kurbelgehäuse wurde Elektron verwendet, die Zylinder bestanden aus Grauguß. Eine trockene Mehrscheibenkupplung übertrug den Kraftfluß über ein Viergang-Wechselgetriebe mit zusätzlichem Übersetzungsgetriebe auf die beiden Hinterachsen. Der Radstand betrug 2900 und 850 mm, die Spurweite 1300 mm. Als Führungswagen war er mit einem sechssitzigen Aufbau versehen. Es gab zahlreiche Aufbauformen, u.a. auch als Omnibus. 1931 folgte der Nachfolgetyp T 26/30, dessen Radstand nunmehr 2660 und 850 mm betrug. Er wurde 1931 durch den Typ T 71 abgelöst, der eine Motorleistung von 30 PS aufwies. Die meisten der Sechssitzer 6x4 wurden auch als leichte Geländelastkraftwagen eingesetzt.

Der Tatra Typ T 26 war richtungweisend für den Bau geländegängiger Sechsradfahrzeuge. Die Bilder zeigen die verschiedenen Ausführungen dieses Fahrzeuges.

Tatra T 82 als Sechsrad-Gelände-Personenkraftwagen mit offenem und geschlossenem Verdeck.

Der Sechssitzer-PKW T 72, von 1933 bis 1935 in Produktion, war auch im Aussehen seinen Vorgängern gleich, hatte jedoch einen 1910 cm³ (Bohrung/Hub 80x95 mm) Vierzylinder-Boxermotor mit Luftkühlung und eine Leistung von 34 PS. Während normalerweise ein Radstand von 2660 und 920 mm verwendet wurde, gab es eine verlängerte Ausführung mit 3360 und 920 mm Radstand. Die Nutzlast betrug 1,75 bis 2 t.
Als letzter der 6x4 Personenkraftwagen der Firma Tatra ist der Typ T 82 anzusehen, welcher von 1936 bis 1938 gefertigt wurde und von dem etwa 300 Einheiten an die tschechoslowakischen Streitkräfte geliefert wurden. Der Hubraum des Motors wurde auf 2490 cm³ vergrößert (Bohrung/Hub 90x98 mm), der luftgekühlte Boxermotor leistete nunmehr 55 PS. Hydraulische Bremsen wurden verwendet. Die Fahrzeuge erhielten den üblichen sechssitzigen Aufbau mit vier Türen. Einen großen Teil übernahm die Deutschen Wehrmacht.

Personenkraftwagen Tatra T 26.

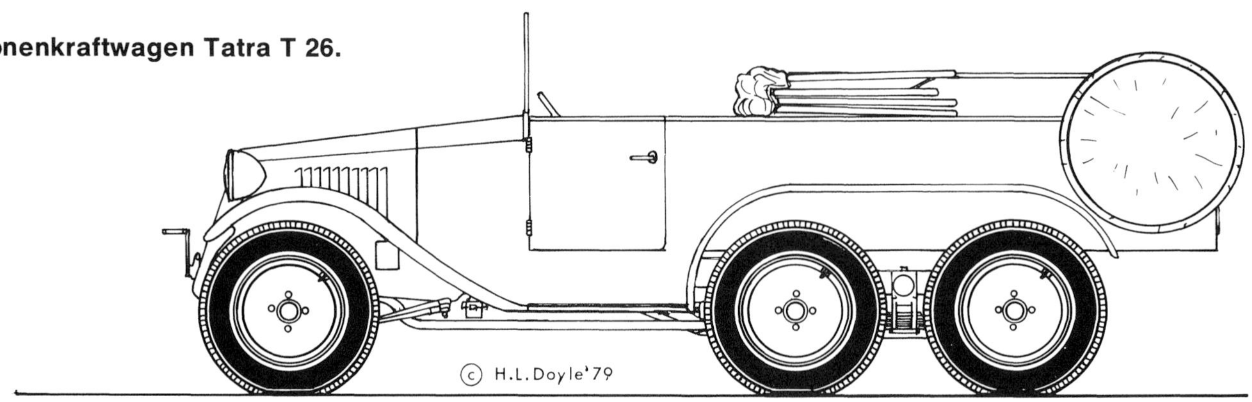

Der Tatra-Typ T 93 hatte Sechsradantrieb. Die Bilder zeigen verschiedene Aufbauversionen für den Personentransport.

PERSONENKRAFTWAGEN 6 x 6

Personenkraftwagen 6 x 6 der Firma Tatra

Das allradgetriebene Sechsrad-Fahrgestell des leichten Geländelastkraftwagens T 93 wurde auch als sechssitziger geländegängiger Personenkraftwagen verwendet. Es wurde ein luftgekühlter V-8-Ottomotor mit 80 mm Bohrung und 99 mm Hub eingebaut, welcher bei 3980 cm^3 Hubraum eine Leistung von 70 PS aufwies. Am Zentralrohrrahmen waren die sechs Räder unabhängig aufgebaut, die Reifengröße betrug 6,00–20, einfach auch an den Hinterrädern, der Radstand war mit 3270 und 940 mm festgelegt. Das Fahrzeug T 93 wurde in der Zeit von 1939 bis 1940 im Auftrag des Heereswaffenamtes Wa I Rü WuG 6 für die Deutsche Wehrmacht gefertigt.

* 6x6 = 6 Räder, 6 angetrieben

Personenkraftwagen Tatra T 93.

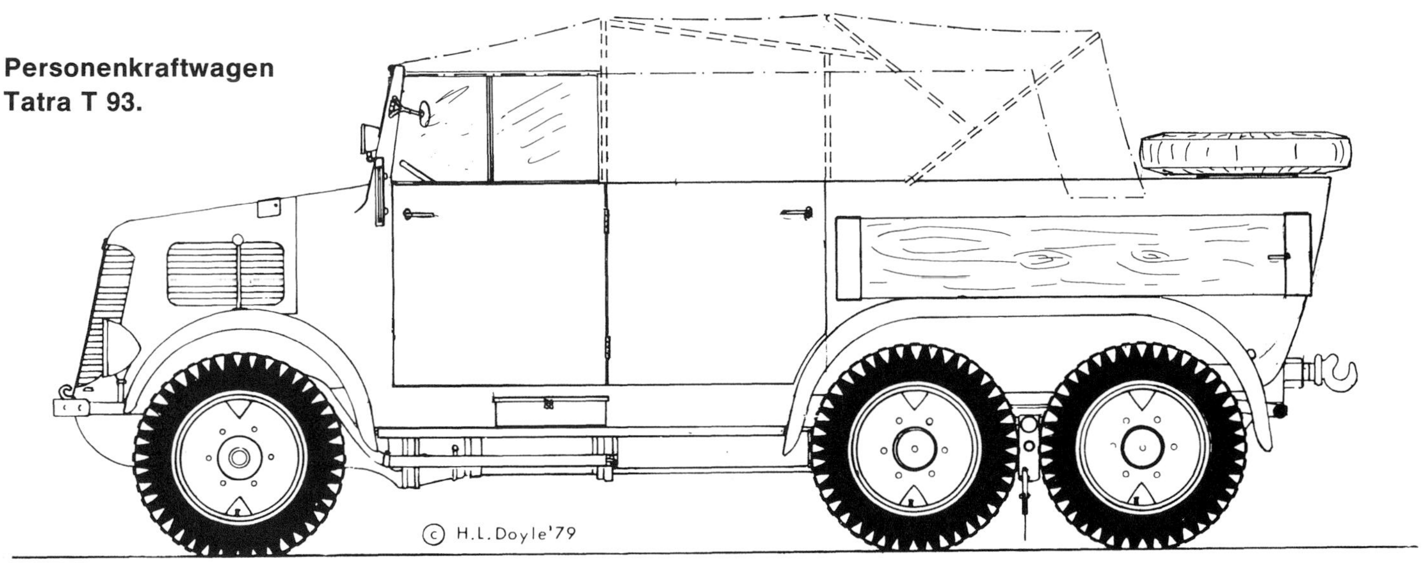

Lastkraftwagen

LASTKRAFTWAGEN 6 x 4

Lastkraftwagen 6 x 4 der Firma CKD/BMM (Praga)

Die Praga R-Serie wurde von 1913 bis 1926 gefertigt. Sie hatte zwei Tonnen Nutzlast und einen Vierzylindermotor mit 35 bis 45 PS Leistung. Der Hubraum betrug 3824 cm³. Die Fahrzeuge hatten ursprünglich Vollgummibereifung und wurden in den zwanziger Jahren vereinzelt auf Luftbereifung umgestellt. Erste Versuche mit Trilex-Felgen wurden mit einem dieser Fahrzeuge durchgeführt.
Die Fünftonner N-Serie wurde von 1915 bis 1931 gebaut und basierte ebenfalls auf dem Subventions-Lastkraftwagen der Vorkriegszeit. Die Motorleistung betrug 50 PS. Als Typenbezeichnung wurde auch NV 5 verwendet. Bekannt wurden ferner die Lastkraftwagen-Baureihen LN, ein kleiner Lastkraftwagen mit 750 kg Nutzlast (Baujahr 1932 bis 1940), AN 4 bzw. AN 6 mit Vier- bzw. Sechszylindermotoren und einer Nutzlast von 1,5 bzw. 1,75 t (Baujahr 1928 bis 1938) und RND mit 2,5 t Nutzlast (Baujahr 1934 bis 1940), wobei der Buchstabe N bereits auf den eingebauten Dieselmotor hinweist (Naftovy=Diesel). Im Gegensatz zum Typ RND hatte die Baureihe SND einen Sechszylinder-Dieselmotor mit 90 PS Leistung, die Nutzlast betrug 4 Tonnen. Dieser Typ wurde ab 1939 auch im Auftrag der Deutschen Wehrmacht gebaut. Abschließend ist noch der Typ ND zu erwähnen, der, von 1938 bis 1940 gebaut, mit einem Sechszylinder-Dieselmotor und 8,85 l Hubraum sowie 125 PS Leistung ausgerüstet war. Über eine Mehrscheibenkupplung und ein Viergang-Wechselge-

Der Praga Lastkraftwagen ND wurde von 1938 bis 1940 gefertigt. Er war mit einem Sechszylinder-Dieselmotor ausgerüstet und lief auch bei der Deutschen Wehrmacht.

Durch die Übernahme der Firma Laurin & Klement war Škoda schon 1925 in der Lage, Spezialfahrzeuge für die tschechoslowakischen Streitkräfte zu liefern. Das Bild zeigt den Typ Škoda-Martin 500 als Fernsprechfahrzeug, Typ 24.

triebe mit zusätzlichem Untersetzungsgetriebe ging der Kraftfluß zu den Hinterrädern, die wie die Vorderräder durch längsliegende Blattfedern am Rahmen abgestützt waren. Bei einem Eigengewicht von 5860 kg ergab sich eine Nutzlast von 7 t. Dieses günstige Leistungsgewicht ergab eine gute Geländegängigkeit, obwohl das Fahrzeug nicht als Geländelastkraftwagen ausgelegt war.

Lastkraftwagen 6 x 4 der Firma Skoda

Durch die Übernahme von Laurin&Klement im Jahre 1925 war Škoda in der Lage, das tschechoslowakische Heer mit Spezial-Fahrzeugen zu versorgen. Insgesamt wurden in den Jahren 1925 bis 1929 146 Škoda-Martin-Fahrzeuge der Typen 500, 540 und 550 an das Ministerium für Nationale Verteidigung geliefert. Die Typen 500 und 540 waren als Sattelschlepper, der Typ 550 als Zugmaschine ausgelegt. Vom Typ 500, der als Fernsprechfahrzeug Typ 24 gefertigt wurde, kamen vom Jahr 1924 bis 1925 13 Stück zur Truppe. Die Zugmaschine hatte einen Vierzylindermotor mit 35 PS Leistung, der Hubraum betrug bei 100 mm Bohrung und 150 mm Hub 4,7 l. Der Radstand war mit 2900 mm festgelegt. Die Höchstgeschwindigkeit betrug 40 km/h.
Das Kanonenautomobil 24, ein Dreitonnen-Sattelschlepper Škoda-Martin Typ 540, wurde in den Jahren

Der Škoda-Martin 540 als Kraftstoffkesselkraftwagen.

Das Kanonenautomobil 24, der Škoda-Martin Typ 540. Auf dem Sattelschlepper waren Vollkettenschlepper, Geschütz, Munition und Mannschaft verlastet.

Der handelsübliche Škoda-Lastkraftwagen, Typ 254 mit 2,5 t Nutzlast wurde noch während des Zweiten Weltkrieges gefertigt.

Der Vierzylinder-Dieselmotor des Škoda Lastkraftwagens, Typ 254 mit einer Leistung von 55 PS.

6,5 t Nutzlast hatte der handelsübliche Škoda Lastkraftwagen, Typ 706.

Beim Škoda Lastkraftwagen, Typ 706 war ein Sechszylinder-Dieselmotor mit 110 PS Leistung eingebaut.

1925 bis 1929 an die Streitkräfte geliefert. Dabei waren auf dem Sattelauflieger mit Rampe ein Vollkettenschlepper, ein Geschütz (7,65 cm), der Munitionsvorrat sowie die Bedienung untergebracht. Die Zugmaschine hatte einen 5,9 l Vierzylinder-Ottomotor (Bohrung/Hub 112x150 mm) mit 40 PS Leistung.
Vom Jahr 1930 bis 1935 erhielt die tschechoslowakische Luftwaffe 23 Stück der Feldwerkstätte Typ 23, die ebenfalls auf Škoda-Martin Sattelschleppern untergebracht waren. Für den Škoda-Martin Sattelschlepper, Typ 540, gab es ebenfalls einen Kraftstoff-Auflieger, von denen einige in den Jahren 1924 bis 1925 an die tschechoslowakische Truppe geliefert wurden.
Die Vielfältigkeit des Škoda-Lastkraftwagen-Programmes, von denen die Mehrzahl für den Export bestimmt waren, zeigt sich in der folgenden Tabelle.

Kanonenautomobil Škoda-Martin 540.

Lastkraftwagen Škoda 254.

Lastkraftwagen Škoda 706.

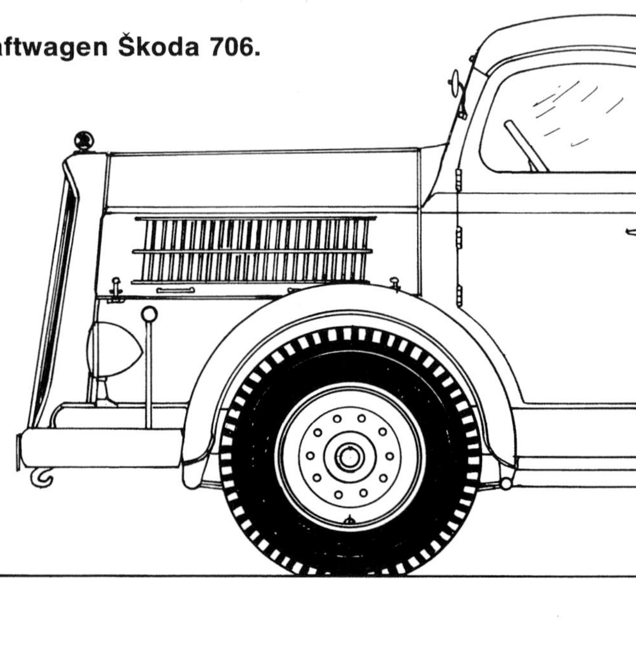

Typ	Baujahr	Zylinderzahl	Hubraum cm³	Leistung PS	Nutzlast t
918-104 II	1937/39	O/4	1802	40	1,5
206-915	1937/40	O/4	2920		2,0
256 B	1939/47	O/4	3138	80	2,0/2,5
254 D	1935/42	D/4	3770	55	2,5
304	1929/39	O/4	4844	45	3,0
306	1936/40	O/4	7273	67	4,0
405 D	1935/36	D/4	5702		4,0
305	1934/35	O/4	5517		4,0
304	1939	D/4	5702		4,0
404	1933/39	D/4	5702		4,0
406	1936	D/4	8553	110	4,0
504	1931/33	O/4	5517		5,5
506 N	1929/35	O/4	7273		5,5
506 N	1933/34	O/4	8275		7,0
606	1932/39	D/6	8553	110	7,0
706	1940/43	D/6	8553	110	7,0

O = Ottomotor
D = Dieselmotor

Vom Typ 918/104 II wurden in den Jahren 1937 bis 1939 251 Stück, vom Typ 206 von 1930 bis 1937 62 Stück als Krankenkraftwagen an die tschechoslowakischen Streitkräfte geliefert.

Škoda fertigte 1938 monatlich 200 Dreitonner-Fahrzeuge, obwohl die Gesamtkapazität etwa 500 Einheiten/Monat betrug.

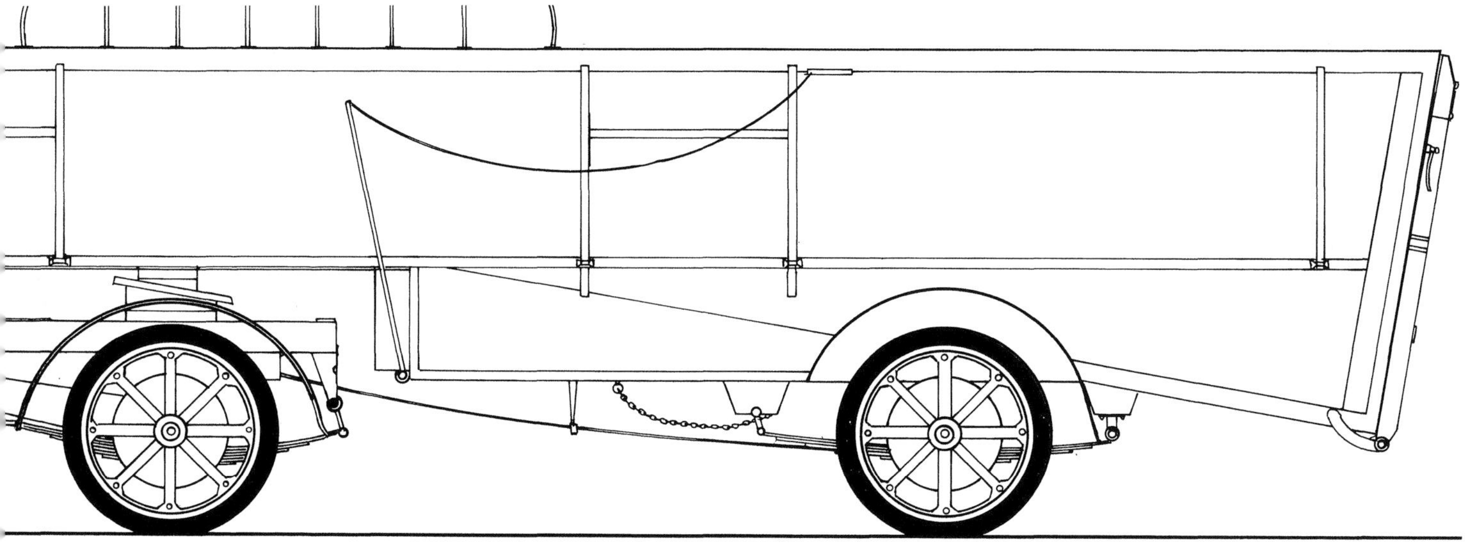

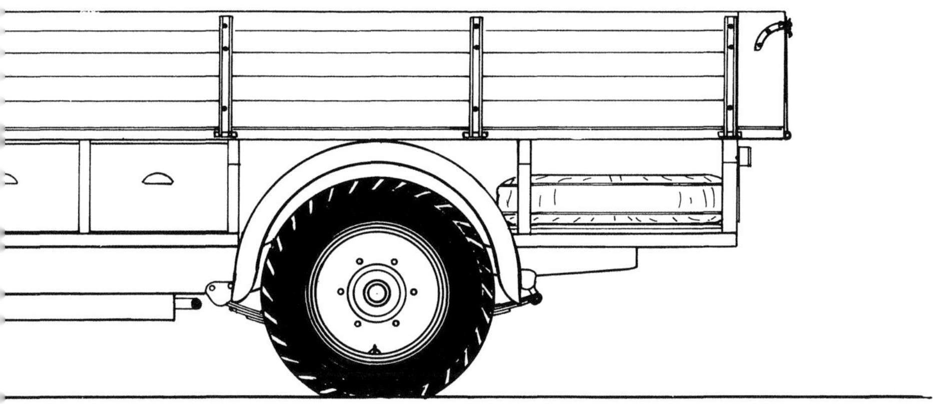

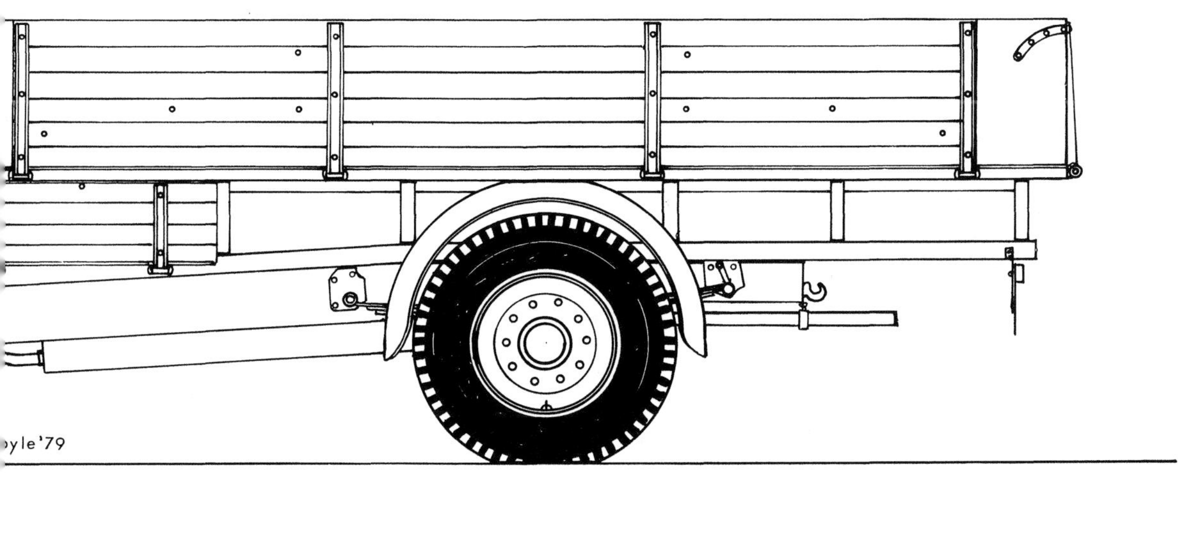
yle'79

Skoda-Sentinel, Dampflastkraftwagen

In den Jahren 1926 bis 1928 hatte Škoda durch Übernahme einer britischen Lizenz auch Dampflastkraftwagen im Bauprogramm.
Bereits 1923 wurden im Auftrag des Ministeriums für Nationale Verteidigung auf dem Truppenübungsplatz Milowitz Erprobungen mit einem durch Kohle beheizten »Sentinel«-Dampflastkraftwagen unternommen, der sich den Umständen entsprechend bewährte. Der Abschlußbericht über diese Erprobung schließt mit folgendem Satz: »Im Ganzen kann gesagt werden, daß die Versuche neuerlich die bisherigen Erfahrungen mit dem »Sentinel«-Dampfwagen, die sich, was Betriebssicherheit und billige Betriebskosten anbelangt, als ausgezeichnete Transportmittel bewähren, bekräftigt haben.«
Im Betrieb ergaben sich gegenüber benzingetriebenen Lastkraftwagen Ersparnisse bis zu 50%. Der zum Betrieb notwendige Dampfbetriebsdruck wurde innerhalb von 35 Minuten erreicht. Bei großer Zylinderfüllung betrug die Leistung 70 PS bei einer Drehzahl von nur 300 1/min. Vollbeladen konnte das Fahrzeug Steigungen bis zu 22% überwinden. Der patentierte, vertikale Dampfkessel mit senkrecht angeordnetem Flammrohr und einem System von Steilrohren war für einen Betriebsdruck von 19 bar gebaut. Der in das Flammrohr eingesetzte Überhitzer aus nahtlos gezogenem Stahlrohr überhitzte den Dampf bis auf eine Temperatur von 320° C. Die doppeltwirkende Zwillings-Dampfmaschine mit um 90° versetzten Kurbeln hatte eine Zylinderbohrung von 170 mm bei einem Hub von 230 mm. An der Kurbelwelle war ein Differentialgetriebe eingebaut. Die Übertragung der Antriebskraft von der Dampfmaschine auf die Hinterräder erfolgte durch zwei kalibrierte Ketten. Sie verbanden die auf den Enden der Differentialwellen sitzenden Kettenräder mit entsprechenden Zahnkränzen an den Hinterrädern. Der Speisewasserbehälter faßte etwa 800 l und reichte für eine Fahrstrecke von 35 bis 40 km. Der Kohlebehälter, zwischen Fahrersitz und Heizerstand angebracht, faßte eine Kohlemenge für eine Fahrt des Fahrzeuges von etwa

Der Škoda-Sentinel-Dampflastkraftwagen, der in geringer Stückzahl bei den tschechoslowakischen Streitkräften verwendet wurde.

100 km. Man konnte als Brennstoff entweder Koks, Schwarz- oder Braunkohle verwenden.
Es wurden drei Dampflastkraftwagen-Typen entwickelt und zwar solche der 4–5, 5–6 und 6–7 t Nutzlast-Klassen. Während das leichtere Fahrzeug 3290 mm Radstand aufwies, betrug dieser bei den größeren 3820 mm. Es konnten Vollgummireifen der Größe 1060x200 oder auch Luftreifen der Größen 36x8 bzw. 38x9 verwendet werden. Das Fahrzeugleergewicht schwankte zwischen 6,1 und 7,2 t.
Die tschechoslowakischen Streitkräfte hatten für den Standortdienst einige dieser Fahrzeuge eingestellt. Sie wurden teilweise noch von der Deutschen Wehrmacht übernommen und auch eingesetzt.

Lastkraftwagen 4 x 2 der Firma Tatra

Die Bedeutung der Firma Tatra an der Motorisierung der Streitkräfte der Tschechoslowakei geht schon daraus hervor, daß im Jahre 1938 297 Personenkraftwagen, 1984 Lastkraftwagen (44 %), 333 Spezialfahrzeuge (50 %) für das Heer und 135 Spezialfahrzeuge (59 %) für die Luftwaffe den Namen Tatra trugen.
Die kaum übersehbare Reihe von Lastkraftwagen der Firma Tatra begann 1923/24 mit dem Eintonner-Typ 13, der vom Zweizylinder-Personenwagen abgeleitet war. Dieser und alle darauf folgenden Fahrzeuge zeigten die Grundmerkmale der Tatra-Bauweise, das torsionsteife Zentralrohr-Fahrgestell mit schwingenden Halbachsen und die Luftkühlung des Motors. Eine Ausnahme bildeten die 1925 an die tschechoslowakischen Streitkräfte ausgelieferten Fahrzeuge Typ T 20/20 Sp, die als Funkfahrzeuge und später als Krankenkraftwagen eingesetzt wurden. Beim hinten doppelt bereiften Fahrgestell war ein flüssigkeitsgekühlter Vierzylinder-45 PS-Motor eingebaut. Der Hubraum betrug bei 90 mm Bohrung und 140 mm Hub 3560 cm³. Das Fahrzeug hatte bei einem Radstand von 3370 mm hinten und vorne Starrachsen mit längsliegenden Blattfedern.
Von 1927 bis 1931 wurde der Typ T 23-Lastkraftwagen gefertigt, der wieder die typischen Tatra-Baumerkmale

Lastkraftwagen Tatra T 27a.

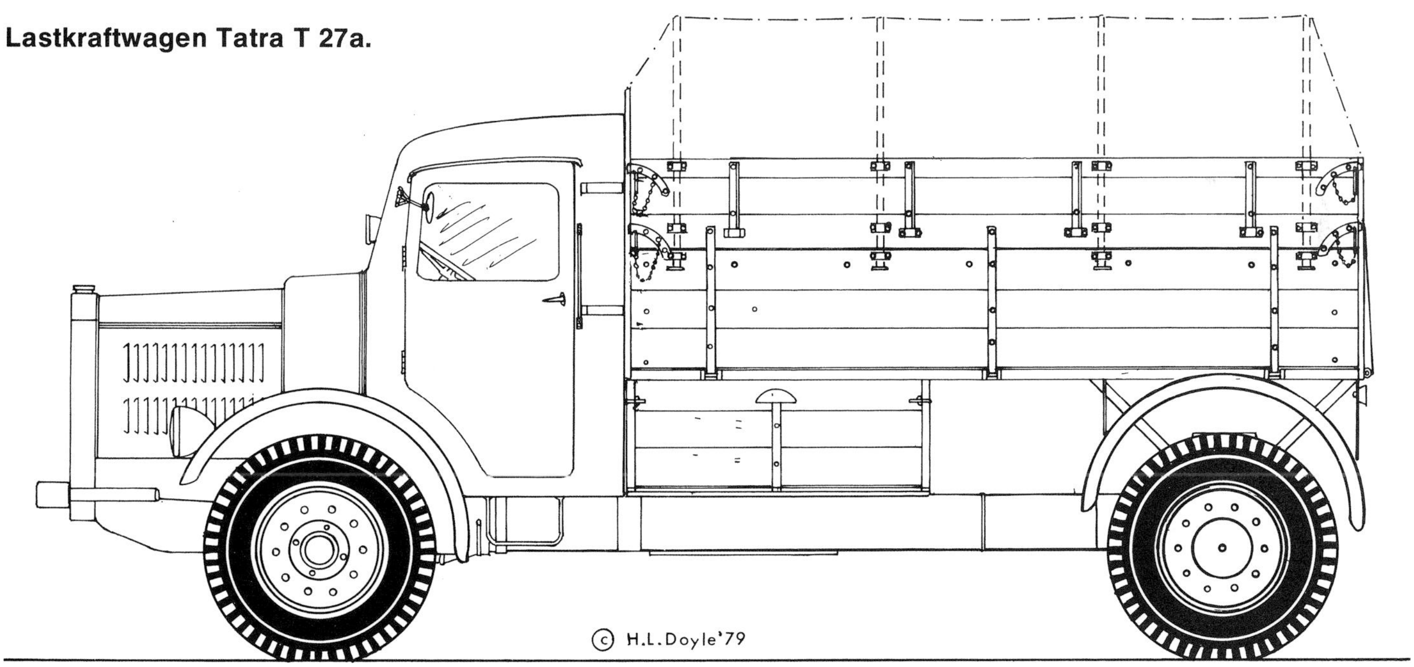

Der leichte Tatra Lastkraftwagen (rechts), Typ T 20/20 Sp war beim tschechoslowakischen Heer als Funk- und Krankenkraftwagen eingesetzt.

Tatra fertigte ab 1939 den 2,5 t Schnellastkraftwagen, Typ T 27 (oben).

Als Typ T 27a hatte das Fahrzeug eine Nutzlast von 3 t.
Ausführung als Kipper.

Die militärische Ausführung des Tatra Typs T 27a hatte Einfachbereifung der Größe 9,75–20.

aufwies. Er hatte rahmenlose Bauweise mit Schwingachsen, die durch Schraubenfedern abgestützt wurden. Vorder- und Hinterachse waren mit Riesenluftreifen, der Größe 40x10½ einfachbereift. Bei dem als Halbfrontlenker ausgebildeten Fahrgestell war ein luftgekühlter Vierzylinder-Viertakt-Ottomotor mit einer Leistung von 65 PS eingebaut. Das Fahrzeug hatte eine Nutzlast von 4 t.
Ab 1930 wurde der 2,5 t Schnellastwagem Typ 27 gefertigt. Er blieb bis in die ersten Kriegsjahre im Produktionsprogramm. Bis zum Jahr 1938 wurden 1416 dieser Fahrzeuge gebaut. Er wurde rasch auf drei Tonnen Nutzlast aufgewertet und war ursprünglich mit einem flüssigkeitsgekühlten Vierzylindermotor mit 50 PS Leistung ausgerüstet. Das Kurbelgehäuse des Motors war aus Silumin, die Zylinder aus Grauguß. Die Bohrung der Zylinder betrug 95 mm, der Hub 150 mm, dies ergab einen Hubraum von 4,26 l. Die Schwingachsen waren vorne durch querliegende, hinten durch längsliegende Blattfedern abgestützt. Bei Verwendung als Lastkraftwagen ergaben sich 3800 mm, als Omnibus 4400 mm Radstand. Es wurden Reifen der Größe 36x8 bzw. 38x9 verwendet. Ab 1931 wurde ein etwas vergrößerter Motor mit 100 mm Bohrung und 150 mm Hub (Hubraum 4712 cm^3) eingebaut. Die Leistung betrug 60 PS. Als Typ 27 a hatte das Fahrzeug bei 4000 mm Radstand eine Nutzlast von 3 t. Die mit einem 60 PS Dieselmotor versehene Variante erhielt die Typenbezeichnung T 27 a/64 a. Der Vierzylinder-Dieselmotor hatte 4850 cm^3 Hubraum (Bohrung/Hub 105/140 mm). Weiterverbessert erhielt der Typ 27 b einen auf 63 PS leistungsgesteigerten Motor. Der Radstand wurde auf 3500 mm verkürzt. Das Fahrzeug hatte in Zivilausführung 7,25–20 bzw. 190–20 Bereifung, die hinten doppelt aufgezogen war. Die Militärausführung war mit Reifen der Größe 9,75–20 hinten nur einfach bereift. Für die Ausführung mit Generatorgasantrieb wurde ein vergrößerter Motor mit 5195 cm^3 Hubraum eingebaut. (Bohrung/Hub 105x150 mm), diese Ausführung wurde bei Ausbruch des Zweiten Weltkriegs serienmäßig hergestellt.
Im Jahre 1929 wurde auf dem XIX. Prager Automobilsalon von Tatra der 1,5 t Schnellastwagen, Typ 43, vorgestellt, der mit dem luftgekühlten Vierzylinder-Motor, 24 PS Leistung und 1680 cm^3 Hubraum ausgerüstet war. Die Höchstgeschwindigkeit betrug 60 km/h.

LASTKRAFTWAGEN 6 x 4

Lastkraftwagen 6 x 4 der Firma CKD/BMM (Praga)

In den Jahren 1935 bis 1939 wurden von der Firma Praga 1638 geländegängige Lastkraftwagen, Typ RV, an die tschechoslowakischen Streitkräfte geliefert. Ab 1939 erfolgte die Auslieferung an die Deutsche Wehrmacht. Als Antrieb diente ein flüssigkeitsgekühlter Sechszylinder-Ottomotor mit 68 PS Leistung, der Hubraum betrug 3,46 l. Das Wechsel- mit zusätzlichem Untersetzungsgetriebe wies acht Vorwärts- und zwei Rückwärtsgänge auf. 50%ige Steigungen konnten überwunden werden. Während die doppeltbereiften Hinterachsen mit längsliegenden Blattfedern abgestützt wurden, hatten die unabhängig angebrachten Vorderräder Drehstabfederung. Die Bereifung hatte die Größe 6,00–20. In schwerem Gelände konnten über die Hinterräder Gleisketten angebracht werden. Das zulässige Gesamtgewicht betrug 3730 kg, die Nutzlast 2 t. An Höchstgeschwindigkeit wurden 60 km/h erreicht, an

Praga RV-Geländelastkraftwagen im Einsatz bei slowakischen Einheiten.

Lastkraftwagen Praga RV.

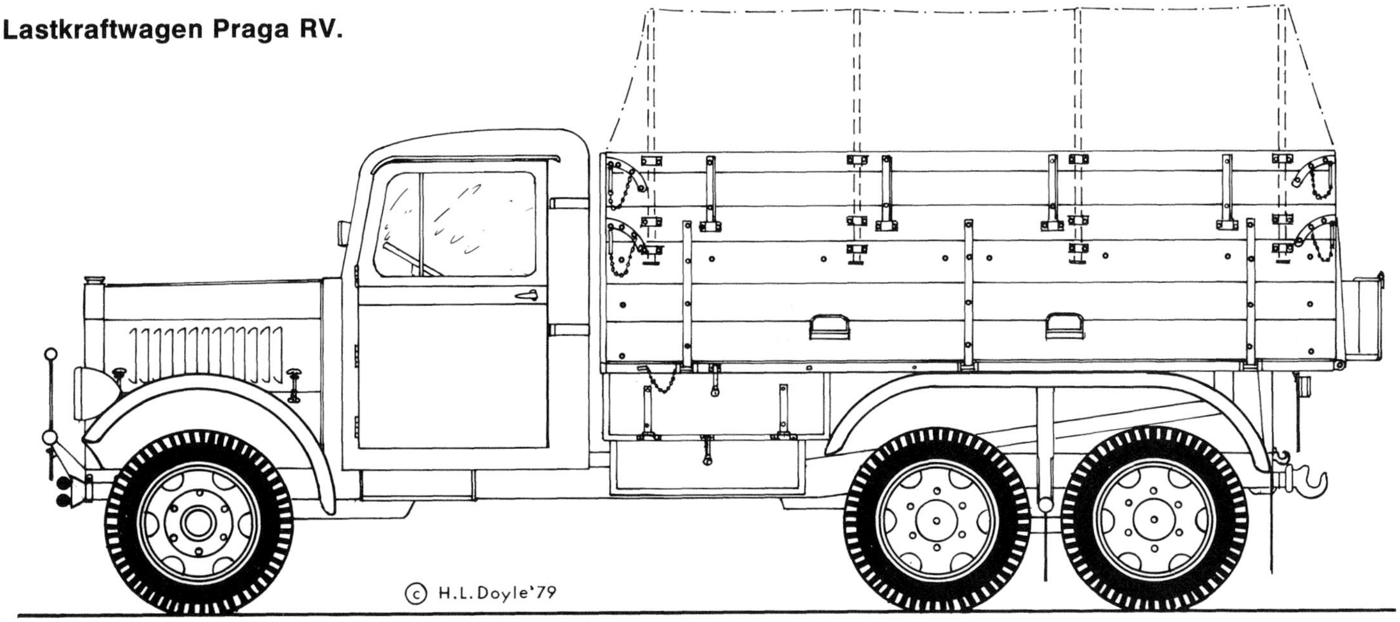

Linke Seite: Der Praga Sechsrad-Geländelastkraftwagen, Typ RV wurde nach Übernahme durch die Deutsche Wehrmacht weiter verwendet. Neben Transportaufgaben aller Art wurde das Fahrzeug auch als Zugmittel für leichte Geschütze eingesetzt.

Funkkraftwagen Praga RV.

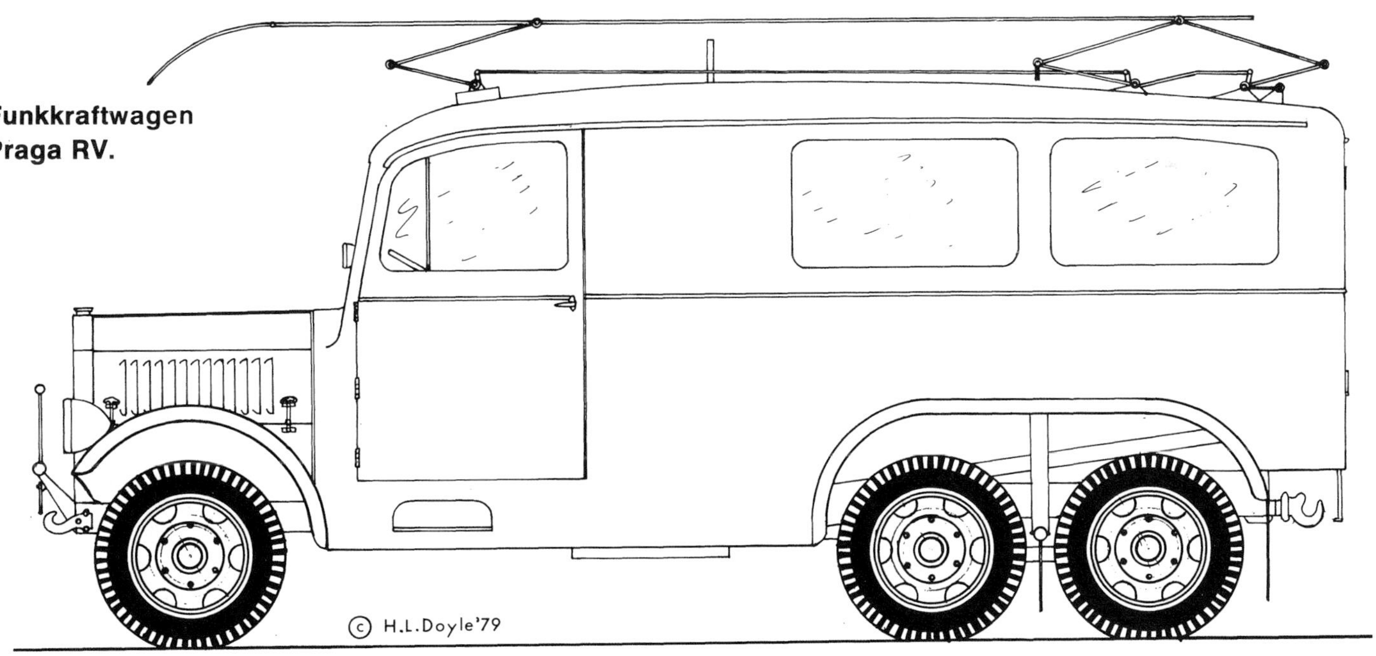

Der Praga Typ RV wurde mit geschlossenem Aufbau auch als Funkfahrzeug eingesetzt.

Bodenfreiheit waren 270 mm vorhanden. Hinten am Rahmen war eine Winde mit 3 t Zugkraft eingebaut.
Von der für Rumänien bestimmten Ausführung mit der Typenbezeichnung RVR wurden zwischen 1936 und 1939 57 Stück geliefert. Bei den tschechoslowakischen Streitkräften lief der Typ RV mit geschlossenen Aufbauten auch als Funkfahrzeug.
Von der schwereren 4-t-Ausführung der Firma Praga, dem Typ SV, kamen 1935 einige Fahrzeuge zur Truppe. Der verwendete Sechszylindermotor, flüssigkeitsgekühlt, hatte 105 mm Bohrung und 150 mm Hub, der Hubraum betrug, 7,8 l. Dabei ergab sich eine Leistung von 93 PS. Das Viergang-Wechselgetriebe wies ein Zusatzgetriebe auf und somit acht Vorwärts- und zwei Rückwärtsgänge. Bei einem Radstand von 4120 und 1150 mm wurde eine Fahrzeuglänge von 6,82 m erreicht. Die Nutzlast betrug 4 t. Reifen der Größe 9,00–20, auch hinten einfach, wurden verwendet. Der Rahmen lag verhältnismäßig niedrig. Vorne waren die Räder unabhängig voneinander an Schraubenfedern, hinten an Schwingachsen mit Blattfedern aufgehängt.

Lastkraftwagen 6 x 4 der Firma Skoda

Škoda lieferte zwischen 1932 und 1935 die ersten geländegängigen Dreiachs-Lastkraftwagen Typ L in größerer Stückzahl an die Streitkräfte. Der Sechszylinder-Reihenmotor war flüssigkeitsgekühlt, hatte mit 80 mm Bohrung und 104 mm Hub 3138 cm³ Hubraum und eine Leistung von 66 PS bei 2600 1/min. Das Viergang-Wechselgetriebe mit Untersetzungsgetriebe hatte vier Vorwärtsgänge, es gab dem Fahrzeug eine Höchstgeschwindigkeit von 62 km/h, der Fahrbereich betrug 300 km. Die Bereifung der Größe 6,50–20 war hinten doppelt aufgezogen. Die seitlich angebrachten Reserveräder dienten gleichzeitig als Stützrollen. Bei

Als 4 t-Versorgungsfahrzeug mit Einfachbereifung beschafften die tschechoslowakischen Streitkräfte ab 1935 den Praga Lastkraftwagen SV.

Škoda lieferte in den Jahren 1932 bis 1935 eine größere Anzahl des Sechsrad-Gelände-Lastkraftwagens Typ L.

**Lastkraftwagen
Škoda 6ST6L.**

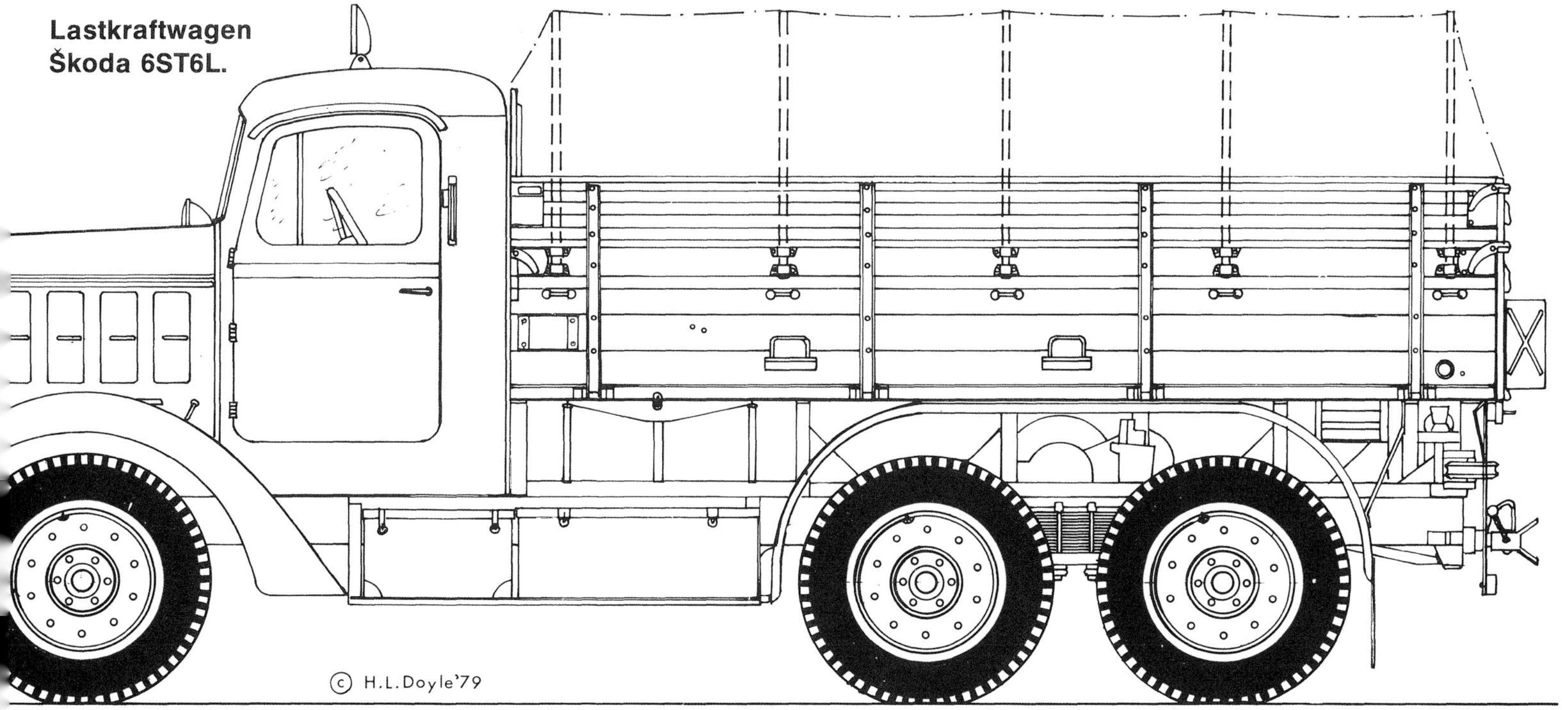

**Werkstattkraftwagen
Škoda 6ST6L.**

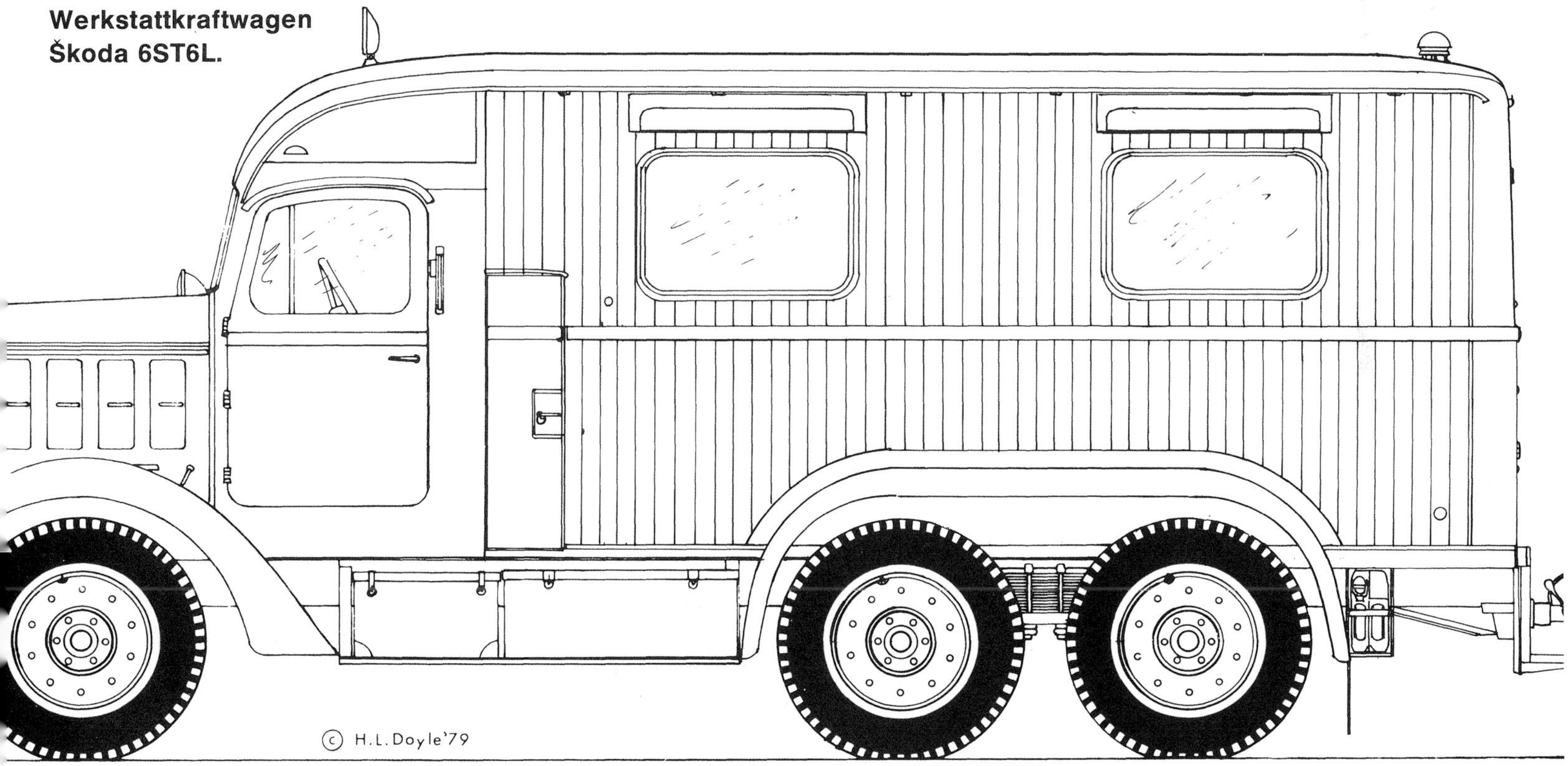

Oben: Die Bilder zeigen den von Škoda seit 1935 gelieferten Sechsrad-Gelände-Lastkraftwagen, Typ 6 ST 6 L, mit vier Tonnen Nutzlast.

Rechts: Škoda-Sechsradfahrzeuge bei der Deutschen Wehrmacht als Zugmittel für Pioniergerät.

koda, Typ 6 ST 6 L als Werkstattwagen.

koda 6ST6L als Kranwagen für Instandsetzungs-inheiten.

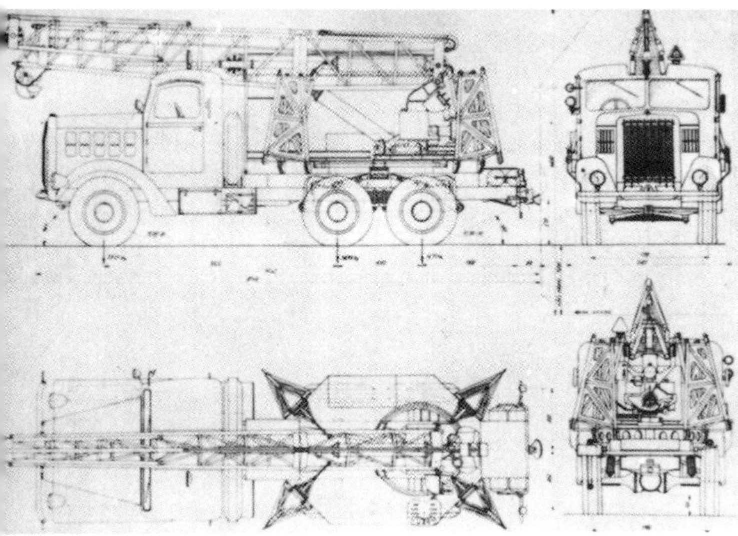

Die Gegenüberstellung zeigt verschiedene Ausführungen des Škoda-Gelände-Lastkraftwagens, Typ 6 ST 6 L mit offenen und geschlossenen Aufbauten sowie verschiedenen Anhängern.

einer Nutzlast von 2 bis 2,5 t konnten Anhängelasten bis zu 3,5 t bewältigt werden. Die eingebaute Seilwinde hatte eine Zugkraft von 2,5 t.
Škoda hatte eine komplizierte Typenbezeichnung, die im Laufe der Jahre mehrmals geändert wurde. So trug der 1935 eingeführte 4 t-Geländelastkraftwagen die Bezeichnung 6 ST 6-L. Das Fahrzeug wurde in zwei Ausführungen geliefert, es war auch handelsüblich erhältlich. Der Typ 6 ST 6-L hatte vier Tonnen, der Typ 6 ST 6-T fünf Tonnen Nutzlast. In beide Fahrzeuge wurden wahlweise Otto- oder Dieselmotoren mit je 100 PS Leistung eingebaut. Es waren Sechszylindermotoren mit 112 mm Bohrung und 140 mm Hub und einem Hubraum von 8275 cm^3 (Dieselmotor 110/150 mm, Hubraum 8550 cm^3). Die Verdichtung betrug beim Ottomotor 5,5. Die Vorderachse hatte querliegende Blattfedern, die Hinterachsen längsliegende. Eine 5,5 t Seilwinde war serienmäßig eingebaut. Beim 4-Tonner-LKW wurden Reifen der Größe 9,75–20, beim 5-Tonner-LKW solche der Größe 10,50–20 (in beiden Fällen hinten einfach) verwendet. Der Radstand betrug 3500 und 1250 mm, das zulässige Gesamtgewicht 11,8 t. Die Höchstgeschwindigkeit war mit 50 km/h festgelegt. Insgesamt wurden 415 dieser Fahrzeuge an die tschechoslowakischen Streitkräfte geliefert. 1938 wurden die verbesserten Fahrzeuge dieser Baureihen als Typ H (Ottomotor) bzw. HD (Dieselmotor) bezeichnet. Auf diesen Fahrgestellen wurden auch Werkstattwagen mit geschlossenen Aufbauten und Kranfahrzeuge hergestellt. Die Produktion lief bis 1939. Die Mehrzahl dieser Fahrzeuge wurde von der Deutschen Wehrmacht übernommen.

Lastkraftwagen 6 x 4 der Firma Tatra

Schon 1925 begann Dr.-Ing. h.c. Ledwinka mit der Entwicklung von Sechsradfahrzeugen. Die Eigenart seiner Pendelachskonstruktion ermöglichte eine einfache Ausführung mit zwei angetriebenen rückwärtigen Halbachspaaren. Diese stützten sich auf Ausleger-Längsfedern, von denen jede in ihrer Mitte an einem Querträger des Verbindungsstückes zwischen den beiden Differentialen aufgehängt war. Die Lagerung erfolgte jedoch – ebenso wie die der übrigen Federauflagen – nach dem Prinzip einer Waage auf Schneiden besonderer Konstruktion, so daß an den Auflagestellen keine gleitende, sondern wiegend-abrollende Bewegung auftrat und die Federgelenke infolge des Fehlens gleitender Reibung keiner Schmierung bedurften. Bei den Sechsradfahrzeugen ging die gelenklos durch das Zentralrohr geführte Antriebswelle zunächst zum Differential der ersten Hinterachse und durch die hohle Ritzelwelle hindurch zum zweiten Hinterachsantrieb. Beide Differentiale waren sperrbar. Der Hinterachsantrieb selbst erfolgte in der gleichen Weise wie bei den kleineren Typen über Tellerräder und gelenklose Pendelhalbachsen.
Der Dreiachs-Lastkraftwagen T 22 wurde in den Jahren 1936 bis 1937 an die tschechoslowakische Truppe geliefert. Er wies im Gelände eine Nutzlast von 3 t, auf der Straße eine solche von 5 t auf. Nur 18 Stück wurden gebaut. Der eingebaute Vierzylinder-60-PS-Motor mit Flüssigkeitskühlung hatte 100 mm Bohrung, 150 mm Hub und einen Hubraum von 4712 cm^3. Einzelbereifung der Größe 38 x 8 war aufgezogen. Die Höchstgeschwindigkeit betrug bei einem Kraftstoffverbrauch von 33 l/100 km 55 km/h. Als besonderes Merkmal waren bei diesem Typ vorne am Rahmen Stützräder größeren Durchmessers angebracht, um Gräben und andere Hindernisse leichter überwinden zu können.
Die Nutzlast des Dreiachs-LKW T 24 betrug 6 t, er wurde in den Jahren 1930 bis 1934 gebaut. Er war eine Weiterentwicklung des Typs T 23 mit einem Vierzylindermotor. Spätere LKW, die unter den Zivilbezeichnungen T 24/58, T 24/59, T 24/63 und T 24/67 bekannt wurden, waren mit Sechszylinder-Otto- und ab 1933 mit Dieselmotoren (als Typ 103 mit 140-PS-MAN-Motor) ausgerüstet. Die fortschrittliche Auslegung des Fahrgestelles zeigte Untersetzungsgetriebe an den Rädern, Schraubenfedern an den unabhängig aufgehängten Vorderrädern, Ausleger-Längsfedern für die Hinterräder. Das Fahrzeug hatte ein außergewöhnlich niedriges Leergewicht von 6000 kg, verglichen mit einer Nutzlast von 6 bis 8 t. Die Höchstgeschwindigkeit betrug 50 km/h. Insgesamt wurden 122 Fahrzeuge dieses Typs gebaut.
Eine Abart des Typs 24 war der von 1934 bis 1935 gebaute LKW-Typ 29, von dem 112 Stück an die Truppe geliefert wurden. Das Fahrzeug war grundsätzlich mit einer Wagenwinde versehen und wurde vorwiegend als Transportfahrzeug für leichte Artillerie verwendet, wobei Geschütz und Vollkettenschlepper mit Munitions-

Der Tatra-Gelände-Lastkraftwagen, Typ T 22. Vorne am Fahrzeug angebrachte Stützräder dienen zum besseren Überwinden von Hindernissen.

Mitte:
Ein Kanonenautomobil auf dem Fahrgestell des Tatra Sechsrad-Lastkraftwagens, Typ T 24, mit aufgelastetem Vollkettenschlepper und Geschütz. Vor dem Lastkraftwagen ein Tatra Typ 26 Gelände-Personenkraftwagen.

Oben: Das Kanonenautomobil verwendete auch als Fahrgestell den Tatra Typ T 29. 112 Stück wurden an die Truppe geliefert.

Der Tatra Typ 29 wurde auch als Werkstattwagen mit geschlossenem Aufbau gefertigt.

vorrat und Bedienung aufgelastet wurden. Ein Vierzylinder-65 PS-Ottomotor mit 115 mm Bohrung und 180 mm Hub (Hubraum 7478 cm^3) war eingebaut. Reifengröße 40x10,5. Einige dieser Fahrgestelle wurden auch als Werkstattwagen mit geschlossenen Aufbauten geliefert.
Der Tatra-LKW-Typ T 26/30, bereits als Personenkraftwagen erwähnt, wurde ab 1929 an die Truppe sowie an zivile Verbraucher geliefert. Mit einigen Änderungen wurden die Fahrzeuge als Typen T 71 und T 72 auch als leichte Lastkraftwagen mit einer Nutzlast von 1,5 t geliefert. Sie hatten zum Teil doppelt bereifte Hinterräder. Insgesamt wurden vom Typ 72 bis 1935 270 Fahrgestelle ausgeliefert, davon 51 für gepanzerte Aufbauten. Eingebaut war ein luftgekühlter Otto-Boxermotor mit 1910 cm^3 Hubraum und 32 PS Leistung.
Von 1931 bis 1932 wurde der 3 t-Lastkraftwagen T 28 an die Streitkräfte geliefert. Der wassergekühlte Vierzylinder-Ottomotor mit 4712 cm^3 Hubraum und einer Leistung von 63 PS gab dem Fahrzeug eine Höchstgeschwindigkeit von 48 km/h. Es wurden Reifen der Größe 8,25–20, an allen Rädern einfach, verwendet. Die unabhängig aufgehängten Räder hatten Blattfederung.
Nach dem Anschluß des Sudetenlandes an das Deutsche Reich wurden in den Jahren 1938 bis 1942 220 Einheiten der 6,5 t-Dreiachs-Lastkraftwagen T 81 und T 81 H gebaut. Anfangs hatte der Typ T 81 einen V-8 Dieselmotor mit 115 mm Hub und 150 mm Bohrung (Hubraum 12464 cm^3) eine Leistung von 150 PS. Beim spätergefertigten Typ T 81 H, der serienmäßig mit einer Holzgasgeneratorenanlage ausgerüstet war, wurde der Hubraum auf 14726 cm^3 erhöht (Bohrung/Hub 125x150 mm). Die Höchstgeschwindigkeit betrug 65 km/h. Reifen der Größe 9,75–20, hinten doppelt, wurden verwendet.
Eine konstruktive Variante der Sechsrad-LKW-Typen, bediente sich vorne schräger Auslegerfedern, es war der von 1935 bis 1939 gebaute Typ T 82, von dem insgesamt 325 Fahrzeuge gebaut wurden. Verschiedene Aufbauten, auch geschlossener Art, vorwiegend aber Pritschenaufbauten für Last- und Personentransport, wurden aufgesetzt. Der eingebaute Tatra-4-Zylindermotor mit Luftkühlung hatte bei 2490 cm^3 Hubraum eine Leistung von 55 PS. Durch den Wegfall der Flüs-

Lastkraftwagen Tatra T 82.

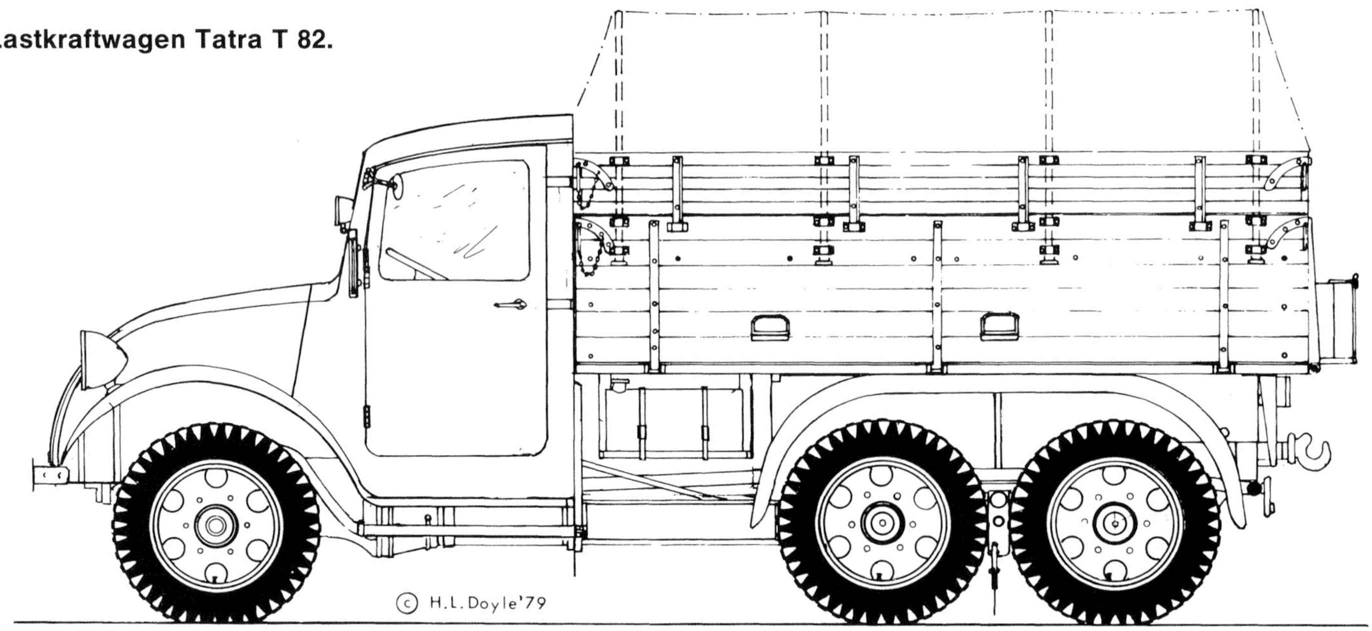

In den Jahren 1931/32 wurde der Tatra 3 t-Lastkraftwagen, Typ T 28 an die Streitkräfte geliefert.

Als leichter Lastkraftwagen mit 1,5 t Nutzlast kam der Tatra Typ T 72 an die Truppe. Das Fahrgestell diente auch als Grundlage für einen Radspähpanzer.

Zwischen 1938 bis 1942 wurden von Tatra 220 Einheiten des 6,5 t Sechsrad-Lastkraftwagens, Typ T 81 gebaut, die fast ausschließlich mit einer Holzgasgeneratoranlage ausgerüstet wurden.

Vom Tatra Typ T 82 wurden insgesamt 325 Fahrzeuge gebaut.

Tatra Typ T 82 mit geschlossenem Aufbau als Lichtbildwagen.

Tatra Gelände-Lastkraftwagen, Typ T 85 in Militärausführung. Er wurde auch als Zugmittel für mittlere Artillerie verwendet.

Der Tatra T 85 Lastkraftwagen als Kraftstoffkesselkraftwagen.

Der Tatra T 85 A löste 1938 den T 85 ab, er wurde bis 1941 gefertigt.

Unten links:
Das Fahrgestell des Tatra-Typs T 92 mit luftgekühltem V-8-Ottomotor. Hinten am Rahmen ist eine Seilwinde eingebaut.
Unten:
Luftgekühlter V-8-Ottomotor des Tatra T 92 mit einer Leistung von 70 PS.

sigkeitskühlung war eine abfallende Motorhaube mit gutem Blickfeld möglich. Hydraulische Bremsen wirkten auf alle sechs Räder, die mit Reifen der Größe 6,00–20 (hinten doppelt) versehen waren. Die Räder waren vorne durch querliegende, hinten durch längsliegende Blattfedern abgestützt. Die Differentiale waren sperrbar. Auf Wunsch konnte eine Seilwinde eingebaut werden.

Von 1936 bis 1938 erhielten die tschechoslowakischen Streitkräfte 51 Einheiten des Tatra Typs T 85, der vorwiegend als 5 t-Lastkraftwagen, aber auch als Zugmittel für mittlere Lasten eingesetzt wurde. Der vorne im Fahrzeug untergebrachte Vierzylinder-Ottomotor hatte eine Leistung von 80 PS, das Viergang-Wechselgetriebe eine zusätzliche Untersetzung und somit acht Vorwärts- und zwei Rückwärtsgänge. Eine Knorr-Druckluftbremse wirkte auf alle sechs Räder. Diese waren vorne und hinten unabhängig voneinander aufgehängt. Eine Abart des T 85 war der als Kraftstoff-Kesselkraftwagen mit 9,75–20 Einzelbereifung, von dem in den Jahren 1936 bis 1938 168 Stück gebaut wurden. Der eingebaute Vierzylindermotor hatte 120 mm Hub, 180 mm Bohrung und einen Hubraum von 8180 cm³. Ein Fahrzeug erhielt einen Aufbau für chemische Kriegsführung. Abgelöst wurde der Typ T 85 1938 durch den Typ T 85 A, der bis 1941 gefertigt wurde. Er war mit Ausnahme eines moderneren Aussehens seinem Vorgänger ähnlich.

Ein Typ T 85/91, von 1936 bis 1938 gebaut, zeigte ein Frontlenker-Führerhaus. Er war auch als Typ T 98 bekannt. Angetrieben wurde das Fahrzeug durch einen Sechszylinder-85-PS-Dieselmotor mit 7,3 l Zylinder-Inhalt. Luftdruckbremsen und Reifen der Größe 9,75–20 (hinten einfach) waren weitere Merkmale dieser nur in geringen Stückzahlen hergestellten Fahrzeuge.

Lastkraftwagen Tatra T 92.

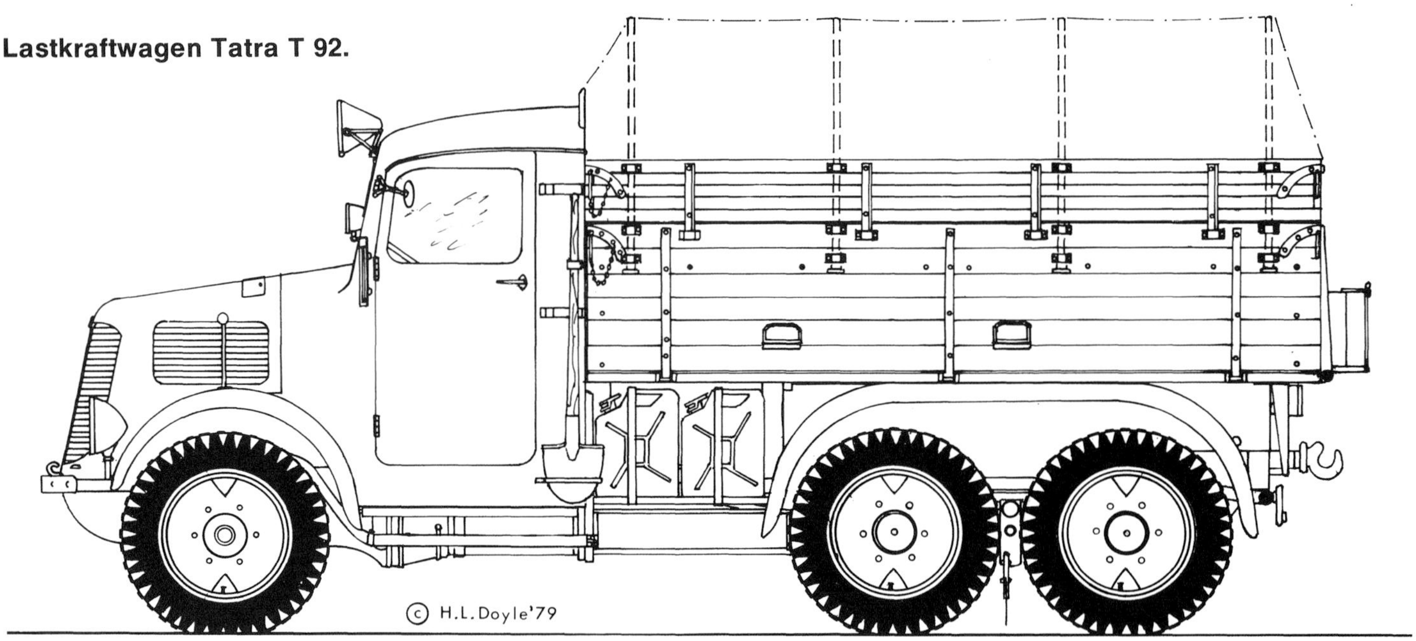

Der aus dem Typ T 82 weiterentwickelte Typ T 92 wurde von 1937 bis 1940 für die tschechoslowakische sowie ab Herbst 1938 für die Deutsche Wehrmacht gefertigt. Er ersetzte den Typ T 82, der von einer Zahl technischer Schwierigkeiten geplagt war. Zum Antrieb wurde ein luftgekühlter Vier-Liter-Achtzylindermotor in V-Form verwendet, der bei 3980 cm³ Hubraum eine Leistung von 70 PS aufwies. Das Viergang-Wechselgetriebe hatte ein zweistufiges Untersetzungsgetriebe ange-

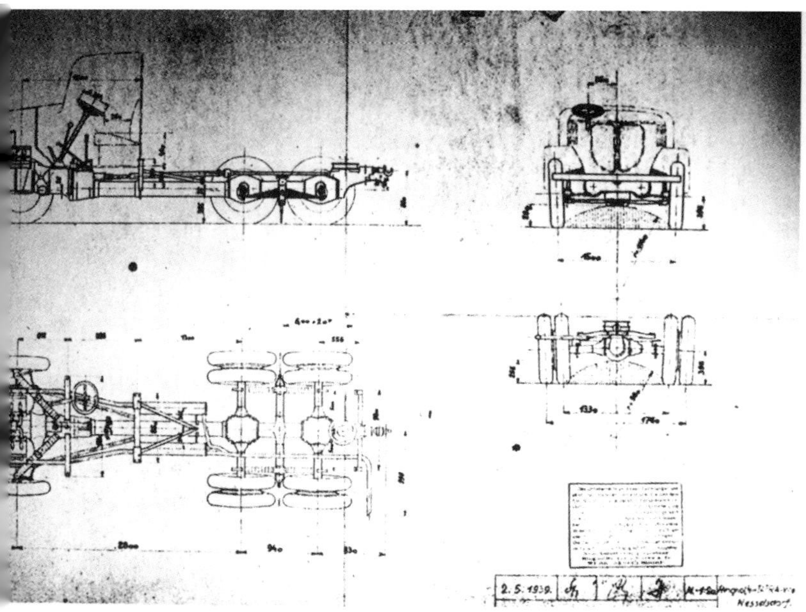

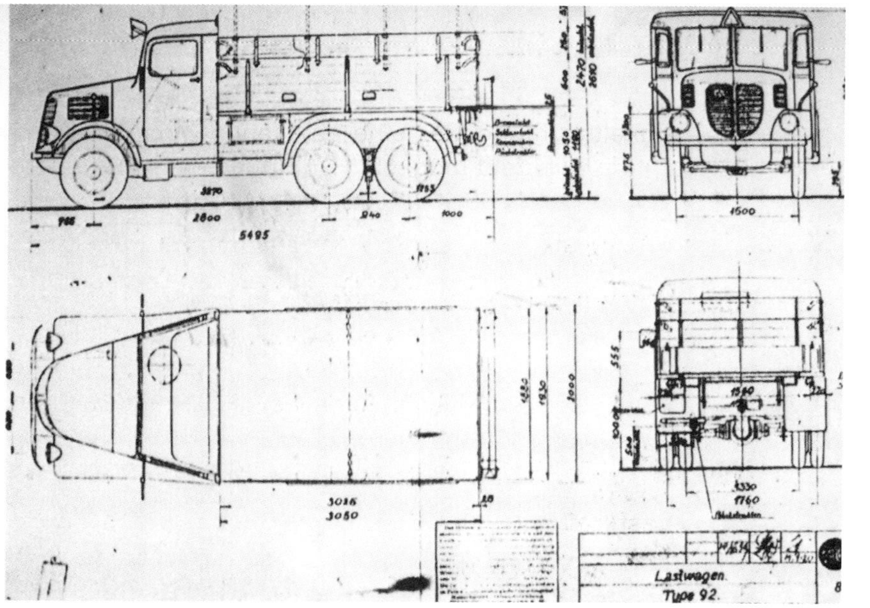

Oben links:
Eine Übersichtszeichnung des T 92-Fahrgestells.

Oben rechts: Übersicht über das T 92-Fahrzeug.

Rechts und unten:
Vom Tatra Typ T 92 wurden 529 Einheiten, davon einige mit Krankenkraftwagen-Aufbauten gefertigt.

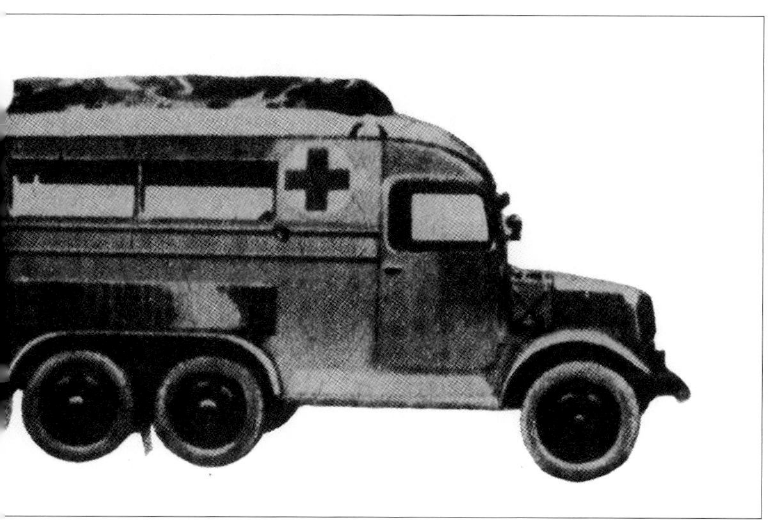

flanscht und ermöglichte Geschwindigkeiten bis zu 70 km/h. Reifen der Größe 6,00–20 waren hinten doppelt aufgezogen. Von diesem Typ wurden, teilweise mit Krankenwagenaufbauten, insgesamt 529 Stück produziert. Sie wurden als eine der besten Tatra-Konstruktion bezeichnet.

LASTKRAFTWAGEN 6 x 6

Lastkraftwagen 6 x 6 der Firma Skoda

Einer der ersten tschechischen Lastkraftwagen mit 6-Radantrieb war der 2-Tonner Typ 6 L. Er war dem Typ L ähnlich, hatte aber alle Räder angetrieben. Das Fahrzeug wurde durch einen flüssigkeitsgekühlten 6-Zylinder-Ottomotor mit 66 PS Leistung und einem Hubraum von 3140 cm³ bewegt. Das Wechselgetriebe war als 3-Ganggetriebe mit Untersetzungsgetriebe ausgelegt. Das Leergewicht betrug 3600 kg, die Nutzlast 2000 kg, die Höchstgeschwindigkeit 63 km/h. Eine hydraulische Bremse wirkte auf alle sechs Räder. Es war eine 2,5 t Winde eingebaut. Das Fahrzeug wurde vorwiegend als leichtes Artillerie-Zugmittel eingesetzt. Die Geländelastkraftwagen wurden in den Jahren 1935 bis 1937 gebaut. In den Jahren 1936 bis 1939 produzierte Škoda den Typ 6 S D, der ursprünglich als 6 STP6-LD ausgewiesen wurde. Insgesamt wurden 75 dieser Frontlenker-Fahrzeuge hergestellt. Sie waren mit einem flüssigkeitsgekühlten 6-Zylinder-Dieselmotor ausgerüstet, der 100 PS bei 1000 1/min leistete (Bohrung/Hub 110x150 mm). Der Hubraum betrug 8,55 l. Das 4-Gang-Wechselgetriebe war mit einem Untersetzungsgetriebe versehen. Der Antrieb erfolgte auf alle sechs Räder, die mit Reifen der Größe 9,75–20 einfach bereift waren. Es war eine Druckluftbremse eingebaut. Eine 5 t-Winde war vorhanden.

Ein Panzertransportfahrzeug wurde in den Jahren 1935 bis 1939 von Škoda als Typ 6VTP6-T (später 6 K) an das tschechoslowakische Heer geliefert. Das Fahrzeug hatte 6-Radantrieb und war in der Lage, in Verbindung mit dem Anhänger VL 11 zwei Kampfpanzer der Größe S-II-a (Panzerkampfwagen 35 [t]) zu befördern. Der 6-Zylinder Ottomotor mit 140 mm Bohrung und 140 mm Hub (Hubraum 12920 cm³) entwickelte eine Leistung von 175 PS. Da die Vorderachse des als Frontlenker ausgelegten Fahrzeuges über 30% der Gesamtlast aufnahm, wurde auch sie mit Reifen der Größe 10,50–20 doppelt bereift. Die Höchstgeschwindigkeit betrug 45 km/h. Das Fahrzeug hatte eine Nutzlast von 12 t und eine Anhängelast von 34 t. Zum Verladen beschädigter Kampfpanzer war eine Seilwinde mit einer Zugkraft von 12 t eingebaut.

Der Škoda Gelände-Lastkraftwagen, Typ 6 L, hatte Allradantrieb und eine Nutzlast von 2 t.

Von 1936 bis 1939 fertigte Škoda den schweren Gelände-Lastkraftwagen, Typ 6 S D, mit Allradantrieb. Das Bild zeigt ein nach Schweden geliefertes Fahrzeug.

Oben: Der Großteil der 6 S D-Fahrzeuge
– insgesamt wurden 75 Stück gebaut –
wurde bei der Deutschen Wehrmacht eingesetzt.
Mitte: Als Panzertransportfahrzeug verwendeten
die tschechoslowakischen Streitkräfte den
Škoda-Allradwagen 6 VTP 6-T (später 6 K).
Er war in der Lage, den leichten Kampfpanzer
LT Vz 35 zu tragen.
Unten: Škoda verwendete den Sechsrad-Lastkraftwagen Typ 6MT auch als Selbstfahrlafette für die 40-mm-Kanone Z 1.
Es wurden nur Prototypen gefertigt.
(Text siehe Seite 77).

Lastkraftwagen 6 x 6 der Firma Tatra

Der Tatra-Typ T 93, ein leichter Gelände-Lastkraftwagen mit 2 t-Nutzlast, wurde in den Jahren 1937 bis 1940 gebaut. Alle drei Achsen waren angetrieben. Das rahmenlose Fahrgestell mit Zentraltragrohr hatte alle Räder unabhängig voneinander aufgehängt. Angetrieben wurde das Fahrzeug durch einen luftgekühlten V-8-Ottomotor mit 3980 cm³ Hubraum und einer Leistung von 70 PS bei 2500 1/min. Der Antrieb erfolgte über ein 4-Gang-Wechselgetriebe und ein Untersetzungsgetriebe mit zwei Stufen. Die Höchstgeschwindigkeit betrug 70 km/h. Die Fahrzeuge wurden im Auftrag des Heereswaffenamtes Wa I Rü WuG 6 ab 1938 auch für die Deutsche Wehrmacht gebaut und größere Stückzahlen als »Rumänien-Ausführung« an die rumänischen Streitkräfte geliefert.

Die Tatsache, daß Tatra einen luftgekühlten 12-Zylinder-Dieselmotor ab 1943 serienreif zur Verfügung hatte, der ursprünglich ausschließlich zum Einbau in den neu entwickelten 8-Rad-Panzerspähwagen Typ ARK vorgesehen war, ermöglichte die Fertigung eines schweren geländegängigen Lastkraftwagens Typ 111 mit 6,5- bzw. 8 t-Nutzlast.

Der technische Leiter der Tatra-Werke Dr.-Ing. h. c. Ledwinka nutzte konsequent seine bisherigen Entwurfsmerkmale aus und entwickelte ein rahmenloses Fahrzeug mit Zentraltragrohr und schwingend aufgehängten Achsen. Vorne wurden Viertelblatt-, hinten längsliegende Halbfedern verwendet. Der luftgekühlte 12-Zylinder-V-Dieselmotor Typ 103 mit 14,8 l Hubraum leistete 210 PS bei 1800 1/min. Über eine trockene Zweischeibenkupplung führte der Kraftfluß zum 4-Gang Schub-Wechselgetriebe mit Untersetzungsgetriebe zum Verteilergetriebe auf alle drei Achsen. Die Triebachsuntersetzung von 3,19 ermöglichte eine Höchstgeschwindigkeit von 75 km/h. Die an der vorderen Schwingachse befindlichen Räder wurden durch eine Schneckenlenkung gelenkt. Die Druckluft-Innenbackenbremse wirkte auf alle sechs Räder, wovon die

Lastkraftwagen Tatra 111.

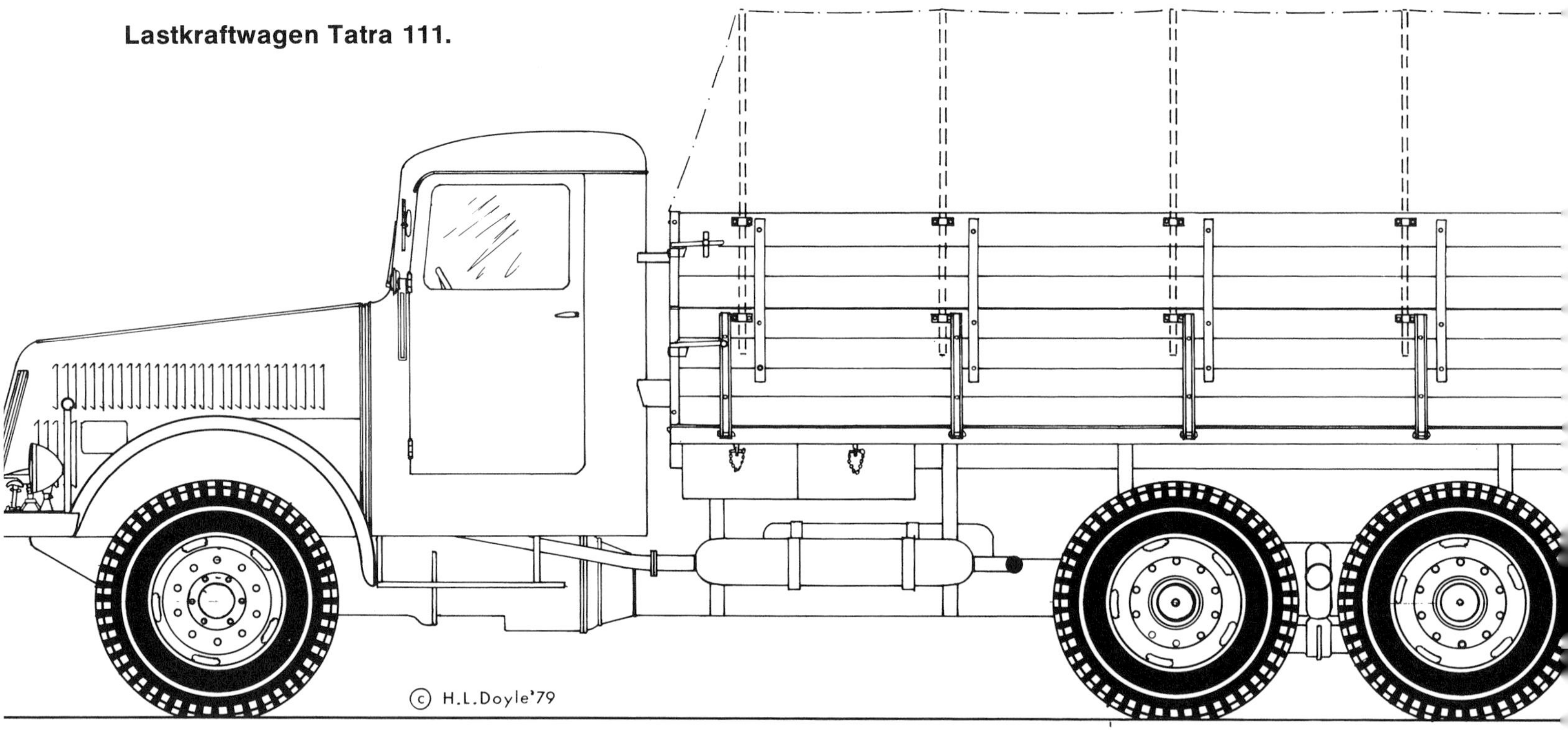

Tatra Lastkraftwagen, Typ 111, in verschiedenen Ausführungen.

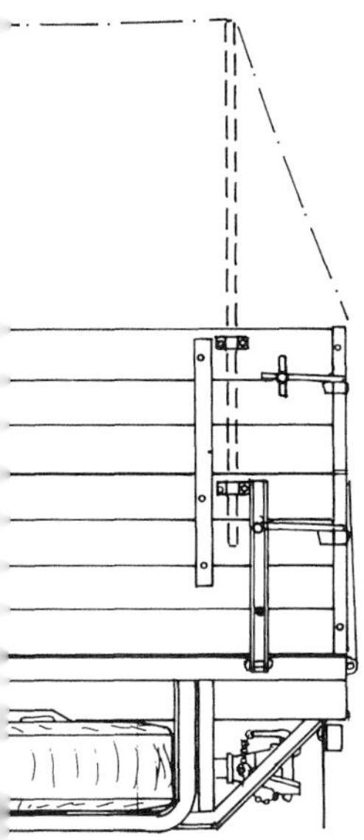

Der Tatra 111 wurde noch jahrelang nach Beendigung des Zweiten Weltkriegs weitergebaut und auch bei der tschechoslowakischen Volksarmee verwendet.

hinteren doppeltbereift waren. Reifen der Größe 270–20 wurden verwendet. Der Radstand betrug 4175 und 1220 mm, die Bodenfreiheit 270 mm. Mit Außenmaßen 8550x2500x2570 mm wurde dieses Fahrzeug in zwei Nutzlastgrößen gefertigt und zwar als 6,5 t- und 8 t-Fahrzeug. Beide Fahrzeuge unterschieden sich lediglich durch eine verschiedene Federung. Sie waren die schwersten Lastkraftwagen der Deutschen Wehrmacht und kamen in größeren Stückzahlen ab Oktober 1943 bis 1945 zur Truppe. Es wurden grundsätzlich nur Fahrzeuge mit normaler Ladepritsche und Wehrmacht-Einheitsfahrerhaus geliefert, obgleich 1944 bei der Heeresversuchsstelle für Panzer und Motorisierung

Als schwerer Gelände-Lastkraftwagen lief bei der Deutschen Wehrmacht der Tatra Typ 111, der in zwei Ausführungen für 6,5 t- bzw. 8 t-Nutzlast ausgelegt war. Das Bild zeigt den Typ 111 mit dem Einheits-Fahrerhaus der Deutschen Wehrmacht.

in Kummersdorf ein 6 t-Kran auf diesem Fahrgestell erprobt wurde. 160 l Kraftstoffvorrat ermöglichten einen Fahrbereich von 500 km.

Der Typ 6500/111 hatte bei einem zulässigen Gesamtgewicht von 14600 kg 6350 kg, der Typ 8000/111 bei 16350 kg zulässigem Gesamtgewicht 8000 kg Nutzlast. In schwerem Gelände mußte die Nutzlast entsprechend verringert werden. Die Fahrzeuge wurden nach Beendigung des Zweiten Weltkrieges für die tschechoslowakischen Streitkräfte weiter gefertigt und als Typ 111 auch zivilen Kunden angeboten. Es war vor allem der Tatra Typ 111, der die Qualität der Tatra-Lastkraftwagen in aller Welt bestätigte.

GESAMTBESTAND FAHRZEUGE DER TSCHECHOSLOWAKISCHEN STREITKRÄFTE

Art der Fahrzeuge	Ende 1918	Ende 1922	Ende 1934	Ende 1938
Personenkraftwagen	107	186	260	1557
Lastkraftwagen	360	1196	825	4560
Spezialfahrzeuge	–	114	410	889
Traktoren	1	180	274	349
Kampffahrzeuge	–	17	196	491
Motorräder	–	83	357	937

Art der Fahrzeuge	März 1939
Personenkraftwagen	2110
Lastkraftwagen	7176
Spezialfahrzeuge	829
Traktoren	403
Kampffahrzeuge	490
Motorräder	1238

Anteil der Škoda-Militärfahrzeuge am Gesamtbestand der tschechoslowakischen Wehrmacht (Stand 1. März 1938)

Art der Fahrzeuge	Gesamtbestand	Škoda Fzg.	in %
Personenkraftwagen	1557	432	27,6
Lastkraftwagen	4560	295	6,6
Spezialfahrzeuge	660	99	15,0
Traktoren	349	177	50,7
Luftwaffen-Fahrzeuge	229	74	32,4
Kampffahrzeuge	491	157	32,0

Typenliste von Škoda-Militärfahrzeugen 1920 bis 1939

Typ	Verwendung	Stückzahl	Baujahr	Herstellungsort
Popular	Personenkw.	350	1935–38	Jungbunzlau
206	Krankenkw.	62	1936–39	Jungbunzlau
540, 550	Lastkraftwagen	146	1925–29	Jungbunzlau
Martin	Spezialfahrzeuge			
104	Lastkraftwagen	251	1938	Jungbunzlau
6 ST 6-L	Lastkraftwagen	415	1937–39	Pilsen
U	Zugkraftwagen	46	1921–23	Pilsen
Z	Zugkraftwagen	106	1920–23	Pilsen
6 STP-6LD	Lastkraftwagen	75	1936–39	Pilsen
MTH	VK-Traktor	54	1935–39	Pilsen

Typenliste von Tatra-Militärfahrzeugen bis 1938

Typ	Verwendung	Stückzahl	Baujahr
T 57	Personenkraftwagen	156	1933–37
T 27	Lastkraftwagen	1416	1937–38
T 82	Lastkraftwagen	300	1936–38
T 85	Lastkraftwagen	51	1936–38
T 85	Kraftstoffkraftwagen	168	1936–39
T 85	Chem. Kriegsfahrzeuge	1	1936–39
T 24	Werkstattwagen	32	1932–35
T 24	Geschütztransporter	90	1932–35
T 25	Zugmaschine	25	1932–35
T 72	Lastkraftwagen	219	1933–35

alle nicht aufgeführten Typen kamen nur in geringer Stückzahl oder als Prototypen zur Truppe

KRAFTFAHRZEUG-TYPENBEREINIGUNG NACH DEM »SCHELL-PROGRAMM«

Es galt die große Zersplitterung in der Fertigung und den damit verbundenen Leerlauf in der Kapital- und Arbeitskraft im Deutschen Reich zu beseitigen sowie die Lagerhaltung für Ersatzteile und Rohstoffe zu vereinfachen. Gleichlaufend hatte die Kraftfahrzeugindustrie die Aufgabe, die Fertigung auf große Baureihen abzustimmen, um unter Anwendung von besonders konstruierten Maschinen und Vorrichtungen die Kosten der Fertigung gegenüber früher erheblich zu senken. Endziel war die erhebliche Verbilligung der Kraftfahrzeuge und damit des für die Volkswirtschaft so wichtigen Kraftverkehrs. Die getroffenen Anordnungen, soweit sie Personenkraftwagen, Lastkraftwagen, Krafträder und Motorfahrräder betrafen, waren im Reichsanzeiger veröffentlicht worden und sind nachstehend auszugsweise wiedergegeben.

Auszug

aus dem Reichsgesetzblatt, Teil I Nr. 39 vom 4. März 1939. Aufgrund der Verordnung zur Durchführung des Vierjahresplanes vom 18. Oktober 1936 (Reichsgesetzblatt I) Seite 887 verordne ich folgendes:

§ 1

(1) Die Herstellung von Kraftfahrzeugen mit ihren Anhängern unterliegt der Genehmigung des Generalbevollmächtigten für das Kraftfahrwesen

(2) Der Generalbevollmächtigte setzt Bauart, Hubraumklassen, Typenzahlen und Nutzlastgrenzen fest, die jeweils von dem Hersteller einzuhalten sind

(3) Der Generalbevollmächtigte bestimmt die Fabriken, die Motoren für Motorfahrräder herstellen dürfen.

§ 2

Die Ausführungsvorschriften erläßt der Generalbevollmächtigte für das Kraftfahrwesen.

Berlin, den 2. März 1939

Der Beauftragte für den Vierjahresplan Göring Generalfeldmarschall

Auszug aus der Original-Verordnung: »Die innerhalb des Vierjahresplanes durch die Einsetzung eines Generalbevollmächtigten – des General von Schell* – für das gesamte Kraftfahrwesen geschaffene Stelle hat eine durchgreifende Vereinfachung der Fahrzeugtypen sowie die Vereinheitlichung der Kraftfahrzeugteile und des Zubehörs angeordnet.

Auszug

aus dem deutschen Reichs- und preußischen Staatsanzeiger Nr. 66 vom 18. März 1939. Ausführungsvorschriften zu der Verordnung über die Typenbegrenzung in der Kraftfahrzeugindustrie vom 2. März 1939. Aufgrund der Verordnung des Ministerpräsidenten Generalfeldmarschall Göring als Beauftragten für den Vierjahresplan vom 2. März 1939, betr. die Typenbegrenzung in der Kraftfahrzeugindustrie, erlasse ich die folgenden Ausführungsbestimmungen. Es werden hergestellt **(nur Protektorat Böhmen-Mähren):**

* Generalmajor Adolf von Schell war bis zum Jahre 1942 gleichzeitig Leiter der Amtsgruppe Kraftfahrwesen im Oberkommando des Heeres/Allgemeines Heeresamt (OKH/AHA/Ag K)

A. Personenkraftwagen
bis 1,2 l Hubraum
keine
über 1,2–2,0 l Hubraum
keine
über 2,0–3,0 l Hubraum
1 Haupttyp der Firma Ringhoffer-Tatra-Werke AG
über 3,0–4,0 l Hubraum
keine
über 4,0 l Hubraum
keine
B. Lastkraftwagen
1 t Nenn-Nutzlast
keine
1,5 t Nenn-Nutzlast
keine
3 t Nenn-Nutzlast
1 Haupttyp der Firmen Klöckner-Humboldt-Deutz AG, Magiruswerke und Ringhoffer Tatra-Werke AG mit Dieselmotor. Herstellung nach der zwischen den beiden vorgenannten Firmen vereinbarten gemeinsamen Konstruktion.
4,5 t Nenn-Nutzlast
keine
6,5 t Nenn-Nutzlast
Ringhoffer-Tatra-Werke AG

In Wirklichkeit stellten sich der Ausführung des Schell-Plans durch die Kriegsereignisse bald große Schwierigkeiten gegenüber. Durch die erzwungene Übernahme von Nachbauten verschiedener Militärfahrzeuge, war die Fahrzeugindustrie Böhmen-Mährens rasch völlig ausgelastet. Die Tatsache, daß das Menschenpotential fast unberührt blieb, sorgte für eine Qualität der Arbeit, die im Reich fast nirgends mehr zu finden war. Es stellten, vorwiegend für den Bedarf der Deutschen Wehrmacht, her:

Praga (Böhmisch-Mährische Maschinenfabrik, Prag)
- Lastkraftwagen ND (bis 1940)
- Lastkraftwagen RND (bis 1940)
- Lastkraftwagen SND (bis 1940)
- Vollkettenschlepper (bis 1944)

AG vormals Škoda, (Pilsen, Königgrätz)
- Personenkraftwagen Popular 1100 (bis 1942)
- Personenkraftwagen Superb 3000 (bis 1943)
- Lastkraftwagen 256 B (bis 1945)
- Lastkraftwagen 254 D (bis 1942)
- Lastkraftwagen 706 (bis 1943)
- Zugkraftwagen 3 t (auch gepanzert), Nachbau (bis 1945)
- Zugkraftwagen 12 t, Nachbau (bis 1945)
- Radschlepper Ost (Prototypen)

Tatra (Nesselsdorf, Kolin)
- Personenkraftwagen T 57 k (bis 1945)
- Personenkraftwagen V 809 (bis 1943)
- 6-Rad-Personenkraftwagen T 93 (bis 1940)
- Lastkraftwagen T 27b (bis 1940)
- Lastkraftwagen T 81 (bis 1942)
- Lastkraftwagen T 85 A (bis 1941)
- Lastkraftwagen T 92 (bis 1940)
- Lastkraftwagen T 111 (1943 bis 1945)
- schwerer Wehrmachtschlepper, Nachbau (bis 1945)

Am 1. November 1941 berichtete der Generalbevollmächtigte für das Kraftfahrzeugwesen über die Motorisierung im Kriege wie folgt:

»A. Wirtschaftlich

1. Die Typenbereinigung in der Kraftfahrzeug-Industrie ist durchgeführt in Deutschland, Frankreich (einschl. Belgien und Holland) und im Protektorat mit folgendem Ergebnis:

	vor dem Krieg	jetzt	nach dem Krieg
Deutschland			
– Personenkraftwagen	55	1	29
– Krafträder	150	9	26
Frankreich			
– Personenkraftwagen	67	–	–
– Krafträder	–	–	–
Protektorat			
– Personenkraftwagen	14	3	–
– Krafträder	11	6	–

2. Sämtliche Sonderkonstruktionen der Wehrmacht auf dem Gebiet der Räder-Kraftfahrzeuge wurden ausgemerzt (teilweise befinden sie sich noch im Auslauf) und zwar wurden Sonderkonstruktionen des leichten Einheits-PKW ersetzt durch Volkswagen (2- und 4-Radantrieb), Sonderkonstruktionen des mitt-

leren und schweren Einheits-PKW ersetzt durch Kraftfahrzeuge auf Fahrgestell des 1,5 t LKW (S- bzw. A-Typ).
Die entsprechenden Wirtschaftskraftfahrzeuge (VW, 1,5 t, 3 t und 4,5 t) werden zweiradgetrieben für die Wirtschaft, vierradgetrieben für die Wehrmacht gebaut.
3. *Aus der Kraftfahrzeug-Produktion Deutschlands, Frankreichs und des Protektorates werden für deutsche Zwecke vom 1. September 1939 bis 1. September 1941 nutzbar gemacht: Personenkraftwagen 128900 und Krafträder 189000.«*

Das »Schell-Programm« ist jedoch infolge der Kriegsereignisse und wegen des Widerstandes der einschlägigen Industrie nie voll zum Tragen gekommen.

Geländegängige Radschlepper, Baureihe 6 MT

1934 stellte Škoda Prototypen von 6-Radschleppern vor, die als Selbstfahrlafetten für Hochleistungsgeschütze verwendet wurden. Die Fahrzeuge wiesen folgende Leistungsdaten auf:

Typ		6 MT 6	6 MTP 6
Eigengewicht	kg	3000	3150
Nutzlast	kg	2500	2500
Motorart		6-Zyl.-Otto	6-Zyl.-Otto
Bohrung/Hub	mm	88/100	88/100
Leistung	PS/1 min	50/1900	50/1900
Kühlung		Luft	Luft
Zahl der Räder		6	6
angetriebene Räder		4	6
Geschwindigkeit	km/h	50	50
Bewaffnung		3,7-cm-PTK	4-cm-Z1

Leistungsdaten der oben genannten Geschütze:

Typ		Z 1	Z 2
Kaliber	mm	40	47
Rohrlänge	mm	2840	2040
Kaliberlänge	L/	71	44
Gewicht Sprenggranate	kg	0,95	1,5
Gewicht Panzergranate	kg	1,06	1,65
Abgangsgeschwindigkeit	m/s	950/900	800/775
Max. Schußweite	m	9200	10700
Max. Schußhöhe	m	6230	7250
Höhenrichtbereich		−3° bis +85°	−7° bis +85°
Seitenrichtbereich		360°	360°
Gewicht des Geschützes	kg	700	1250
Schußfolge/min		40	25

Als Nachteil der Geschütze erwies sich die halbautomatische Auslegung und die dadurch niedrige Kadenz. Die Waffen hatten eine für ihre Zeit beachtliche Durchschlagsleistung. Die Schlepper der Baureihe 6 MT zeigten Frontlenker-Fahrerhaus. Der Motor war hinter der Vorderachse untergebracht. Es blieb bei den Prototypen.

Radschlepper Ost

Nach den Schwierigkeiten der deutschen Heeresversorgung im ersten Winter 1941/42 des Rußlandfeldzuges erging die Forderung nach vereinfachten Zugmaschinen, verglichen mit der aufwendigen Bauweise der Halbkettenfahrzeuge, die einen hohen Aufwand an Produktionsstunden und Rohmaterial verlangten. Zudem wurde der Mangel an Zugpferden bei bespannten Einheiten so ausgeprägt, daß auch Infanterieverbände dringend nach einer Lösung verlangten. Die Forderung der Truppe fand ihren Niederschlag in den für Infanterieverbände vorgesehenen Rad- und Vollkettenschleppern, dem Radschlepper-Ost und Raupenschlepper-Ost. Das Heereswaffenamt WaPrüf6 beauftragte die Steyr-Daimler-Puch AG mit der Entwicklung, schaltete aber für den Entwurf auch noch die Dr.-Ing. h. c. F. Porsche KG ein. Im Januar 1942 legte Steyr den ersten Entwurf für einen Radschlepper vor. Dieser basierte auf dem von der selben Firma gebauten 1,5-t-Lastkraftwagen, dem Typ 1500 aus dem Schell-Programm. Es war vorgesehen, das Originalfahrzeug mit 1,5 m großen Eisenrädern zu versehen, wobei sich der Radstand von 3250 auf 3300 mm vergrößerte.
Die von Direktor Dipl.-Ing. Hacker der Steyr-Werke vorgeschlagene Lösung, den 1,5-t-Lastkraftwagen dieser Firma mit großen Eisenrädern zu versehen, ließ sich jedoch nicht verwirklichen. Eine nochmalige Untersuchung dieses Vorschlages wurde eingeleitet. Grundbedingung war noch immer die Hochbockigkeit der Räder, der Vierradantrieb und der luftgekühlte Motor. Weniger wichtig erschien eine Beeinträchtigung der Ladefläche und der Zugkraft. Auch wurde Einzelradfederung für überflüssig gehalten, da nur eine Geschwindigkeit von 16 km/h verlangt wurde. Es sollte auf alle Fälle eine Versorgung der Truppe mit solchen Fahrzeugen im kommenden Winter 1942/43 gewährleistet werden.
Durch die Dr.-Ing. h. c. F. Porsche KG in Stuttgart wurde der Auftrag des Heereswaffenamtes WaPrüf6 über ein

Ein von der Dr.-Ing. h. c. F. Porsche KG erstelltes Holzmodell des Radschleppers Ost.

Der Radschlepper Ost, von dem bei Škoda eine O-Serie von 100 Stück gefertigt wurde.

solches Fahrzeug in dem Entwurf 175 verwirklicht. Außerdem wurde die französische Firma Latil vom Heereswaffenamt gebeten, die Wiederaufnahme der Produktion ihres vorher für die französischen Streitkräfte hergestellten Radschleppers F.T.A.R.H. vorzubereiten. In ihrem Aussehen waren sich der Latil-Schlepper und der Porsche-Entwurf ähnlich, von dem in der Zwischenzeit die ersten Prototypen bei Škoda der Fertigstellung entgegen gingen. Für das Fahrzeug war aus den Zylindereinheiten des Porsche-Tiger ein luftgekühlter 4-Zylinder-Reihenmotor mit stehenden Zylindern entwickelt worden. Dieser Viertakt-Motor wurde als Otto- und als Dieselmotor ausgelegt. Gebaut wurde jedoch nur die Otto-Ausführung. Die abnehmbaren Zylinderköpfe waren aus Leichtmetall und stark verrippt. Die im Kurbelgehäuse liegende Nockenwelle wirkte durch Rollenstößel, Stößelstangen und Kipphebel auf die hängenden Ventile. Mit 6024 cm³ Hubraum und einer Verdichtung von 5,45 ergab sich bei 2100 1/min eine Leistung von 90 PS bei einem Drehmoment von 39 mkg bei 1100 1/min. Die Kraftstoffzufuhr erfolgt über eine Pumpe zu einem Solex 48 FNVP Vergaser. 250 l Kraftstoff wurden mitgeführt. Um ein Anspringen des Motors auch bei extrem niedrigen Temperaturen zu gewährleisten, wurde serienmäßig ein Anlaßmotor eingebaut, der an der Vorderseite des Hauptmotors angeflanscht war. Es handelte sich um einen luftgekühlten Viertakt-Zweizylinder Reihenmotor, aus dem Volkswagen-Motor entwickelt, mit 75 mm Bohrung und 64 mm Hub. Bei 565 cm³ Hubraum wurde eine Leistung von 12 PS erreicht. Er diente hauptsächlich zum Vorwärmen des Saugrohres, der Zylinder und des Öles im Hauptmotor, zum Anlassen des Hauptmotors sowie zur Beheizung des Fahrerhauses. Das zum Anlassen des Hauptmotors vorgesehene Getriebe bestand aus Kupplung, Planetengetriebe und Ritzel mit selbsttätiger Auskupplung. Zwei Kupplungen waren vorhanden. Die erste war eine Turbokupplung, welche einen weichen Eingriff verbürgte, die sich jedoch beim Anfahren in höheren Gängen und bei längerer Überlastung zu sehr erwärm-

Radschlepper Ost (RSO).

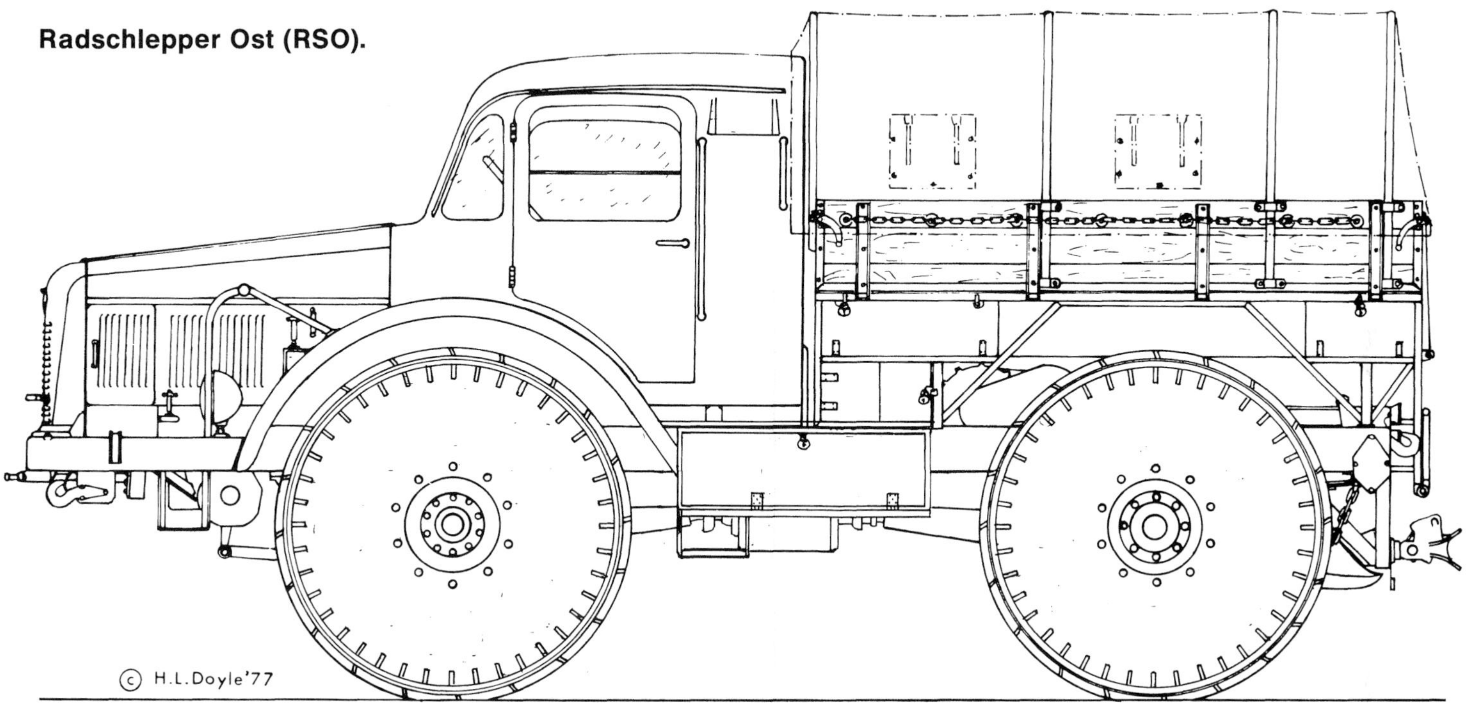

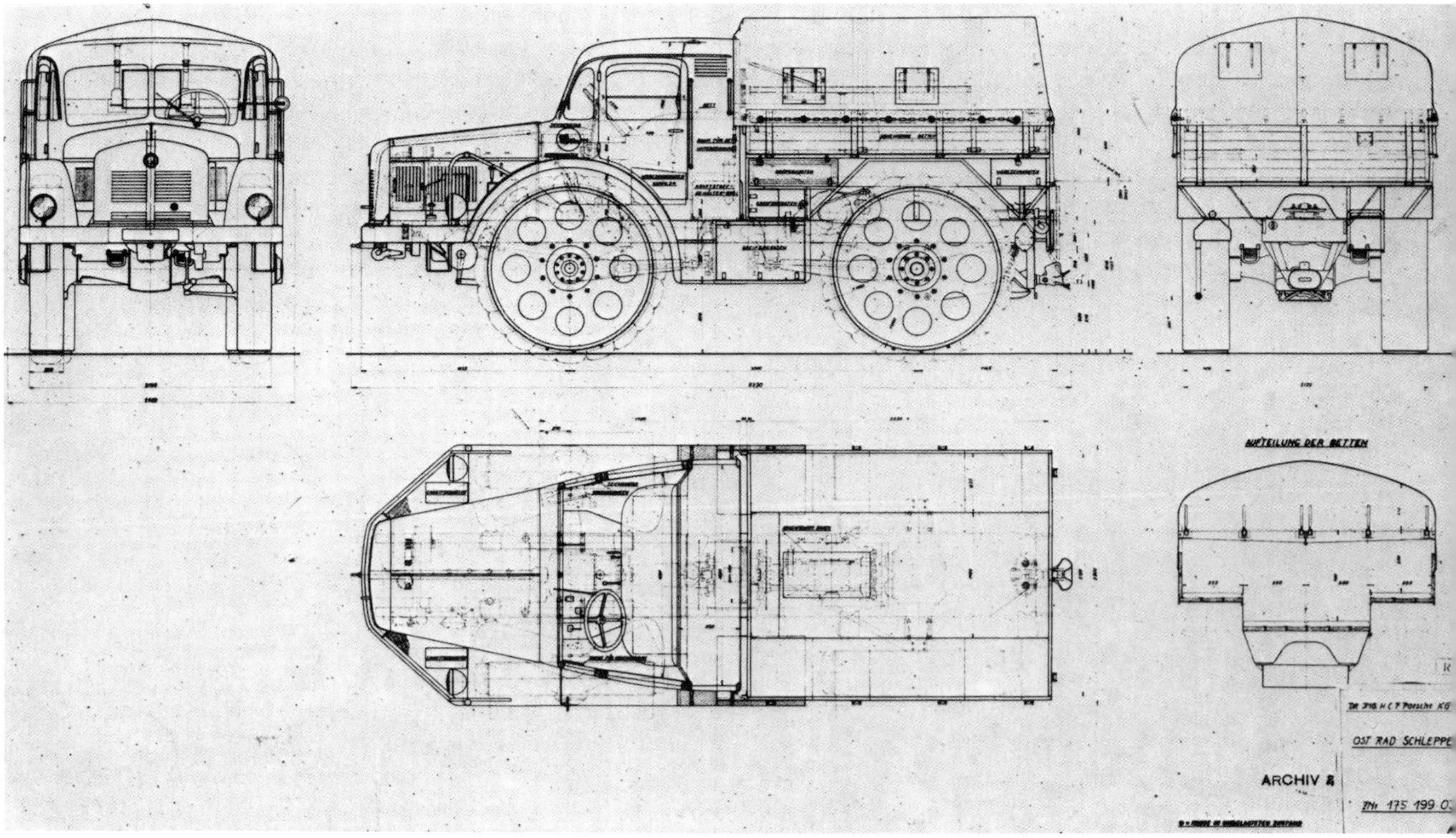

Übersichtsskizze vom Radschlepper Ost.

Vergleich zwischen dem Austro-Daimler Radschlepper Vz 17 und dem Radschlepper Ost, beide Entwicklungen von Prof. Dr.-Ing. h. c. F. Porsche (Skizze Fr. Gruber).

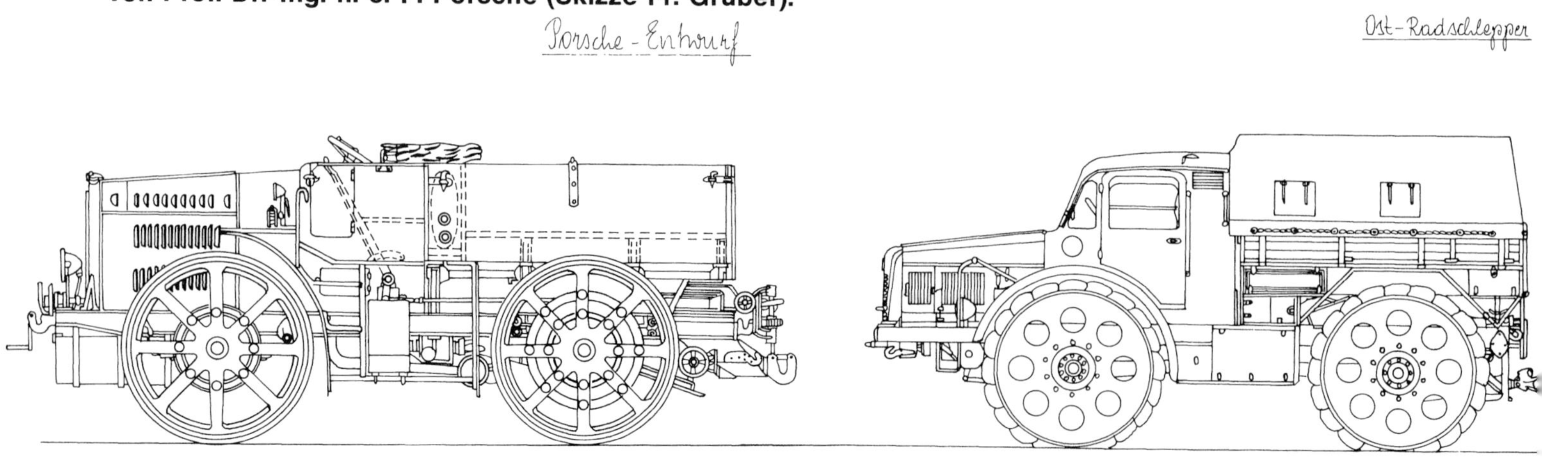

te. Deshalb war noch eine trockene Einscheibenkupplung vorgesehen. Das Wechselgetriebe hatte fünf Vorwärts- und einen Rückwärtsgang, außerdem einen Antrieb für eine Seilwinde. Ein Verteilergetriebe ermöglichte den Antrieb der Vorder- und Hinterräder. Die Ausgleichssperre in den Verteilergetrieben kuppelte kraftschlüssig die zwei linken mit den zwei rechten Rädern. Jedes der Räder wurde über zwei Kegelradübersetzungen angetrieben. Die in Wagenmitte untergebrachte Seilwinde hatte eine Zugkraft von 5000 kg. Die als Schneckenrad mit Spindel ausgelegte Lenkung wirkte über eine ungeteilte Spurstange. Es wurden mechanische Außenbandbremsen verwendet, die über den Handbremshebel sowie ein Fußpedal auf alle vier Räder wirkten. Das Fahrzeug wurde durch Blattfedern abgestützt, die an ihren Enden auf Gleitplatten ruhten. Die Eisenräder mit Stollen und abnehmbaren Greifern hatten einen Durchmesser von 1500 mm, sie waren vorne 300 mm und hinten 400 mm breit. Eine Bergstütze diente auch zur Zugsicherung beim Einsatz der Seilwinde, sie konnte vom Fahrersitz aus abgelassen werden. Schub- und Zugkraft wurden durch Streben, die fest mit den Achsen verbunden und an ihren freien Enden kugelgelagert waren, übertragen. Bei 3000 mm Radstand betrug die Spurweite vorne 1820 mm und hinten 1720 mm. Das Gesamtgewicht war mit 12 t festgelegt. Dabei ergab sich eine Nutzlast von 4000 kg. Im Fahrerhaus war Platz für drei Personen und ein Bett vorhanden, während auf der Pritsche weitere acht abnehmbare Betten untergebracht werden konnten.
Die Stahlräder wurden im Laufe der Entwicklung mehrmals geändert. Trotz aller Bemühungen konnte keine zufriedenstellende Lösung gefunden werden. Im Schnee, vor allem aber auf befestigten Wegen, ließen sich nur unzureichende Zugleistungen auf den Boden bringen.
Aufgrund von Vergleichsfahrten mit Maultier-Fahrzeugen befahl Hitler am 11. 4. 1943 die Einstellung der Porsche- und Latil-Radschlepper-Produktion. Vom Porsche-Radschlepper war durch das Reichsministerium für Bewaffnung und Munition aber bereits im Januar 1943 der Auftrag zur Fertigung einer O-Serie mit 200 Einheiten* bei der AG vorm. Škodawerke in Pilsen für Truppenversuche erteilt worden. Škoda hatte außerdem einen Monatsausstoß von je 100 Fahrzeugen vorbereitet. Nach Einstellung der Produktion kamen die freiwerdenden Materialkontingente der Fertigung von Maultier-Fahrzeugen zugute.**

* Reduziert auf 100 Stück nach Vorführung vor Hitler am 4. 1. 1943

Radzugkraftwagen (6 x 6) der Firma Tatra

Die tschechoslowakischen Streitkräfte erhielten in den Jahren 1933/34 25 Stück Artillerie-Schlepper vom Typ T 25. Die Fahrzeuge hatten 6-Radantrieb. Alle Räder wa-

Tatra lieferte 25 Artillerie-Schlepper, Typ T 25. Fahrgestell in typischer Tatra-Bauweise (Prototyp T 24).

ren einfach bereift. Während der Prototyp T 24 1926 (Bulldog) noch mit einem 6-Zylinder Ottomotor mit 115 mm Bohrung (Hubraum 11210 cm³) sowie 110 PS Leistung ausgerüstet war, hatte der Serienmotor 120 mm Bohrung, 180 mm Hub und einen Zylinderinhalt von 12210 cm³. Das 4-Gang-Wechselgetriebe war mit einem zusätzlichen Untersetzungsgetriebe versehen. Die Höchstgeschwindigkeit betrug 30 km/h. Eine 5 t-Seilwinde war eingebaut. Der Radstand betrug 3,63 und 1,25 m. Das sehr robust ausgelegte Fahrzeug hatte 10 t

** siehe Band 5 »Halbkettenfahrzeuge« der Buchreihe »Militärfahrzeuge«

Die Produktions-
ausführung des
Artillerie-Schleppers
T 25 mit Luftbereifung.

Unten:
Der Prototyp T 24
des Artillerie-Schlep-
pers im Gelände.

Vom Tatra Artillerie-
Schlepper T 84
wurden 1935 drei
Prototypen gebaut.

Leergewicht und war daher im Gelände nicht sehr beweglich.
Vom 6x6 Artillerieschlepper Tatra T 84 wurden 1935 drei Prototypen gebaut. Die Lizenz für die Fertigung der Fahrzeuge wurde dann an die Firma Lorraine nach Frankreich verkauft. Der Motor war hinter dem Frontlenker-Fahrerhaus untergebracht. Es handelte sich um einen flüssigkeitsgekühlten 4-Zylinder-Ottomotor mit 7478 cm^3 Hubraum (Bohrung/Hub 115x180 mm) und 65 PS Leistung. Es war ein 4-Gang-Wechselgetriebe mit zusätzlicher Untersetzung eingebaut. Der Radstand betrug 3780 und 1150 mm, die Spurweite 1700 mm. Es waren Reifen der Größe 9,75–20 einfach aufgezogen. Die Höchstgeschwindigkeit betrug 55 km/h. Eine 2,5 t-Seilwinde war eingebaut.

Artillerieschlepper Tatra T 25.

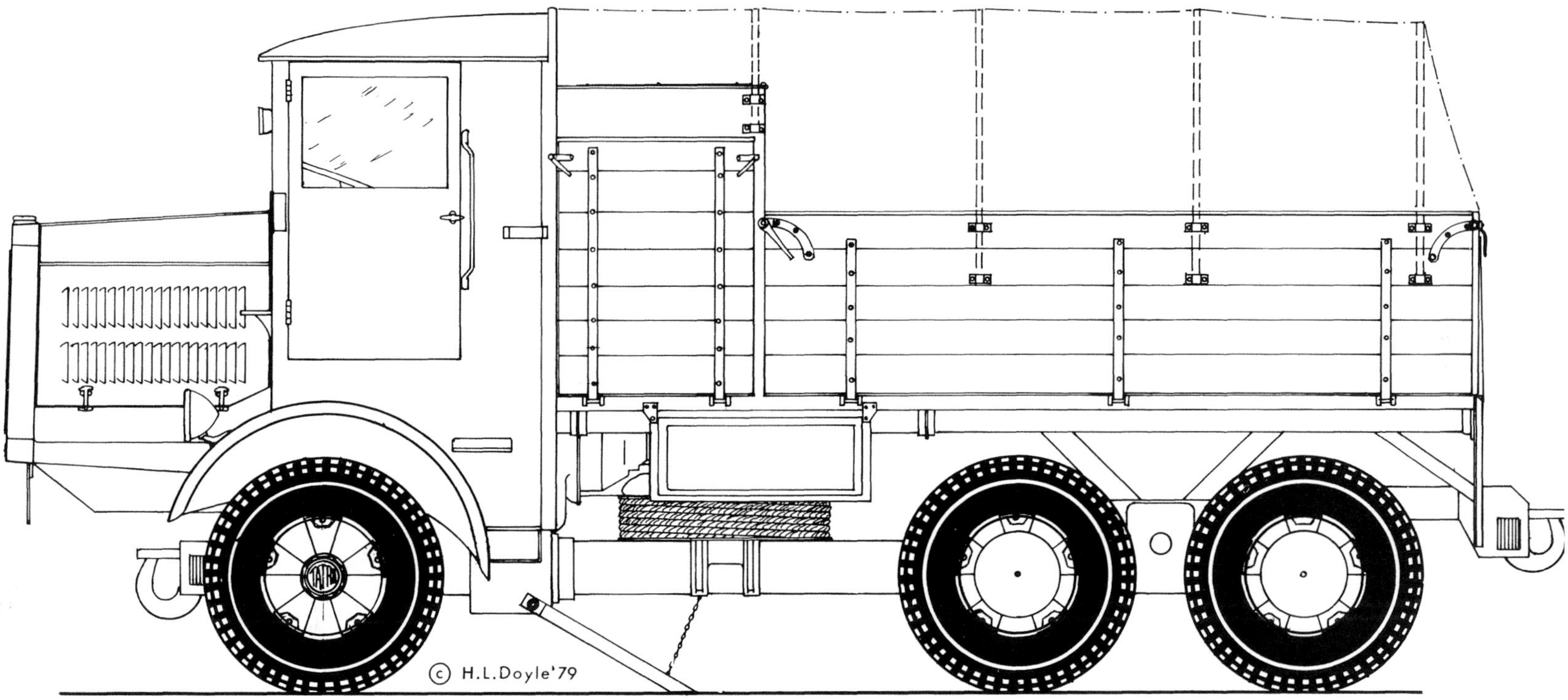

ZUGKRAFTWAGEN ALS RÄDER/RAUPENFAHRZEUG ODER HALBKETTENFAHRZEUG

ZUGKRAFTWAGEN ALS RÄDER/RAUPENFAHRZEUG (gepanzert oder ungepanzert)

Die noch ungelösten Probleme mit Gleisketten-Laufwerken führten in den zwanziger Jahren in vielen Ländern zu einer Räder-Raupen-Auslegung für Zugmaschinen und gepanzerte Fahrzeuge. Dadurch sollten die Gleisketten bei Straßenfahrt geschont und nur im Gelände verwendet werden. Die tschechoslowakische Industrie betrieb diese Entwicklung mit Nachdruck und fand darin die volle Unterstützung des Ministeriums für Nationale Verteidigung. Bereits 1924 ergab sich durch eine enge Zusammenarbeit zwischen den Firmen Škoda und Tatra das erste Fahrzeug der »Kolo-Housenka« (Räder-Raupen)-Baureihe. Das Fahrzeug KH 50,

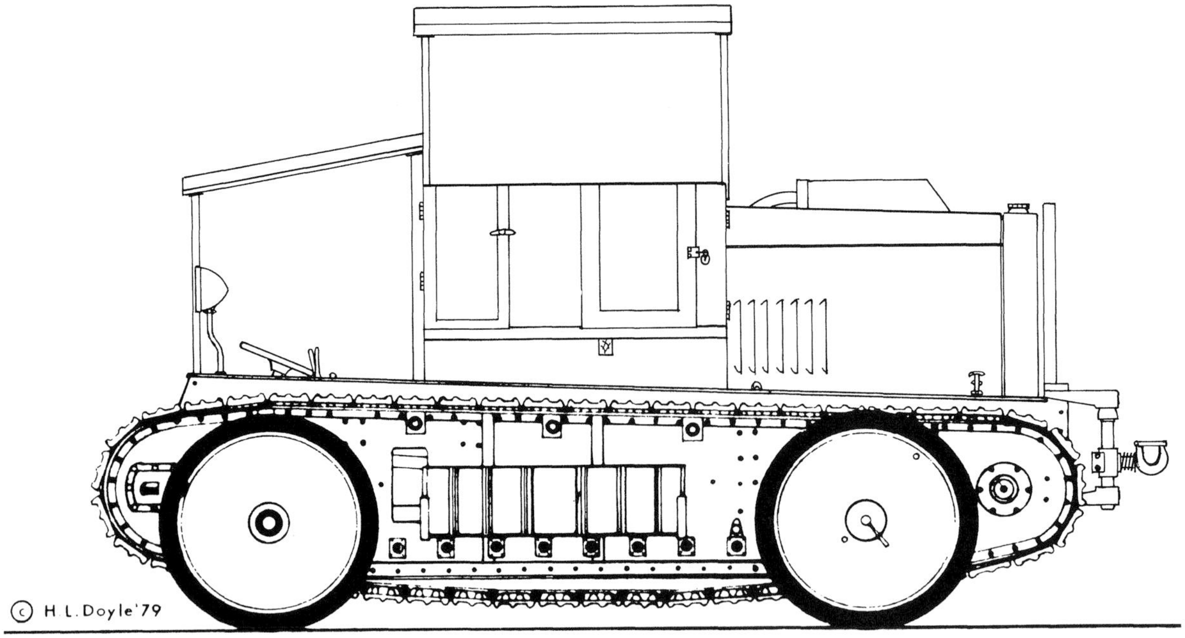

Räder-Raupen-Fahrzeug KH 60.

Räder-Raupen-Fahrzeug (gepanzert) KH 50.

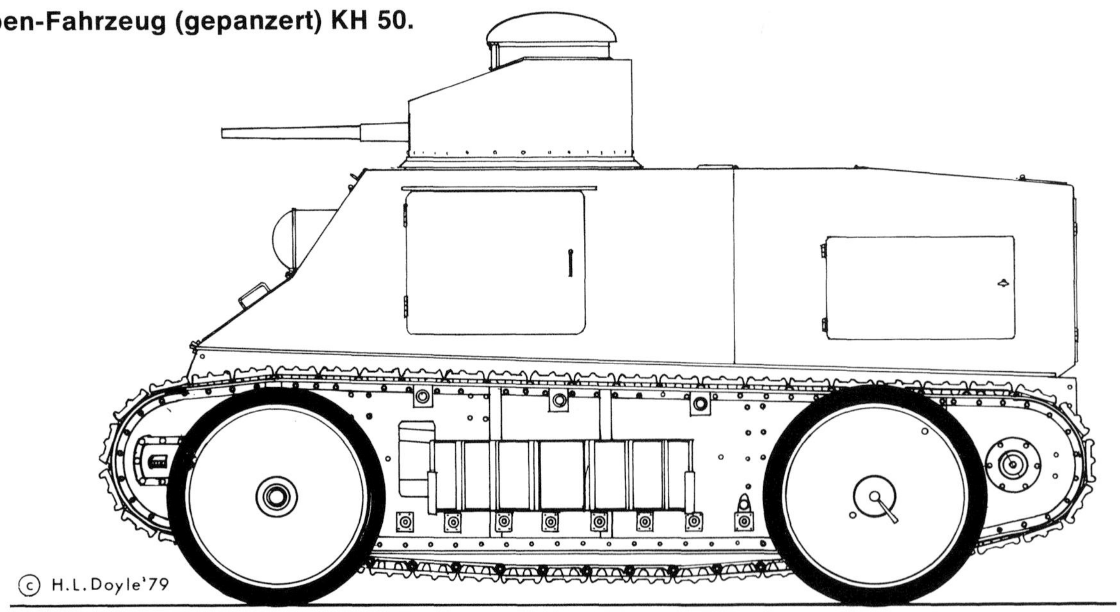

Das »Kolo-Housenka« Räder-Raupen-Fahrzeug vom Typ KH 60, welches in Zusammenarbeit der Firmen Škoda und Tatra entstand.

»Kolo-Housenka« KH 50 bei Gleiskettenbetrieb im Gelände.

Das Fahrzeug KH 50 wurde versuchsweise mit einer bis zu 13 mm dicken Panzerung und einer 3,7-cm-Škoda-Pak versehen. Die Bilder zeigen das Fahrzeug im Gelände und bei der Umstellung von Ketten- auf Radbetrieb.

von dem nur Prototypen gebaut wurden, wurde versuchsweise mit einer 6 bis 13 mm dicken Panzerung versehen und bot Platz für zwei Mann Besatzung. Das Gefechtsgewicht betrug 7,5 t, eine 3,7-cm-Škoda-Pak war eingebaut. Der flüssigkeitsgekühlte 4-Zylinder-Škoda-Motor wies eine Leistung von 50 PS auf. Es war ein 4-Gang-Wechselgetriebe eingebaut. Auf Rädern betrug die Spurweite 1800 mm, auf Gleisketten 1150 mm. Zur Umstellung von Rad- auf Gleiskettenbetrieb und umgekehrt mußte die Besatzung das Fahrzeug verlassen und Spezialrampen unter die Gleisketten bzw. Räder legen, welche am Fahrzeug permanent mitgeführt wurden. Die Umstellung dauerte etwa zehn Minuten.

Das Räder-Ketten-Versuchsfahrzeug der Firma Tatra führte die Bezeichnung KTT.

Auf Gleisketten wurde eine Geschwindigkeit von 18 km/h, auf Rädern eine solche von 45 km/h erreicht. 30° Steigung konnte bei Gleiskettenbetrieb überwunden werden. Die Bodenfreiheit betrug 300 mm, die Kettenbreite ebenfalls 300 mm. Der Kraftstoffvorrat von 160 l reichte für eine Straßenfahrt auf Rädern bis zu 300 km. Ohne Panzerung konnten die Fahrzeuge als Artillerie-Zugmaschinen eingesetzt werden.
Dem KH 50 folgten die Ausführungen KH 60 (1928) und KH 70 (1930), die sich lediglich durch eine erhöhte Motorleistung (60 bzw. 70 PS) unterschieden.
Der KH 60- bzw. 70 Schlepper war 6,8 t schwer und hatte eine Höchstgeschwindigkeit von 25 km/h. Die Dicke der gepanzerten Stirnwand betrug 13 mm bei einer Winkelstellung von 55°. Die Seitenwände der Wanne sowie die des Drehturmes hatten senkrechte Flächen, ebenfalls mit 13 mm Dicke. Einige der gepanzerten KH 70 Fahrzeuge wurden an die Türkei verkauft. Bei der tschechoslowakischen Armee wurden sie vorwiegend zur Fahrerausbildung verwendet, da sich das Räder-Raupenprinzip letztlich, weil technisch zu aufwendig, nicht durchsetzte.
Noch 1930 entwickelte die Firma Tatra ein Räder-Raupen-Versuchsfahrzeug, Typ KTT (Kolopasovy Traktor), welches mit einem flüssigkeitsgekühlten 6-Zylinder-Ottomotor ausgerüstet war, der bei 1500 1/min. 120 PS leistete. Bohrung und Hub waren mit 120x180 mm festgelegt, der Hubraum betrug 12210 cm³. Bei einer Gesamtlänge von etwa sechs Metern hatte das Fahrzeug einen lastwagenähnlichen Aufbau. Es blieb bei diesem Prototyp. Gegenüber seinen Vorgängern erfolgte die Umstellung von Rad- auf Raupenbetrieb hydraulisch vom Fahrersitz aus.

Schwerer Wehrmachtschlepper

Die Vereinfachungsbestrebungen des Heereswaffenamtes WaPrüf6 sahen ab 1944 eine Ablösung des mittleren 5 t-Zugkraftwagens (Sd.Kfz. 6), der als Nachbau auch bei der Fa. Böhmisch Mährische Maschinenfabrik gefertigt wurde, durch die Neukonstruktion eines schweren Wehrmachtschleppers, einer Halbkettenzugmaschine, vor. Der Einsatz dieses einfachen und billigen Fahrzeuges war bei Infanterie-Divisionen vorgesehen. Das Heereswaffenamt bemühte sich um eine herstellungs- und rohstoffmäßig einfache Konstruktion. Außerdem wurde die Höchstgeschwindigkeit, die bei den Zugkraftwagen 50 km/h betrug, erheblich verringert. Verbessert wurde insbesondere die zulässige Nutzlast und Geländegängigkeit durch niedrigen spezifischen Bodendruck. Ein diesbezüglicher Entwicklungsauftrag des Heereswaffenamtes WaPrüf 6 erging am 7. Mai 1942 an Fa. Büssing-NAG, welche das erste Fahrzeug im Frühjahr 1943 einführungsreif haben sollte. Die Serienfertigung begann im Dezember 1943, der sWs stand als Zugmittel für 4 t-Nutzlast und 8 t-Zugkraft zur Verfügung. Das zulässige Gesamtgewicht betrug

Das Fahrgestell des von Tatra im Nachbau gefertigten schweren Wehrmachtschleppers in Seiten- und Draufsicht.

Schwerer Wehrmachtschlepper als Zugmittel für die 8,8-cm-Pak 43 bei der Deutschen Wehrmacht.

Vergleichsfahrt in tiefem Schnee in St. Johann in Tirol. Von vorne: schwerer Wehrmachtschlepper, Zugkraftwagen 12 t, Zugkraftwagen 1 t, leichter Schützenpanzer, mittlerer Schützenpanzer (alle mit Mittelkufe 44 zur besseren Schneegängigkeit).

13,5 t. Der gegenüber den vorhandenen Zugkraftwagen stark vereinfachte schwere Wehrmachtschlepper hatte verbreiterte ungeschmierte Gleisketten ohne Gummipolster, ein Schachtellaufwerk, ein Cletrac-Lenkgetriebe und als Antriebsquelle einen Maybach-Motor HL 42 mit einer Leistung von 100 PS. Die Höchstgeschwindigkeit des am Laufwerk mit Drehstabfedern ausgerüsteten schweren Wehrmachtschleppers betrug 29 km/h. Für den Bereich der Wehrmacht wurden vorerst 7484 dieser Fahrzeuge zur Fertigung vorgesehen, wobei das Heereswaffenamt WalRüWuG 12 versuchte, die Neufertigung bis Frühjahr 1943 auf etwa 150 Einheiten pro Monat zu steigern.

Der Bau der 5 t Zugkraftwagen mit Maybach HL 54 Motor wurde am 1. Januar 1943, die Fertigung des HL 54 Motors bereits Ende 1942 eingestellt.

Den Auftrag für eine Serienfertigung erhielten die Firmen Büssing-NAG in Berlin-Oberschöneweide und Ringhoffer-Tatra in Kolin. Die Fertigung begann erst im Dezember 1943 mit fünf Einheiten und erreichte eine Gesamtproduktion von etwa 1000 Fahrzeugen.

Je eine Ausführung des schweren Wehrmachtschleppers mit gepanzertem Vorderteil lief als Versorgungsfahrzeug und als Selbstfahrlafette für die 3,7-cm-Flak 43. Nach Entwürfen vom August 1943 sollte auch die 7,5-cm-Pak L/70 und die 10,5-cm-le FH 18/6 auf dieses Fahrzeug gebaut werden. Als Ersatz für den 15-cm-Panzerwerfer 42 auf dem leichten Maultier-Fahrgestell diente ein vollgepanzerter schwerer Wehrmachtschlepper, der den 15-cm-Nebelwerfer-Zehnling trug. Eine Weiterentwicklung des schweren Wehrmachtschleppers erfolgte nach Ende des Zweiten Weltkrieges in der Tschechoslowakei, wo bei der Firma Tatra übriggebliebene Bauteil-Restbestände aufgebraucht wurden. 1953 baute Tatra in eines dieser Fahrzeuge den luftgekühlten 12-Zylinder-Dieselmotor Typ 103 ein. Das Fahrzeug wurde 1955 als Prototyp T 809 vorgestellt. Es war mit einem 140 PS luftgekühlten V-8-Dieselmotor

Schwerer Wehrmachtschlepper (sWS).

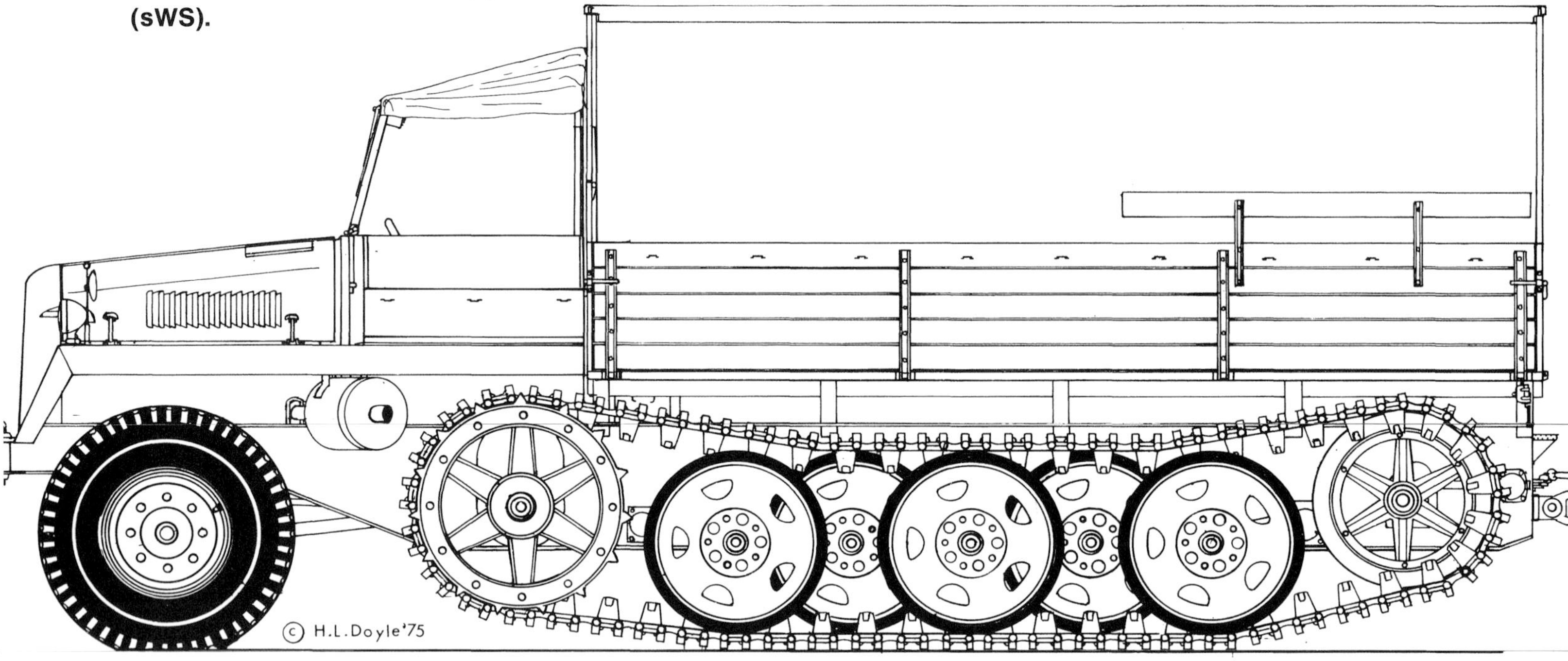

Nach Beendigung des Zweiten Weltkriegs befaßte sich Tatra mit der Weiterentwicklung des schweren Wehrmachtschleppers, dem Typ 809, von dem jedoch nur noch Prototypen gebaut wurden.

mit etwa 10 Liter Hubraum ausgerüstet. Seine Nutzlast betrug 8 t, der spezifische Bodendruck etwa 0,6 kg/cm^2. Zu einer Serienfertigung ist es wegen Umstellung der Produktion auf russisches Material nicht mehr gekommen.

Nachbau deutscher Halbkettenzugmaschinen im Protektorat Böhmen-Mähren

Zugkraftwagen 3 t
Die in großer Stückzahl bei der Deutschen Wehrmacht verwendeten und gut bewährten Schützenpanzerwagen der Sd. Kfz. 251-Baureihe auf dem veränderten Fahrgestell des Zugkraftwagens 3 t wurden im Nachbau auch im Protektorat Böhmen-Mähren gefertigt. Die Firmen Škoda in Pilsen und Bohemia in Böhmisch-Leipa setzten die Produktion nach Beendigung des Zweiten Weltkrieges 1945 fort und belieferten die tschechoslowakischen Streitkräfte. Nachdem zunächst der unveränderte mittlere Schützenpanzerwagen weitergebaut wurde, ergaben sich im Zuge der Weiterentwicklung grundsätzliche Änderungen. Der gepanzerte Aufbau wurde oben geschlossen, das in der Fertigung aufwendige Laufwerk, vor allem die geschmierten Gleisketten, vereinfacht. Letztlich wurde ein Tatra-Die-

Die Firmen Škoda und Bohemia bauten während des Zweiten Weltkrieges den mittleren Schützenpanzerwagen der Deutschen Wehrmacht nach. Als Weiterentwicklung erschien nach Beendigung des Zweiten Weltkriegs der Typ OT 810, der noch heute bei der tschechoslowakischen Volksarmee verwendet wird.

selmotor eingebaut. Diese Schützenpanzer laufen noch heute als Typ OT 810 in der tschechoslowakischen Volksarmee.

Zugkraftwagen 12 t
Bei Škoda wurde auch in geringem Umfang der Nachbau des Zugkraftwagens 12 t betrieben, einer Daimler-Benz-Entwicklung. Er war bei der Deutschen Wehrmacht als Zugmittel für schwere Artillerie eingesetzt (Sd. Kfz. 8) und lief noch Jahre nach Beendigung des Zweiten Weltkrieges in der tschechoslowakischen Volksarmee als Zugmittel für sowjetische Geschütze.

Im Nachbau stellte Škoda auch den Zugkraftwagen 12 t der Deutschen Wehrmacht her. Das Bild rechts zeigt das Fahrzeug als Zugmittel für sowjetische Geschütze der tschechoslowakischen Volksarmee.

Gepanzerte Radfahrzeuge

Gepanzerte Radfahrzeuge der Firma Lancia

Als die tschechoslowakische Wehrmacht im Oktober 1918 aufgestellt wurde, befanden sich neben Panzerzügen der ehemaligen k.u.k-Armee auch zwei italienische Lancia I.Z. Rad-Panzerwagen im Besitz der tschechoslowakischen Truppe. Sie waren Bestandteil der Ausrüstung der tschechischen Legion im italienischen Heer. Die Fahrzeuge wurden ab 1915 von Ansaldo in Zusammenarbeit mit Lancia entwickelt und gebaut. Die Erstauslieferung erfolgte im Juni 1915. Im üblichen, jedoch gegenüber dem Lastkraftwagen verstärkten Kastenrahmen mit an längsliegenden Blattfedern aufgehängten Starrachsen, von denen nur die hintere angetrieben war, befand sich vorne ein flüssigkeitsgekühlter 4-Zylinder-Otto-Reihenmotor der Firma Lancia. Zylindermaße Bohrung/Hub 110x130 mm, Hubraum 5 l, 36 PS bei 1200 1/min. Der Radstand betrug 3350 mm, die Spurweite 1400/1428 mm, das Gefechtsgewicht 4,23 t. Der Kraftstoffvorrat von 120 l ermöglichte einen Fahrbereich von 300 km. Die Chromnickelstahlpanzerung war am Aufbau 8 mm, am Turm 9 mm dick. Die Reifengröße betrug 935x135.
Insgesamt wurden ungefähr 120 dieser Fahrzeuge gebaut.

Straßenpanzerwagen Lancia I.Z.

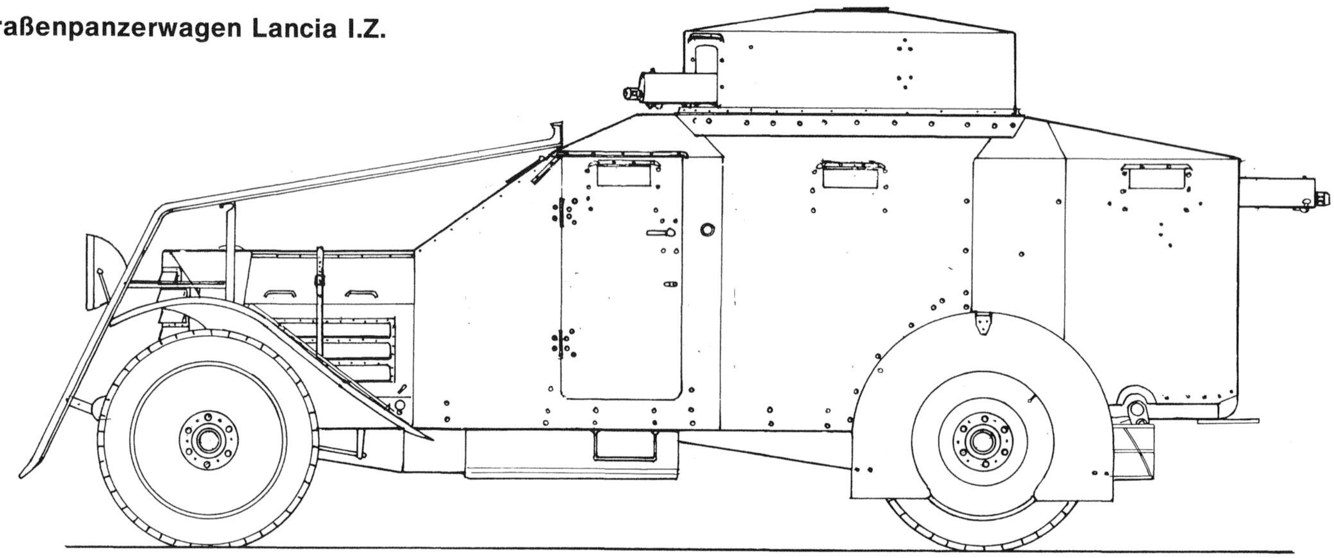

Gepanzerte Radfahrzeuge der Firma Skoda

Škoda baute nach Ende des Ersten Weltkrieges Panzeraufbauten für 12 handelsübliche Fiat-Torino Lastkraftwagen-Fahrgestelle, welche zwei MG-Türme aufwiesen. Sie waren bis 1929 bei der tschechoslowakischen Truppe vorhanden.
Im Jahr 1922 beauftragte das Ministerium für Nationale Verteidigung die Firma Škoda in Pilsen mit der Entwicklung eines gepanzerten Radfahrzeuges. Zwei Prototypen des von Škoda mit PA-I bezeichneten Fahrzeugs

Zwei italienische Lancia I.Z. Radpanzerwagen wurden von der tschechischen Legion im italienischem Heer in die Tschechoslowakei gebracht und dort eingesetzt.

Mitte: Von Škoda wurden 12 Fiat-Torino-Lastwagenfahrgestelle mit gepanzerten Aufbauten versehen. Rechts daneben ein Lancia I.Z. Radpanzerwagen.

Rechte Seite:

Oben: Das gepanzerte Automobil (PA) von Škoda. Es führte die Typenbezeichnung PA-I.

Mitte: Das Bild des PA-I zeigt die angetriebene Vorderachse sowie die Bohlen zum Überqueren kurzer Hindernisse, die unter dem Panzerkasten angebracht waren.

Unten und rechts: Seiten- und Vorderansicht des Škoda PA-I.

Der Fiat-Torino-Lastkraftwagen mit gepanzertem Aufbau von Škoda.

16
NIX-9

NIX-9

NIX-9
NIX-9

Škoda-Radpanzerwagen PA-II, von dem 12 Stück bei den tschechoslowakischen Streitkräften eingesetzt waren. Die militärische Bezeichnung lautete OA Vz 25.

Ein PA-II beim Überqueren einer Brücke. Das Fahrzeug wog sieben Tonnen.

Ein Škoda PA-II im Dienst der Wiener Sicherheitswache (Polizei). Aufnahme Februar 1934.

Die symmetrische Anordnung der Maschinengewehre im PA-II ist in diesem Bild gut zu erkennen.

Seiten- und Vorderansicht des Škoda PA-II.

(PA = Pancerove Auto = gepanzertes Automobil) wurden 1923 fertiggestellt. Das 4-radangetriebene und -gelenkte Fahrzeug konnte in beiden Fahrtrichtungen eingesetzt werden. Ein Škoda-4-Zylinder-Ottomotor, flüssigkeitsgekühlt, mit 70 PS Leistung (Bohrung/Hub 135x170 mm, Hubraum 9730 cm³) ermöglichte eine Höchstgeschwindigkeit in beide Fahrtrichtungen von 52 km/h. Der Fahrbereich betrug 200 km. Der-fünf-Mann Besatzung standen im Drehturm zwei Schwarzlose Vz.24 MG vom Kaliber 7,92 mm zur Verfügung. Die Panzerdicke betrug 3 bis 6 mm. Die Prototypen erwiesen sich im Betrieb als zu hoch und unstabil und wurden, ohne eine offizielle Truppenbezeichnung bekommen zu haben, an den Hersteller zurückgegeben, wo sie abgeändert wurden. Die Firma Škoda führte den Umbau innerhalb kurzer Zeit dadurch durch, daß der Drehturm entfernt und alle Panzerbleche gewölbt ausgeführt wurden. Die Anordnung von vier Maschinengewehren in Kugelblenden ermöglichte einen 360° Seitenrichtbereich mit allen vier Waffen. Als Typ PA-II bezeichnet, erregte der Radpanzer vor allem durch seine symmetrische Bauweise Aufsehen. Bei fünf Mann Besatzung betrug das jeweilige Richtfeld der vier in Kugelblenden gelagerten MG 90°. Die schwierig herzustellende und dadurch sehr teuere Panzerung war 8 mm dick. Das Fahrzeug hatte 4-Radantrieb, wobei sich der Motor bei einer Leistung von 85 PS direkt über die Vorderachse und das Wechselgetriebe ungefähr in der Mitte des Fahrgestelles befand. Von dort erfolgte über Gelenkwellen der Antrieb beider Achsen. Das Gewicht war gleichmäßig verteilt, die Kühlanlage im Heck des Fahrzeuges untergebracht und durch den Kampfraum vom Motor getrennt. Die 4-Radlenkung bestand aus zwei symmetrischen Lenksystemen. Jeder Fahrer (Vor- und Rückwärtsfahrer) bediente seine Lenkachse, was zur Folge hatte, daß die nicht zur Lenkung benötigte Achse blockiert wurde. Vor Umstellung der Marschrichtung mußten beide Achsen in Geradeausstellung gebracht werden, dann erst konnte die Bedienung der anderen Lenkung eingeschaltet werden, eine im Einsatz oft gefährliche Situation. Das sieben Tonnen schwere Fahrzeug erreichte in jeder Fahrtrichtung eine Geschwindigkeit von 60 km/h. Schußsichere Bereifung, Größe 40x8, war aufgezogen. Der Radstand betrug 3760 mm, die Bodenfreiheit 310

Straßenpanzerwagen Škoda PA-II

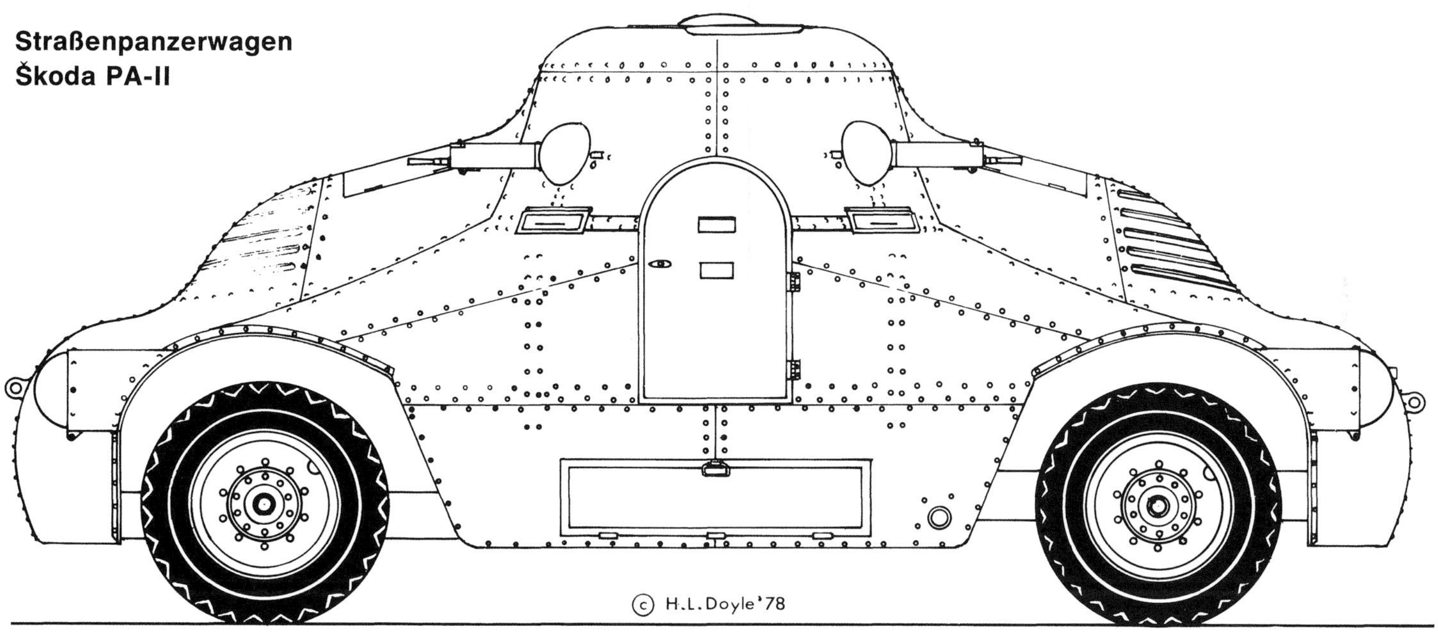

Oben: Der Škoda Radpanzerwagen PA-III, der 1927 eingeführt wurde. Es wurden 24 Stück mit der militärischen Bezeichnung OA Vz 27 beschafft.

Links: Die offene Fahrerluke und der MG-Einbau beim Škoda PA-III.

Unten: Die beiden Fahrzeugseiten des Škoda PA-III Radpanzerwagens.

mm. Das tschechoslowakische Ministerium für Nationale Verteidigung beschaffte im Jahr 1925 12 dieser Panzerfahrzeuge, welche die Truppenbezeichnung OA Vz. 25 (Obrneny Automobil = Panzerwagen, Baujahr 1925) erhielten, von der Truppe wurden sie aufgrund ihrer Formgebung auch als Želva (Schildkröte) bezeichnet. Für die Wiener Sicherheitswache (Polizei) wurden 1933/34 drei dieser Panzerkraftwagen beschafft. Bei der tschechoslowakischen Truppe waren sie bis 1934 im Gebrauch.

Im Juli 1927 stellte Škoda einen weiterentwickelten allradgetriebenen Radpanzer, den Typ PA-III vor. Das 6,5 t schwere Fahrzeug hatte 5 - 8 mm dicke genietete Panzerung, fünf Mann Besatzung, der im um 360° drehbaren Turm zwei MG Schwarzlose Vz.24 zur Verfügung

Versuchweise wurden im Škoda PA-III eine 7,5-cm-Feldkanone von Škoda eingebaut. Die Truppenbezeichnung lautete OA Vz 29.

standen. Ein Škoda 4-Zylindermotor mit 5,7 l Hubraum und 60 PS bei 1600 1/min ermöglichte eine Höchstgeschwindigkeit von 35 km/h in beide Fahrtrichtungen. Insgesamt wurden unter der Heeresbezeichnung OA Vz. 27 24 dieser Radpanzer beschafft, die bis 1939 im tschechoslowakischen Truppengebrauch standen und anschließend von der Deutschen Wehrmacht übernommen wurden. Nachträglich wurden Versuche mit dem Einbau eines überschweren 14,5-mm-MG oder einer 3,7-cm-Pak unternommen. Im hinteren Teil des Drehturmes war ein Schießscheinwerfer untergebracht.

Die Firma Škoda lieferte im Jahre 1929 einen Radpanzer-Prototyp mit 11 t Gefechtsgewicht, der als Kanonenpanzerwagen bezeichnet wurde. Auf dem Fahrgestell des PA II erhielt der neue Aufbau eine 7,5-cm-Feldkanone von Škoda in der Vorderfront und ein MG im hinteren Teil des Aufbaus. Ein Drehturm war nicht vorhanden. Die Truppenbezeichnung lautete OA Vz. 29. Dieser Prototyp erwies sich als zu schwer und zu langsam, außerdem ließ seine Geländegängigkeit zu wünschen übrig.

Gepanzerte Radfahrzeuge der Firma Tatra

Die Firma Tatra hatte bereits eine größere Zahl von Transportfahrzeugen an die tschechoslowakische Truppe geliefert, die sich dort einer gewissen Beliebtheit erfreuten. Im Jahre 1929 stellte Tatra dem Ministerium für Nationale Verteidigung einen Radpanzer-Prototyp auf dem 6x4 Typ 34 Fahrgestell vor, der aber nicht abgenommen wurde. Die Panzerung war 6 mm dick. Der Besatzung von vier Mann stand ein MG zur Verfügung. Angetrieben wurde das Fahrzeug durch einen vorne eingebauten flüssigkeitsgekühlten 6-Zylinder-Ottomotor mit 2,3 l Hubraum und 40 PS Leistung, Bohrung/Hub 70x100 mm. Der Fahrbereich betrug 450 km. Sechs Vorwärts- und zwei Rückwärtsgänge waren vorhanden.

Im Jahre 1931 kam es zur Einführung einer größeren Serie von Straßenpanzerwagen und zwar lieferte Tatra 51 Stück Typ 72 6x4 an die Streitkräfte. Diese Fahrzeuge mit 3,6 t Gefechtsgewicht hatten eine Panzerdicke von drei bis sechs mm. Zwei MG ZB Vz 26 waren eingebaut, eines davon im Drehturm. Drei Mann Besatzung bedienten Fahrzeug und Waffen. Bei dem handelüblichen Tatra-Fahrgestell mit Zentralrohrrahmen und Schwingachsen waren beide Hinterachsen angetrieben, es verfügte daher über eine ausreichende Geländegängigkeit. Der luftgekühlte Otto-4-Zylinder-Boxermotor mit 1910 cm^3 Hubraum (Bohrung/Hub 80x95 mm) und 30 PS Leistung war vorne im Fahrgestell eingebaut. Die Höchstgeschwindigkeit betrug 60 km/h, die Reichweite 250 km. Eines dieser Fahrzeuge wurde 1934 einer französischen Armeekommission vorgeführt. Die Société Génerale Aéronautique kaufte eines dieser

Der Prototyp T 34 von Tatra, der vom Ministerium für Nationale Verteidigung nicht abgenommen wurde. Baujahr 1929.

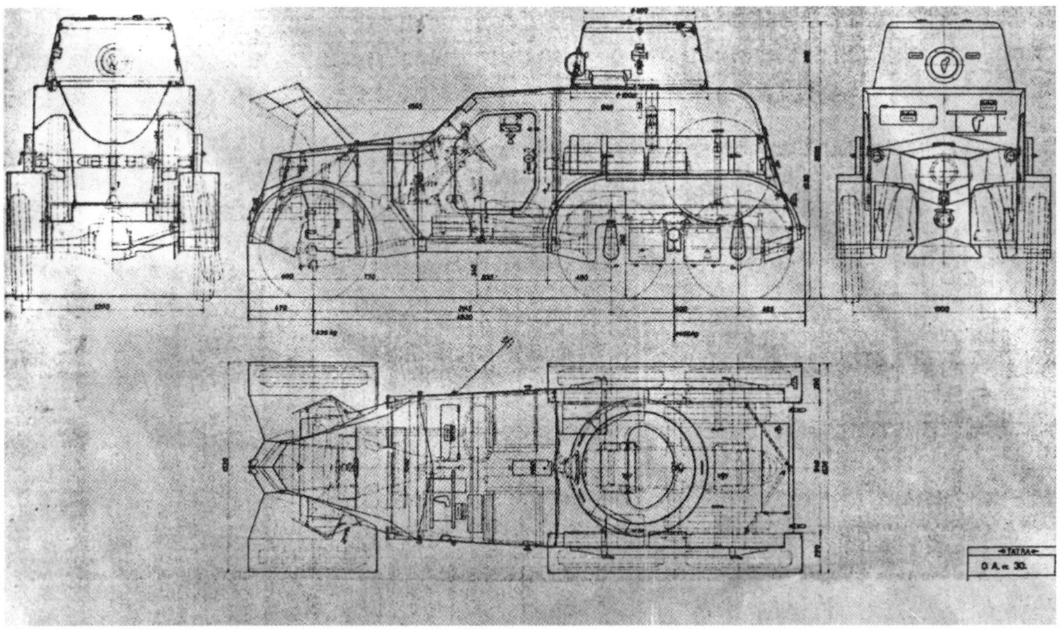

Ein Tatra T 72 im Gelände.

Mitte: Übersicht über den Tatra T 72, von dem als OA Vz 30 51 Stück an die tschechoslowakischen Streitkräfte geliefert wurden.

Einzelheiten des Drehturms des Tatra T 72.

Tatra T 72 Radpanzerwagen bei Übungen der tschechoslowakischen Streitkräfte.

Oben: Tatra T 72 Radpanzerwagen in Zusammenarbeit mit Škoda PA-III.
Die Kampfpanzer im Hintergrund sind Škoda LT Vz 35, die später bei der deutschen Wehrmacht als Panzerkampfwagen 35 (t) eingesetzt waren.

Straßenpanzerwagen Tatra T 72

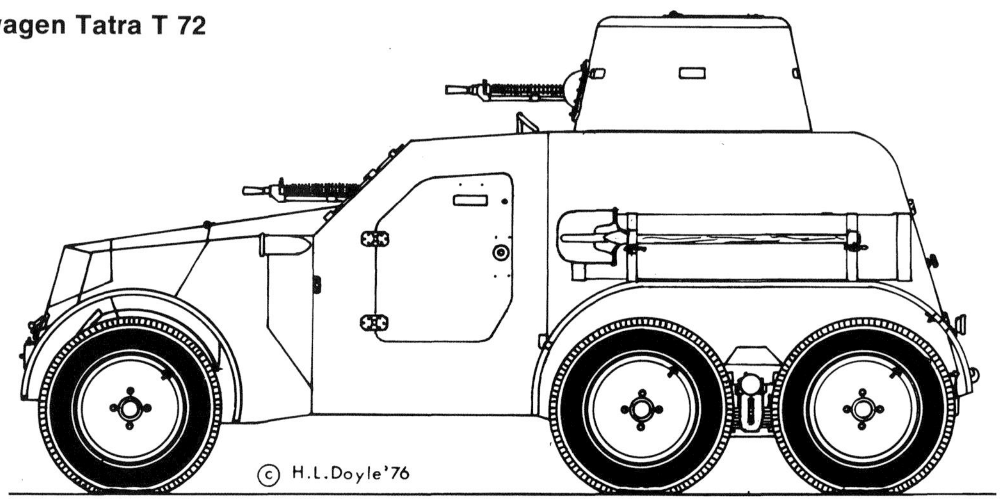

Ein französischer Panzeraufbau auf dem Fahrgestell des Tatra T 72, der in Frankreich von Lorraine in Lizenz hergestellt werden sollte.

Fahrzeuge. Der Rest wurde 1939 von der Deutschen Wehrmacht übernommen*. Die Fahrzeuge wurden in der tschechoslowakischen Armee mit OA Vz. 30 bezeichnet. Sieben dieser Fahrzeuge wurden von der Deutschen Wehrmacht in Rundfunkaufnahme-Kraftwagen umgebaut. Verlangt war eine fahrbare und im Gelände transportable Anlage zur Rundfunkaufnahme auf magnetische Schallträger. Sie kamen bei Propaganda-Einheiten zum Einsatz.

* 13 dieser Fahrzeuge blieben 1939 bei den slowakischen Streitkräften

Versuchsweise wurde 1929 auch ein gepanzerter Sechsrad-Mannschaftstransportwagen auf Tatra Typ 26/30-Fahrgestell vorgestellt, der mit einer oben offenen 8 mm dicken Panzerung Kommandant, Fahrer und sechs Mann aufnehmen konnte. Zwei MG ZB Vz 26 standen als Bewaffnung zur Verfügung. Eingebaut war der luftgekühlte 4-Zylinder-Boxermotor mit 1,68 l Hubraum und 24 PS Leistung. Alle vier Hinterräder waren angetrieben, die Vorderräder gelenkt. Das Fahrzeug ging nicht in Serie.

Prototyp eines gepanzerten 4radgetriebenen Aufklärungsfahrzeuges der Firma Československa Zbrojovka.

Für Polizeizwecke hatte die Českomoravska Kolben Daněk einen Praga-Lastkraftwagen mit einem gepanzerten Aufbau versehen. Die Bilder zeigen Vorder- und Rückansicht des Fahrzeuges.

Gepanzerte Radfahrzeuge der Firma CZ

Die Československa Zbrojovka AS in Brünn lieferte 1936 den Prototyp eines vierradangetriebenen gepanzerten Aufklärungsfahrzeugs, der mit einem 4-Zylinder 42 PS-Otto-Motor ausgerüstet war. Das 4-Ganggetriebe hatte eine zusätzliche Geländeuntersetzung, der Radstand betrug 2530 mm, die Außenabmessungen betrugen 4000x1600x1800 mm. Es blieb bei diesem Prototyp.

Gepanzerte Radfahrzeuge der Firma CKD/BMM (Praga)

Die Českomoravska Kolben Daněk hatte sich zwar nicht an der Entwicklung und Fertigung gepanzerter Radfahrzeuge beteiligt, sie stellte aber, unter Verwendung von Praga-Lastwagen-Fahrgestellen, gepanzerte Aufbauten für Polizei-Fahrzeuge her.

Praga gepanzerter Lastkraftwagen Rückseite

Technische Daten

Personenkraftwagen, auch leichte Zugmittel

Herstellungsland	**Niederlande**	**Frankreich**	**Frankreich**	**Frankreich**
Hersteller	**DAF**	**Laffly**	**Latil**	**Trippel-Werke**
Typ	**MC 139**	**V 15 T**	**M 7 T 1**	**SG 6**
Baujahr	**1939**	**1938–42**	**1938–39**	**1940–44**
Informationsquelle	**N 44945 Beschreibung**	**D 663/7 v. 31. 1. 1942**	**Hersteller**	**Trippel Unterlagen**
Motor: Hersteller/Typ	Citroën (Fahrzeugmitte)	Laffly V 15	Latil M 7	Opel 2,5 l
Zylinderzahl/Anordnung	4, Reihe	4, Reihe	4, Reihe	6, Reihe
Bohrung/Hub (mm)	78×100	86×99,5	85×120	80×82
Hubraum (ccm)	1900	2312	2724	2473
Verdichtungsverhältnis	6	5,45	6,25	6
Drehzahl normal/maximal	3200/4000	3200	2200 (begrenzt)	3500
Höchstleistung (PS)	48	52	50	55
Ventilanordnung	hängend	hängend	stehend	hängend
Kurbelwellenlager	3 Gleit-	3 Gleit-	3 Gleit-	4 Gleit-
Vergaser/Einspritzpumpe	1 Solex	1 Solex 35 RFNVG	1 Solex 35 RFNV	1 Opel-Fallstrom
Zündfolge	1–3–4–2	1–4–3–2	1–4–3–2	1–5–3–6–2–4
Anlasser	Bosch AJB 0,8/6	Paris-Rhone DS 315/12 V	Paris-Rhone 12 V	Bosch CJ 0,8/6 (auch 12 V)
Lichtmaschine	Ducellier 6 V	Paris-Rhone GS 26/12 V	Paris-Rhone 12 V	Bosch DJ 6
Batterie: Zahl/Volt/Ah	1/6	1/12/75	1/6/75	1/6/87,5
Kraftstofförderung	Pumpe	Unterdruck und Pumpe	Pumpe	Pumpe
Kühlung	Flüssigkeit	Flüssigkeit	Flüssigkeit	Flüssigkeit
Kupplung	Einscheiben, tr.	Einscheiben, tr.	Einscheiben, tr.	Einscheiben, tr.
Wechselgetriebe	Vorgelege	Schubvorgelege	Schubvorgelege	Spezial Schubvorgelege
Anzahl der Gänge: V/R	3/1 ×2	4/1 ×2	4/1 ×2	3/1 ×2
Antriebsformel	4×4	4×4	4×4	4×4
Triebachsenübersetzung 1:	3,44	5,59		5,16
Höchstgeschwindigkeit (km/h)	70/Wasser 10	58	59,6	105/Wasser 14,5
Fahrbereich (km)				210
Vorderachse	Einzelrad	Einzelrad	Einzelrad	Einzelrad
Art der Lenkung	Allradlenkung	Schnecken-	Schnecken-	Zahnstangen-
Wendekreisdurchmesser (m)		12,09	11,0	11,0
Federung: vorne/hinten	Drehstäbe	Schrauben/Viertelf.	Schrauben	Schrauben
Fahrgestellschmierung	Zentral	Hochdruck	Zentral	Zentral
Bremsanlage:				
Hersteller	Citroën	Bendix	Westinghouse	Teves
Wirkungsweise	hydraulisch	mechanisch	hydraulisch	hydraulisch
Bremsart	Innenbacken	Innenbacken	Innenbacken	Innenbacken
Fußbremse wirkt auf	4 Räder	4 Räder	4 Räder	4 Räder
Handbremse wirkt auf	4 Räder	Getriebe	4 Räder	Kardan
Art der Räder	Stahlblechscheiben	Stahlblechscheiben	Stahlblechscheiben	Stahlblechscheiben
Reifengröße: vorne/hinten	6,00-16	230×40 oder 5,90-16	210×18 oder 230×18	6,00-18 oder 7,50-17
Spurweite: vorne/hinten (mm)	1465	1504/1544	1450	1450
Radstand (mm)	2500	2145	2700	2500
Bodenfreiheit (mm)	370	334	450	260
Länge × Breite × Höhe (mm)	3565×1740×1600	4210×1800×1365	4117×1800×1350	4770×1800×1700
zul. Gesamtgewicht (kg)	1250 (leer)	3100	2830	1660 (leer)
Nutzlast (kg)		700	500	Land 500/Wasser 1200
Kraftstoffverbrauch (l/100 km)			25	25
Kraftstoffvorrat (l)		75+20 = 95	65 bzw. 80	62
Bemerkungen	nur ein Prototyp			Aufbau Drauz, Heilbronn

Personenkraftwagen		Lastkraftwagen		
Herstellungsland	**USA**	**Frankreich**	**Frankreich**	**Frankreich**
Hersteller	**Willys Overland und Ford**	**Citroen**	**Citroen**	**Laffly**
Typ	**MB (Ford GPW)**	**23 (PUD 7)**	**45 (P 38)**	**BS/GSA**
Baujahr	**1941–45**	**1941–44**	**1941–44**	**1939–42**
Informationsquelle	**TM 9-803 u.a.**	**D 632/52 v. 6. 10. 1942**	**D 632/51 v. 15. 9. 1942**	**D 614/12 v. 10. 11. 1941**
Motor: Hersteller/Typ	Willys 442	Citroen 1,9 l	Citroen P 38	Hotchkiss 486
Zylinderzahl/Anordnung	4, Reihe	4, Reihe	6, Reihe	4, Reihe
Bohrung/Hub (mm)	79,38×111,13	78×100	94×110	86×99,5
Hubraum (ccm)	2199	1911	4580	2312
Verdichtungsverhältnis	6,48	6,5	5,8	5,9
Drehzahl normal/maximal	4000	3500	2500	3000
Höchstleistung (PS)	54	48	73	48
Ventilanordnung	stehend	hängend	hängend	hängend
Kurbelwellenlager	3 Gleit-	3 Gleit-	7 Gleit-	3 Gleit-
Vergaser/Einspritzpumpe	1 Carter	1 Solex 30 RGHT	1 Solex 40 RVAFG	1 Zenith-Stromberg EX 22
Zündfolge	1 – 3 – 4 – 2	1 – 3 – 4 – 2	1 – 5 – 3 – 6 – 2 – 4	1 – 4 – 3 – 2
Anlasser	Auto-Lite 6 V	Bosch AJB 0,8/6	Ducellier	Paris-Rhone DS 315 12 V
Lichtmaschine	Auto-Lite 6 V	Bosch RJC 75/6-900	Ducellier	Paris-Rhone GS 247 12 V
Batterie: Zahl/Volt/Ah	1/6/116	1/6/75	2/6/75	2/6/60
Kraftstofförderung	Pumpe	Pumpe	Pumpe	Pumpe (Guiot)
Kühlung	Flüssigkeit	Flüssigkeit	Flüssigkeit	Flüssigkeit
Kupplung	Einscheiben, tr.	Einscheiben, tr.	Zweischeiben, tr.	Einscheiben, tr.
Wechselgetriebe	Warner Schub-	Schubvorgelege	Schubvorgelege	Schub-, teilsynchr.
Anzahl der Gänge: V/R	3/1 ×2	4/1	4/1	4/1
Antriebsformel	4×4	4×2	4×2	4×2
Triebachsenübersetzung 1:	4,88	6,83	7,5	7,8 bzw. 6,45
Höchstgeschwindigkeit (km/h)	97	76	70	55
Fahrbereich (km)	450			400
Vorderachse	Starrachse	Starrachse	Starrachse	Starrachse
Art der Lenkung	Ross-	Schnecken-	Schnecken-	Schnecken-
Wendekreisdurchmesser (m)	11,0	7,5	10,9	18,0
Federung: vorne/hinten	Halbfedern, längs	Halbfedern, längs	Halbfedern, längs	Halbfedern, längs
Fahrgestellschmierung	Hochdruck	Zentral	Zentral	Hochdruck
Bremsanlage:				
Hersteller	Lockheed	Lockheed	Lockheed/Westinghouse	Bendix, Typ SA
Wirkungsweise	hydraulisch	hydraulisch	hydraulisch	mechanisch, Servo
Bremsart	Innenbacken	Innenbacken	Innenbacken	Innenbacken
Fußbremse wirkt auf	4 Räder	4 Räder	4 Räder	4 Räder
Handbremse wirkt auf	Getriebe	Hinterräder	Getriebe	Hinterräder
Art der Räder	Stahlblechscheiben	Stahlblechscheiben	Stahlblechscheiben	Stahlblechscheiben
Reifengröße: vorne/hinten	6,00-16	16×50 C	230×20	17×50
Spurweite: vorne/hinten (mm)	1226	1625/1540	1800/1780	1750/1570
Radstand (mm)	2033	3750	4600	3350
Bodenfreiheit (mm)	220			240
Länge × Breite × Höhe (mm)	3370×1570×1303	5540×1980×2710	7100×2350×3100	5400×1960×2580
zul. Gesamtgewicht (kg)	1656	4200	7600	3700
Nutzlast (kg)	S = 550/G = 360	2000	3500	1000
Kraftstoffverbrauch (l/100 km)		18–21	35–38	18
Kraftstoffvorrat (l)		50	70	50
Bemerkungen				

Noch Lastkraftwagen

Herstellungsland	Frankreich	Frankreich	Frankreich	Frankreich
Hersteller	Peugeot	Peugeot	Renault	Renault
Typ	DK 5	DMA	AHS	AHN
Baujahr	1940–41	1940–44	1941–44	1941–44
Informationsquelle	D 632/54 v. 30. 9. 1942	D 661/13 v. 10. 10. 1943	D 661/9 v. 8. 5. 1944	D 661/11 v. 15. 4. 1944
Motor: Hersteller/Typ	Peugeot THU 2	Peugeot 2,1 l	Renault 603 S	Renault 622 B
Zylinderzahl/Anordnung	4, Reihe	4, Reihe	4, Reihe	6, Reihe
Bohrung/Hub (mm)	83×99	83×99	85×105	85×120
Hubraum (ccm)	2142	2140	2383	4086
Verdichtungsverhältnis	6	6	5,8	6
Drehzahl normal/maximal	3200	3000	2800	2800
Höchstleistung (PS)	65	51	50	75
Ventilanordnung	hängend	hängend	stehend	stehend
Kurbelwellenlager	3 Gleit-	3 Gleit-	3 Gleit-	4 Gleit-
Vergaser/Einspritzpumpe	1 Zenith-Stromberg	1 Zenith 30 JMFG	1 Solex 35 RFAI	1 Solex 40 FAPI
Zündfolge	1 – 3 – 4 – 2	1 – 3 – 4 – 2	1 – 3 – 4 – 2	1 – 5 – 3 – 6 – 2 – 4
Anlasser	Paris-Rhone 12 V	Ducellier 12 V	Renault 6 V/0,8 PS	Renault 6 V/0,8 PS
Lichtmaschine	Paris-Rhone 12 V	Ducellier 12 V	Renault 6 D 48 oder 93	Renault 6 V D 42 oder 93
Batterie: Zahl/Volt/Ah	1/12/40	1/12/60	1/6/90	1/6/90
Kraftstofförderung	Pumpe	Pumpe	Pumpe	Pumpe
Kühlung	Flüssigkeit	Flüssigkeit	Flüssigkeit	Flüssigkeit
Kupplung	Einscheiben, tr.	Einscheiben, tr.	Einscheiben, tr.	Einscheiben, tr.
Wechselgetriebe	Schubvorgelege	Schubvorgelege	Schubvorgelege	Schubvorgelege
Anzahl der Gänge: V/R	4/1	4/1	4/1	4/1
Antriebsformel	4×2	4×2	4×2	4×2
Triebachsenübersetzung 1:			6,83	6,6
Höchstgeschwindigkeit (km/h)	105	55	65	68
Fahrbereich (km)	350			
Vorderachse	Einzelrad	Einzelrad	Starrachse	Starrachse
Art der Lenkung	Schnecken-	Schnecken-	Schnecken-	Schnecken-
Wendekreisdurchmesser (m)	12,4	11,0	13,46	15,9
Federung: vorne/hinten	Blattf., quer/Halbf., längs	Blattf., quer/ Halbf., längs	Halbfedern längs	Halbfedern, längs
Fahrgestellschmierung	Hochdruck	Hochdruck	Hochdruck	Hochdruck
Bremsanlage:				
Hersteller	Peugeot	Peugeot	Renault	Renault
Wirkungsweise	mechanisch	mechanisch	hydraulisch	hydraulisch
Bremsart	Innenbacken	Innenbacken	Innenbacken	Innenbacken
Fußbremse wirkt auf	4 Räder	4 Räder	4 Räder	4 Räder
Handbremse wirkt auf	4 Räder	4 Räder	Hinterräder	Hinterräder
Art der Räder	Stahlblechscheiben	Stahlblechscheiben	Stahlgußspeichen	Stahlgußspeichen
Reifengröße: vorne/hinten	15×50	6,00-20 TT	6,50-20	210-20 oder 34×7
Spurweite: vorne/hinten (mm)	1354/1434	1580/1650	1454/1520	1747/1610
Radstand (mm)	3390	2800	3125	3730
Bodenfreiheit (mm)	200	220	220	250
Länge × Breite × Höhe (mm)	5120×1920×2500	4800×1996×2280	5600×2036×2430	6420×2350×2500
zul. Gesamtgewicht (kg)	3000	4090	4520	7003
Nutzlast (kg)	1400	2150	2000	3500
Kraftstoffverbrauch (l/100 km)	15–16	18–20	20	28,5
Kraftstoffvorrat (l)	55	70	100	100
Bemerkungen				

Noch Lastkraftwagen

Herstellungsland	**Frankreich**	**England**	**Italien**	**Italien**
Hersteller	**Renault**	**Vauxhall**	**Alfa-Romeo**	**OM**
Typ	**AHR**	**Bedford MWD**	**800 R.E.**	**Taurus**
Baujahr	**1941–44**	**1939–45**	**1940–44**	**1939–45**
Informationsquelle	**D 632/58 v. 8. 10. 1942**	**verschiedene**	**D 618/51 v. 15. 10. 1944**	**D 618/15 v. 24. 7. 1944**
Motor: Hersteller/Typ	Renault 622 B	Bedford 27,34 HP	Alfa Romeo 800	OM CIR (Otto) CRID (Diesel)
Zylinderzahl/Anordnung	6, Reihe	6, Reihe	6, Reihe	4, Reihe
Bohrung/Hub (mm)	85×120	85,72×101,6	115×140	110×140
Hubraum (ccm)	4086	3518	8725	5320
Verdichtungsverhältnis	6	6,22	16	5,45
Drehzahl normal/maximal	2800	2425 (begrenzt)	2000	1800
Höchstleistung (PS)	75	72	108	72
Ventilanordnung	stehend	hängend	hängend	hängend
Kurbelwellenlager	4 Gleit-	4 Gleit-	7 Gleit-	5 Gleit-
Vergaser/Einspritzpumpe	1 Solex 40 FAPI	1 Solex 35 RZFAIPO	1 Bosch PEB 70 D	1 Zenith 42 VIF
Zündfolge	1–5–3–6–2–4	1–5–3–6–2–4	1–5–3–6–2–4	1–3–4–2
Anlasser	SEV 6 V	Lucas M 45 G-P 23	Bosch BPD 6/24	Bosch BNG 4/24
Lichtmaschine	SEV 6 V	CAV/Lucas D 45 DN 51	Bosch RKC 300/24-1300	Bosch RKC 300/24-1300
Batterie: Zahl/Volt/Ah	1/6/120	1/6/75	2/12/100	2/12/90
Kraftstofförderung	Pumpe	Pumpe	Pumpe	Pumpe
Kühlung	Flüssigkeit	Flüssigkeit	Flüssigkeit	Flüssigkeit
Kupplung	Einscheiben, tr.	Einscheiben, tr.	Einscheiben, tr.	Einscheiben, tr.
Wechselgetriebe	Schubvorgelege	Schubvorgelege	Schubvorgelege	Schubvorgelege
Anzahl der Gänge: V/R	6/1	4/1	4/1 ×2	5/1
Antriebsformel	4×2	4×2	4×2	4×2
Triebachsenübersetzung 1:		6,2	2,04×4,2	
Höchstgeschwindigkeit (km/h)	60	64	49,2	59,2
Fahrbereich (km)	207	386	500	
Vorderachse	Starrachse	Starrachse	Starrachse	Starrachse
Art der Lenkung	Schnecken-	Schnecken-	Schnecken-	Schnecken-
Wendekreisdurchmesser (m)	16,5	13,65	13,4	14,0
Federung: vorne/hinten	Halbfedern, längs	Halbfedern, längs	Halbfedern, längs	Halbfedern, längs
Fahrgestellschmierung	Hochdruck	Hochdruck	Hochdruck	Hochdruck
Bremsanlage:				
Hersteller	Renault	Lockheed	Alfa-Romeo	
Wirkungsweise	mechanisch mit Servo	hydraulisch	hydr. mit Druckluft	Druckluft, hydr.
Bremsart	Innenbacken	Innenbacken	Innenbacken	Innenbacken
Fußbremse wirkt auf	4 Räder	4 Räder	4 Räder	4 Räder
Handbremse wirkt auf	4 Räder	Hinterräder	Getriebe	Hinterräder
Art der Räder	Stahlgußspeichen	Stahlblechscheiben	Stahlgußspeichen	Stahlgußspeichen
Reifengröße: vorne/hinten	230-20	9,00-16	270-20 oder 10,50-20	7,50-20
Spurweite: vorne/hinten (mm)	1790/1650	1600/1500	1940/1734	1600/1640
Radstand (mm)	4440	2500	3800	3800
Bodenfreiheit (mm)	280	226	260	210
Länge × Breite × Höhe (mm)	7150×2250×3070	4360×2000×2290	6840×2350×2850	6600×2150×2665
zul. Gesamtgewicht (kg)	8700	2140	12000	6680
Nutzlast (kg)	5000	760	6500	3000
Kraftstoffverbrauch (l/100 km)	35	29	20,5	33
Kraftstoffvorrat (l)	100	45+45 = 90	142	110
Bemerkungen				

Noch Lastkraftwagen		Radzugmaschinen		
Herstellungsland	**USA**	**Frankreich**	**Frankreich**	**Italien**
Hersteller	**Studebaker**	**Latil**	**Laffly**	**Pavesi**
Typ	**US 6×4**	**FTARN**	**S 35 T**	**L/140**
Baujahr	**1941–45**	**1932–35**	**1935–37**	**1931–33**
Informationsquelle	**TM 9-807 v. 16. 12. 1943**	**D 614/9 v. 12. 1. 1943**	**D 614/5 v. 18. 9. 1941**	**diverse**
Motor: Hersteller/Typ	Hercules JXD	Latil F	Laffly	Fiat L 20
Zylinderzahl/Anordnung	6, Reihe	4, Reihe	4, Reihe	4, Reihe
Bohrung/Hub (mm)	101,6×107,9	110×160	115×150	75×130
Hubraum (ccm)	5340	6082	6200	3998
Verdichtungsverhältnis	5,82	5,2	5,65	4,8
Drehzahl normal/maximal	2600	1750	2200	1500
Höchstleistung (PS)	87	68	100	33,5
Ventilanordnung	stehend	stehend	stehend	hängend
Kurbelwellenlager	7 Gleit-	3 Gleit-	3 Gleit-	2 Rollen- + 1 Gleit-
Vergaser/Einspritzpumpe	1 Carter 429-S	1 Solex	1 Solex RFNV	1 Zenith 36 UDH
Zündfolge	1 – 5 – 3 – 6 – 2 – 4	1 – 3 – 4 – 2	1 – 2 – 4 – 3	1 – 2 – 4 – 3
Anlasser	Auto-Lite MAB 4071 6 V	Paris-Rhone 12 V	Paris-Rhone 12 V	von Hand
Lichtmaschine	Auto-Lite GEW-4806	Paris-Rhone 12 V	Paris-Rhone 12 V	6 V
Batterie: Zahl/Volt/Ah	1/6/153	1/12	1/12	ohne
Kraftstofförderung	Pumpe	Pumpe	Pumpe	Unterdruck und Gefälle
Kühlung	Flüssigkeit	Flüssigkeit	Flüssigkeit	Flüssigkeit
Kupplung	Einscheiben, tr.	Einscheiben, tr.	Einscheiben, tr.	Konus, tr.
Wechselgetriebe	Warner Schubvorgelege	Schubvorgelege	Schubvorgelege	Schubvorgelege
Anzahl der Gänge: V/R	5/1 ×2	5/1	4/4 ×2	4/1
Antriebsformel	6×4	4×4	6×6	4×4
Triebachsenübersetzung 1:	6,6			
Höchstgeschwindigkeit (km/h)	72	36	40	38,4
Fahrbereich (km)	370			
Vorderachse	Starrachse	Starrachse	Einzelrad	Einzelrad
Art der Lenkung	Schnecken-	Allradlenkung	Schnecken-	Ritzel-
Wendekreisdurchmesser (m)	21,2	15,0	15,0	8,25
Federung: vorne/hinten	Halbfedern, längs	Halbfedern, längs	Blattfedern	ohne
Fahrgestellschmierung	Hochdruck	Hochdruck	Hochdruck	Hochdruck
Bremsanlage:				
Hersteller	Lockheed	Westinghouse	Bendix-Westinghouse	Pavesi
Wirkungsweise	hydraulisch	Unterdruck	Unterdruck	mechanisch
Bremsart	Innenbacken	Innenbacken	Innenbacken	Bandbremse
Fußbremse wirkt auf	6 Räder	4 Räder	6 Räder	vordere Getriebewelle
Handbremse wirkt auf	Getriebe	Getriebe	Getriebe	hintere Gelenkwelle
Art der Räder	Stahlblechscheiben	Stahlblechscheiben	Stahlblechscheiben	Drahtspeichen
Reifengröße: vorne/hinten	7,50-20	270×28	270×22	1086×80
Spurweite: vorne/hinten (mm)	1581/1721	1800	1800/1810	1450
Radstand (mm)	3556+1118	3000	2100+1200	2250
Bodenfreiheit (mm)	254	440	340	510
Länge × Breite × Höhe (mm)	6750×2235×2700	5900×2250×2950	5500×2100×2685	4050×1800×2180
zul. Gesamtgewicht (kg)	8900	9500	9250	3150
Nutzlast (kg)	2500 (Gelände)	3000	1200	500
Kraftstoffverbrauch (l/100 km)	50–60	97		
Kraftstoffvorrat (l)	151	126+85 = 211	100+45 = 145	50+13 = 63
Bemerkungen	vor allem in der UdSSR	ähnlich: Radschlepper Ost	zahlreiche Abarten	

Noch Radzugmaschinen

Herstellungsland	Italien	Italien	Italien
Hersteller	Pavesi	SPA	SPA
Typ	P 4-100	TL 37	TM 40
Baujahr	1936–42	1937–48	1941–48
Informationsquelle	D 618/29 v. 14. 9. 1944	Fiat Unterlagen	D 618/55 v. 21. 8. 1944
Motor: Hersteller/Typ	Fiat P 4/1	Fiat-SPA 18 TL	Fait 366
Zylinderzahl/Anordnung	4, Reihe	4, Reihe	6, Reihe
Bohrung/Hub (mm)	100×150	96×140	120×138
Hubraum (ccm)	4724	4053	9365
Verdichtungsverhältnis	5,3	4,9	17
Drehzahl normal/maximal	1700	2000	1700
Höchstleistung (PS)	55	57	95
Ventilanordnung	hängend	stehend	hängend
Kurbelwellenlager	2 Rollen- + 1 Gleit-	3 Gleit-	7 Gleit-
Vergaser/Einspritzpumpe	1 Zenith 42 TTV	1 Zenith 42 TTVP	1 Bosch PE 6 B
Zündfolge	1 – 2 – 4 – 3	1 – 2 – 4 – 3	1 – 5 – 3 – 6 – 2 – 4
Anlasser	von Hand	von Hand	Bosch 10 PS/24 V
Lichtmaschine	6 V	Marelli 6 V	Bosch RKC 300/24-1300
Batterie: Zahl/Volt/Ah	ohne	1/6	2/12/220
Kraftstofförderung	Unterdruck und Gefälle	Pumpe	Pumpe
Kühlung	Flüssigkeit	Flüssigkeit	Flüssigkeit
Kupplung	Konus, tr.	Zweischeiben, tr.	Einscheiben, tr.
Wechselgetriebe	Schubvorgelege	Schubvorgelege	Schubvorgelege
Anzahl der Gänge: V/R	4/1	5/1	5/1
Antriebsformel	4×4	4×4	4×4
Triebachsenübersetzung 1:			3,6
Höchstgeschwindigkeit (km/h)	22	38	43,35
Fahrbereich (km)	100	355	390
Vorderachse	Einzelrad	Einzelrad	Starrachse
Art der Lenkung	Schnecken-, artikuliert	Schnecken-	Allradlenkung
Wendekreisdurchmesser (m)	9,5	10,0	5,60
Federung: vorne/hinten	Schrauben	Schrauben	Halbfedern, längs
Fahrgestellschmierung	Hochdruck	Hochdruck	Hochdruck
Bremsanlage:			
Hersteller	Pavesi	Fiat	Fiat/Lockheed
Wirkungsweise	mechanisch	mechanisch	hydraulisch mit Druckluft
Bremsart	Bandbremse	Innenbacken	Innenbacken
Fußbremse wirkt auf	vordere Getriebewelle	4 Räder	4 Räder
Handbremse wirkt auf	hintere Gelenkwelle	Getriebe	Getriebe
Art der Räder	Stahlspeichen	Stahlblechscheiben	Stahlblechspeichen
Reifengröße: vorne/hinten	1160×150	9,00-24, auch Vollgummi	50×9, früher Vollgummi
Spurweite: vorne/hinten (mm)	1566	1518/1518	1630
Radstand (mm)	2425	2500	2570
Bodenfreiheit (mm)	480	340	330
Länge × Breite × Höhe (mm)	4155×2046×1650	4250×1830×2150	4680×2200×2800
zul. Gesamtgewicht (kg)	5800	4100	6600
Nutzlast (kg)	1000	800	440
Kraftstoffverbrauch (l/100 km)		39	40–46
Kraftstoffvorrat (l)	75+30+5 = 110		138
Bemerkungen			

Halbkettenfahrzeuge (ungepanzert und gepanzert)

Herstellungsland	**Frankreich**	**Frankreich**	**Frankreich**	**Frankreich**
Hersteller	**Unic**	**Unic**	**Somua**	**Somua**
Typ	**P 107**	**TU 1**	**MCG**	**MCL 6**
Baujahr	**1937–39**	**1939–40**	**1932–35**	**1933–36**
Informationsquelle	**D 628/1 v. 20. 5. 1941**	**D 628/3 v. 7. 1. 1942**	**D 628/6 v. 4. 3. 1942**	**D 628/8 v. 4. 3. 1942**
Motor: Hersteller/Typ	Unic P 39	Unic M 16 D	Somua	Somua, Typ 23
Zylinderzahl/Anordnung	4, Reihe	4, Reihe	4, Reihe	4, Reihe
Bohrung/Hub (mm)	100×110	80×107	100×150	115×150
Hubraum (ccm)	3450	2150	4712	6232
Verdichtungsverhältnis	4,5	4,5	4,8	4,8
Drehzahl normal/maximal	2200/2800	3200	2000	2000
Höchstleistung (PS)	60	50	60	80
Ventilanordnung	hängend	hängend	E = hängend/A = stehend	hängend
Kurbelwellenlager	5 Gleit-	3 Gleit-	3 Gleit-	3 Gleit-
Vergaser/Einspritzpumpe	1 Solex 35 RTNB	1 Solex 35 RFNY	1 Solex 40 RFNV	1 Solex 46 RZINP
Zündfolge	1 – 3 – 4 – 2	1 – 2 – 4 – 3	1 – 3 – 4 – 2	1 – 3 – 4 – 2
Anlasser	Citroën 6 oder 12 V	12 V	von Hand bzw. DS 2	von Hand bzw. DS 2
Lichtmaschine	Citroën 6 oder 12 V	12 V	CS 2/12 V	GS 2/12 V
Batterie: Zahl/Volt/Ah	2/6 oder 12/90	1/12/57	2/6/92	2/6/95
Kraftstofförderung	Pumpe	Pumpe, SEV 4 K	Pumpe	Pumpe, SEV
Kühlung	Flüssigkeit	Flüssigkeit	Flüssigkeit	Flüssigkeit
Kupplung	Mehrscheiben, tr.	Einscheiben, tr.	Einscheiben, tr.	Zweischeiben, tr.
Wechselgetriebe	Schubvorgelege	Schubvorgelege, synchr.	Schubvorgelege	Schubvorgelege
Anzahl der Gänge: V/R	4/1 ×2	4/1 ×2	5/1	5/1
Triebräderübersetzung 1:	2,9 bzw. 3,2	0,1994	3,5	4,66
Höchstgeschwindigkeit (km/h)	45	50	36	34
Fahrbereich (km)	400	250	170	100
Vorderachse	Starrachse	Starrachse	Starrachse	Starrachse
Art der Lenkung	Schnecken-	Spindel-	Schnecken-	Schnecken-
Wendekreisdurchmesser (m)				
Federung: vorne/hinten	Halbfedern, längs	Halbfedern, längs	Halbfedern, längs	Halbfedern, längs
Fahrgestellschmierung	Hochdruck	Hochdruck	Hochdruck	Hochdruck
Bremsanlage:				
Hersteller	Unic/-Citroen	Unic	Somua	Somua
Wirkungsweise	hydraulisch	mechanisch	mechanisch	mechanisch, Servo
Bremsart	Innenbacken	Innenbacken	Aussenband	Außenband/Innenbacken
Fußbremse wirkt auf	Antriebsräder	Vorderräder und Antrieb	Getriebe	Getriebe
Handbremse wirkt auf	Antrieb	Vorderräder und Antrieb	Antrieb	Antrieb
Art der Räder	Stahlblechspeichen	Stahlblechscheiben	Stahlblechscheiben	Stahlblechscheiben
Reifengröße	30×5 SS	5,25-18	30×5	38×7
Spurweite: vorne/hinten (mm)	1395/1340	1277/1200	1485/1480	1700/1592
Kettenauflagelänge (mm)	2500	1400	1340	1560
Kettenbreite (mm)	260	175	300	350
Bodenfreiheit (mm)	340	310	370	360
Länge × Breite × Höhe (mm)	4850×1800×2280	4200×1500×1310	4165×1880×2750	5860×2100×2650
zul. Gesamtgewicht (kg)	5400	2910	5300 (leer)	10500
Nutzlast/Zugkraft (kg)	1400	475	2000	1500
Kraftstoffverbrauch (l/100 km)	S = 40/G = 100	S = 28/G = 50	60	120–130
Kraftstoffvorrat (l)	160	80	80	120
Bemerkungen	von Citroen entwickelt			

Noch Halbkettenfahrzeuge

Herstellungsland	**Italien**	**USA**
Hersteller	**Breda**	**White u.a.**
Typ	**61**	**M 3**
Baujahr	**1944–45**	**1941–44**
Informationsquelle	**D 607/12, Ausgabe 1944**	**TM 9-710 v. 23. 2. 1944**
Motor: Hersteller/Typ	Breda T 14	White 160 AX
Zylinderzahl/Anordnung	6, Reihe	6, Reihe
Bohrung/Hub (mm)	110×130	101,6×130,18
Hubraum (ccm)	7412	6330
Verdichtungsverhältnis	5	6,44
Drehzahl normal/maximal	2400	3000
Höchstleistung (PS)	130	128,78
Ventilanordnung	hängend	stehend
Kurbelwellenlager	7 Gleit-	7 Gleit-
Vergaser/Einspritzpumpe	2 Zenith 42 TTVPS	1 Stromberg 380053
Zündfolge	1 – 5 – 3 – 6 – 2 – 4	1 – 5 – 3 – 6 – 2 – 4
Anlasser	Bosch BNG 4/24	Delco-Remy 1118488
Lichtmaschine	Bosch CQLN 300/24	Delco-Remy 1117308
Batterie: Zahl/Volt/Ah	2/12/105	1/12/168
Kraftstofförderung	Pumpe	Pumpe
Kühlung	Flüssigkeit	Flüssigkeit
Kupplung	Zweischeiben, tr.	Einscheiben, tr.
Wechselgetriebe	ZF Schubvorgelege	Schubvorgelege
Anzahl der Gänge: V/R	5/1 ×2	4/1 ×2
Triebräderübersetzung 1:		vorne = 6,8/hinten = 4,44
Höchstgeschwindigkeit (km/h)	50	72
Fahrbereich (km)	300	325
Vorderachse	Starrachse	Starrachse
Art der Lenkung	Schnecken-	Schnecken-
Wendekreisdurchmesser (m)	16,0	9,15
Federung: vorne/hinten	Halbf., quer/Halbf., längs	Halbf., längs/Kegelstumpf
Fahrgestellschmierung	Hochdruck	Hochdruck
Bremsanlage:		
Hersteller	Marelli	Bendix/Wagner
Wirkungsweise	Druckluft	hydraulisch mit Unterdruck
Bremsart	Innenbacken	Innenbacken
Fußbremse wirkt auf	Antrieb	Vorderräder und Antrieb
Handbremse wirkt auf	Antrieb	Kardanwelle
Art der Räder	Stahlgußspeichen	Stahlblechscheiben
Reifengröße	9,75-20	8,25-20
Spurweite: vorne/hinten (mm)	2020/1800	1805
Kettenauflagelänge (mm)	2257, Kettentyp Breda 22437	1180
Kettenbreite (mm)	360	305
Bodenfreiheit (mm)	390	435
Länge × Breite × Höhe (mm)	6900×2450×2750	6500×1980×2240 (M 16)
zul. Gesamtgewicht (kg)	13 000	9825
Nutzlast/Zugkraft (kg)	1800	1400
Kraftstoffverbrauch (l/100 km)	120	70
Kraftstoffvorrat (l)	170+35 = 205	113,7+113,7 = 227,4
Bemerkungen	Nachb. Krauss-Maffei KM m 11	

Gepanzerte Radfahrzeuge

Herstellungsland	**Deutschland/Niederlande**	**Niederlande**	**Belgien**	**Frankreich**
Hersteller	**Ehrhardt/Siderius**	**DAF**	**Ford/Marmon-Herrington**	**Panhard**
Typ	**E-/4 1917**	**M 39-Typ 3**	**91 Y (Basisfahrzeuge)**	**178**
Baujahr	**1920 (Umbau)**	**1939–40**	**1939–40**	**1935–40**
Informationsquelle	**Armamentaria 1969**	**DAF-Archiv**	**B. Vanderveen**	**D 658/11 v. 22. 4. 1941**
Motor: Hersteller/Typ	Erhardt	Ford-Mercury	Ford 85 HP	Panhard SS
Zylinderzahl/Anordnung	4, Reihe	8, VForm	8, V Form	4, Reihe
Bohrung/Hub (mm)	136×160	81×95,4	77,79×95,25	120×140
Hubraum (ccm)	8600	3918	3613	6330
Verdichtungsverhältnis	4	7	6,12	5,8
Drehzahl (1/min)	1200	3800	3800	2000
Höchstleistung (PS)	80	96	85	105
Ventilanordnung	stehend	stehend	stehend	ohne – Zweitakt
Kurbelwellenlager	4	3 Gleit-	3 Gleit-	3 Gleit-
Vergaser/Einspritzpumpe	1 Pallas	1 Stromberg	1 Stromberg	1 Doppel-
Zündfolge	1 – 3 – 4 – 2	1 – 5 – 4 – 8 – 3 – 7 – 2	1 – 5 – 4 – 8 – 6 – 3 – 7 – 2	1 – 3 – 4 – 2
Anlasser	Eisemann	Ford-Bendix 12 V	Ford-Bendix 6 V	12 V
Lichtmaschine	Eisemann	Ford	Ford	12 V
Batterie: Anzahl/Volt/Ah	1/12	2/6/100	1/6/100	2/12/146
Kraftstofförderung	Gefälle und Druck	Pumpe	Pumpe	Pumpe
Kühlung	Flüssigkeit	Flüssigkeit	Flüssigkeit	Flüssigkeit
Kupplung	Lamellen	Einscheiben, tr.	Einscheiben, tr.	Mehrscheiben, naß
Wechselgetriebe	Schubvorgelege	Schubvorgelege	Schubvorgelege	Vorwahl-, Umkehr-
Anzahl der Gänge: V/R	6/6	4/4	4/1	4/4 ×2
Antriebsformel	4×4	6×4 (auf Wunsch 6×6)	4×4 (nach Umbau)	4×4
Achsübersetzung			4,86 oder 6,67	0,17142 (zweifach)
Höchstgeschwindigkeit (km/h)	61,3	75 vorwärts / 50 rückwärts		72,6
Fahrbereich (km)	250	300		350
Vorderachse	Starrachse	Einzelrad	Starrachse	Starrachse
Art der Lenkung	Schrauben (2 Lenkungen)	Schnecken- (2 Lenkungen)	Schnecken-	Schrauben (2 Lenkungen)
Wendekreisdurchmesser (m)	13,0	11,5	13,4	8,0
Federung: vorne/hinten	Halbfedern, längs	Schrauben, Halbf., längs	Halbfedern, längs	Halbfedern, längs
Bremsanlage:				
Hersteller	Ehrhardt	Ford-Bendix	Ford-Bendix	Panhard
Wirkungsweise	mechanisch	hydraulisch	hydraulisch	mechanisch, Servo
Bremsart	Bandbremsen	Innenbacken	Innenbacken	Scheiben
Fußbremse wirkt auf	Getriebe	5 Räder	4 Räder	4 Räder
Handbremse wirkt auf	Hinterräder	Getriebe	Hinterräder	4 Räder
Art der Räder	Stahlgußspeichen	Stahlblechscheiben	Stahlblechscheiben	Stahlblechscheiben
Reifengröße vorne/hinten	930×140/1220×160	9,00-16	7,50-17	42×9
Spurweite vorne/hinten (mm)	1600	1742	1420/1450	1737/1737
Radstand (mm)	3900	2500+	3100	3120
Bodenfreiheit (mm)	320	430		260
Länge x Breite x Höhe (mm)	5300×2000×2900	4750×2080×2160		5140×2010×2330
Gefechtsgewicht (kg)	7750	5800 (bis 6600 möglich)		8300
Besatzung	7	5		4
Kraftstoffverbrauch (l/100 km)		30		S = 33/G = 90
Kraftstoffvorrat (l)	175+15 = 190	100		125
Panzerung, maximal (mm)	9	12		20
Bewaffnung	60-mm-Kanone	20 bzw. 37-mm + 3 MG		25-mm-Kanone + 1 MG
Bemerkungen	1. Panzerwagen der NL Armee			

Literaturnachweis

Aubry, Michel
Privatarchiv
Becker, Alfred
Privatarchiv
Boelcke, Willi A.
Deutschlands Rüstung im Zweiten Weltkrieg
Crow, Icks
Encyclopedia of Tanks
D 50/12 vom 20. 3. 1941 »Kennblätter fremden Geräts«
Doyle, Hilary L.
Privatarchiv
Doyle, Chamberlain, Jentz
Encyclopedia of German Tanks
Eckermann, Erik
Alte Technik mit Zukunft
Erb, Hasso
Schwimmwagen
Guderian, Heinz
Erinnerungen eines Soldaten
Haak, Erhard
Die Geschichte der deutschen Instandsetzungstruppe
Hunnicutt, R. P.
Sherman
Icks, Robert J.
The Fighting Tanks since 1916
Magnuski, Janusz
Wozy Bojowe
Ogorkiewicz, Richard M.
Armor
Ogorkiewicz, Richard M.
Design and Development of Fighting Vehicles
Pavi, Falessi, Fiore
Corazzati Italiani 1935–1945
Spielberger, Walter J.
Die Halbkettenfahrzeuge des deutschen Heeres
Spielberger, Walter J.
Rad- und Vollkettenzugmaschinen des deutschen Heeres
Spielberger, Walter J.
Der Weg zum Flakpanzer Gepard
Touzin, Pierre
Les Vehicules Blindés Francais 1900–1944
Vanderveen, Bart H.
Half-Tracks
Vanderveen, Bart H.
Army Vehicles (to 1940)
Vanderveen, Bart H.
Fighting Vehicles (World War II)
Werth, Alexander
Rußland im Krieg 1941–1945